ちくま学芸

複素解析

1変数解析関数

笠原乾吉

筑摩書房

まえがき

この本は複素解析学（複素関数論）の入門書であり，複素解析性とは何かを追求するのが目的である．微分積分学で関数一般について定理がいくつも述べられるが，そこで具体的に登場する関数の実例は少なく，しかもそれは解析関数であって，複素解析関数として考察して初めて本性が明らかになる．まず単刀直入に枝葉は切り捨てて解析関数とは何かを語りたい．しかし，始めからそのような一般論がえられたのではなく，具体的な関数（特殊関数）の具体的な性質を調べる過程で一般的な理論が作られてきたのだから，その雰囲気も伝えたい．また，非常に強い要請のように思える解析性が，十分に自然なものであることも理解してもらいたい．

読者は微分積分学の一応の知識をもっていると仮定する．（本かノートを１冊もっていて，わからない言葉にであえばどのあたりを探せばよいかがわかり，読めば理解できる程度.）平面の位相（極限，開集合，コンパクトなど）については知っていてほしいが，付録Ⅰに必要な事項をまとめておいた．基礎科目をまんべんなくやってからでないと専門科目に進めないという考えに著者は反対で，いきなり専門科目の勉強をはじめ必要に応じて基礎科目からつまみぐいをするという方法も悪くない．付録0，I，II，Vはそのような読者に役立つであろう．読者に著者が伝えたいことは，複雑にからみあった立体的なものだが，本に書くときには一列に配列しなければならない．関数論の講義をするときに，位相や線積分などの説明に時間をとられて，肝心の解析性の説明が埋没してしまうことが不満である．一列化を幾分でも軽減させ関数論の本性を浮かばせるために，この本では付録を活用することにした．

この本の原型は1972～1974年の琉球大学数学教室での著者の講義であり，田村二郎氏の講演「市民の数学」(図書1976年8月号（岩波）参照）を聞き手直しした．微積分を学んだ経験をもつ市民で，田村氏が期待される「彼らは数学を愛する．登山者が山に惹かれるように，彼らは数学に惹かれる．彼らは汗を流すことをいとわない．このような人たち」を読者に想定する．なるだけ簡単な装備で「複素解析」山の1つの丘へ案内し，眼下に「解析性」「初等関数」を見晴らし，かなたに「複素多様体」の山並みを展望したい．これでかなりやさしく書いたつもりである．やさしくということは，計算などが丁寧に書かれていることではないと思う．事柄の本質が単純明快になり，なんだこんなことかと納得がいくことである．そのための努力は惜しまなかったつもりであるが，果してどうだろうか．

講義に出席され貴重な忠告をいただいた琉球大学数学教室の呉屋永徳氏と当時の学生諸君に感謝の言葉を述べた

い．そのおかげでいくつかの誤りが防がれ説明がやさしくなったと思う．本書の執筆の機会を与えられた森本治樹氏，小野山卓爾氏と，原稿の整理や図版の製作などでお世話になった実教出版の橋本正之氏にお礼を申しあげる．

1978年9月

笠 原 乾 吉

目　次

まえがき　3
本書の読み方についての注意　12
記号表　14

第1章　正則関数とは何か

1.1　準　　備 …… 16
1.2　複素微分可能とコーシー・リーマンの方程式 …… 22
1.3　コーシーの積分公式 …… 27
1.4　原始関数の存在，単連結領域 …… 29
1.5　正則関数の整級数展開 …… 33
1.6　等角写像 …… 36
1.7　調和関数 …… 39

第2章　正則関数の性質

2.1　一致の定理 …… 41
2.2　最大値の原理 …… 45
2.3　正則関数列 …… 47
2.4　正則関数の写像としての局所的性質 …… 50

第3章　孤立特異点

3.1　ローラン展開 …… 54
3.2　孤立特異点の分類 …… 55
3.3　留数の定理，定積分の計算 …… 59
3.4　偏角の原理 …… 64
3.5　ルーシェの定理 …… 68

第4章　多価関数とリーマン面（1次元複素多様体）

4.1　無限遠点，リーマン球面 …… 71

4.2 有理形関数 …… 74
4.3 対数関数 $\log z$ …… 76
4.4 多価関数のリーマン領域 …… 80
4.5 リーマン面（1次元複素多様体） …… 84

第5章 正則関数・有理形関数は存在するか

5.1 リュービルの定理 …… 93
5.2 有理関数 …… 94
5.3 ミッタグ・レフラーの定理 …… 97
5.4 ルンゲの定理 …… 98
5.5 クザンの問題 …… 105
5.6 ポアンカレ・クザンの問題 …… 109
5.7 リーマンの写像定理 …… 112
5.8 ディリクレ問題 …… 114

第6章 1次変換

6.1 1次変換 …… 127
6.2 非調和比 …… 128
6.3 円円対応 …… 131
6.4 対称点保存 …… 134
6.5 単位円，上半平面の自己等角写像 …… 136
6.6 シュヴァルツの補題と写像の一意性 …… 139
6.7 1次変換の重要性 …… 142

第7章 ポアンカレ計量

7.1 ベルグマン計量 …… 145
7.2 単位円の非ユークリッド幾何学 …… 147
7.3 単位円を普遍被覆面とする領域 …… 153
7.4 ピカールの大定理 …… 159
7.5 正規族 …… 162
7.6 円環領域 …… 169

第8章　楕円関数・モジュラー関数

8.1　周期関数 …… 175
8.2　2重周期関数（楕円関数） …… 177
8.3　ワイエルストラスのペー関数 $\wp(z)$ …… 182
8.4　楕円関数の加法定理 …… 190
8.5　モジュラー関数 $J(\tau)$ …… 195
8.6　$J(\tau)$ のフーリエ級数展開 …… 200
8.7　基本領域 …… 208
8.8　モジュラー関数 $\lambda(\tau)$ …… 218
8.9　2重周期関数をなぜ楕円関数というか …… 227

付　録

付録0　偏微分法から …… 231
　0.1　偏微分はつまらない　231
　0.2　全微分可能　232
　0.3　C^1 級，偏微分の復権　235
　0.4　陰関数定理　237
付録Ⅰ　複素平面 ***C*** …… 238
付録Ⅱ　曲線，線積分，グリーン・ストークスの定理 …… 245
付録Ⅲ　平面のベクトル解析 …… 254
付録Ⅳ　1の分解と，グリーン・ストークスの定理の証明 …… 275
付録Ⅴ　級数の和，一様収束，整級数，無限積 …… 283
付録Ⅵ　正則関数とベクトル解析 …… 295
付録Ⅶ　解析接続，1価性定理，コーシーの積分定理 …… 310

あとがき　319
解　答　322
索　引　345

複素解析

1変数解析関数

本書の読み方についての注意

1頁から最後の頁まで順に読んでいけばよいというようにはなっていない．読者の知識に応じて，本文と付録とをいったりきたりして読んでほしい．計算を追うだけでなく，努めて図を工夫してかきながら，読んでいくことを希望する．（領域Dといえば32頁の3重連結ぐらいの図をかく．Dの点aといえば，Dに点をうちaと書く……という風に．）

付録0，Ⅰ，Ⅱ，Ⅴ（Ⅴ.5を除く），第1章1.1節が基礎知識となる．しばしばここにもどり定義を再確認してほしい．

第1章，第2章，第3章，第4章4.1〜4.3節，第5章5.1〜5.3節，第6章が基礎的理論ということになろう．概要だけを急いで読みたい人にはこれで十分である．できればそれに，付録Ⅲ，Ⅵのベクトル解析を加えてほしい．

全部を読み通す方針の人は本文の通りに読み，必要が生じたら付録を読めばよい．付録のあるものは必要とならないが，付録Ⅲ，Ⅵは第1章のあとで，付録Ⅳは5.5節の前に，付録Ⅶは第7章の前あたりで読んでほしい．

証明は厳密にする方針をとった．ε-δ論法はできるだけ避けたかったのだが，そうもいかない．しかし，それが使われている箇所は，それを理解せずには定理の内容がつかめないというところは少ない．だから適当に読みとばしてもよい．

問は＊印のつかないのとついたのと2種類ある．それほど厳密な区別はないが，前者はできるだけ解いてほしいもの，後者は少し面倒だから余り時間をとるようなら先に進んでほしいというくらいの気持である．後者の中に，結果は極めて自然で正しいことが当然に確信できるが，いざ証明をはじめるとかなり面倒なものが含まれている．眺めてなるほどと思っていただけると有難い．

定義・定理などの番号について：節の中での通し番号の順である．例えば，定理2.3.1は第2章3節にある．0，Ⅰ，Ⅱ，…，Ⅶは付録の番号である．例えば，定理Ⅲ.3は付録Ⅲにあり，定理Ⅴ.5.2は付録Ⅴの5節にある．

記 号 表

$A \Rightarrow B$　：命題 A が成り立てば命題 B が成り立つ（A ならば B）

$A \Leftrightarrow B$　：命題 A と命題 B が同値（B は A の必要十分条件）

$A \underset{\text{def}}{\Leftrightarrow} B$　：A を B により定義する

$\equiv$　：①関数が恒等的に等しいことを示す（40 頁）
②2 点がある群に関し同値なことを示す（第 8 章）

$\operatorname{Re} z$　：複素数 z の実部（238 頁）

$\operatorname{Im} z$　：複素数 z の虚部（238 頁）

$|z|$　：複素数 z の絶対値（238 頁）

$\arg z$　：複素数 z の偏角（239 頁）

$\int_C d \arg z$　：曲線 C にそう偏角の増加量（66 頁）

$\bar{z}$　：複素数 z の共役複素数

z^λ　：z の λ 乗（定義は 77 頁）

$\boldsymbol{Z}$　：整数の全体

$\boldsymbol{R}$　：実数の全体

$\boldsymbol{C}$　：複素数の全体，複素平面

$\boldsymbol{P}, \boldsymbol{C} \cup \{\infty\}$：リーマン球面（71，73，74 頁）

A^c　：集合 A の補集合（240 頁）

$\overline{A}$　：集合 A の閉包（241 頁）

A°　：集合 A の内部（開核）（241 頁）

∂A　：集合 A の境界（241 頁）

$\dfrac{\partial}{\partial \bar{z}}, \dfrac{\partial}{\partial z}$　：18 頁に定義した微分作用素

$\left(\dfrac{\partial^2 f}{\partial z \partial \bar{z}}\right)_{z_0}$　：関数 f に微分作用素 $\dfrac{\partial}{\partial \bar{z}}$ を作用させ，次に $\dfrac{\partial}{\partial z}$ を作用させ，そうしてえられた関数の z_0 での関数値

$f|_U$　：写像 f の定義域を部分集合 U に制限してえられる写像
supp f　：関数 f の台（275 頁）
sup A　：実数の集合 A の上限（(i) 任意の $x \in A$ に対し $x \leqq \alpha$, (ii) 任意の $\varepsilon > 0$ に対し, $x > \alpha - \varepsilon$ をみたす $x \in A$ が存在する. この (i), (ii) をみたす α のこと）
inf A　：実数の集合 A の下限（(i) 任意の $x \in A$ に対し $x \geqq \alpha$, (ii) 任意の $\varepsilon > 0$ に対し, $x < \alpha + \varepsilon$ をみたす $x \in A$ が存在する. この (i), (ii) をみたす α のこと）
$d(A, B)$　：A と B との最短距離（239 頁）
C^k 級　：k 回連続微分可能（235 頁）
$\prod_{k=1}^{n}$　：積の記号（292 頁）
Aut(　)　：解析的自己同形群（127, 142 頁）
$GL(2, \boldsymbol{C})$　：行列式が 0 でない 2 次複素正方行列の全体（127 頁）
$SL(2, \boldsymbol{Z})$　：行列式が 1 の 2 次整数正方行列の全体（197 頁）
$\mathrm{Res}(f, a)$　：関数 f の a での留数（59 頁）
$n(C, a)$　：曲線 C の a のまわりの回転数（67 頁）

記号ではないが, 関数論でよく使われる言葉を説明しておく.

点 a で正則：点 a のある近傍で正則なこと（26 頁）.
開円板　：円の内部（周は含まない）. $\{z ; |z-a|<r\}$ とかける集合.
閉円板　：円の内部と周の合併. $\{z ; |z-a| \leqq r\}$ とかける集合.
円周　：$\{z ; |z-a|=r\}$ とかける集合（a が中心, r が半径）.
円　：開円板を円ということもあるし, 円周を円ということもある. 閉円板を円というのはまれ. 前後の状況から適当に判断してほしい.

（開多角形, 閉多角形, 多角形の周, 多角形も, 円（板）のときと同様に使いわける.）

第1章　正則関数とは何か

複素微分可能性，コーシー・リーマンの方程式，コーシーの積分定理，コーシーの積分公式，原始関数の局所的存在，整級数展開可能性，これらは同値であり（正確な表現は定理1.5.4をみよ），それらの1つ，したがって全部をみたすものが正則関数である．さらに，それは等角写像でもあり調和関数とも関係がつく．形式的には実数を複素数にしただけの複素微分可能性が，実数のときとはちがってこんなに豊富な内容をもつのは不思議なことである．

定義なしに用いられる記号・用語については，付録および記号表を参照せよ（索引も活用してほしい）．複素数とその位相（開集合，領域，コンパクトなど）については付録Iを，微分可能性については付録0をみること．1.3節を読む前に付録IIで線積分とグリーン・ストークスの定理をみてほしい．その証明は，物理的説明が付録IIIに，厳密な証明が付録IVにある．あとでよいから機会をみつけて読んでほしい．1.5節には付録V（V.5無限積は除く）の知識が必要である．この章を読んだあとに，第2章と平行して付録III，VIを読むことをすすめたい．

1.1　準　　備

(x, y) 平面の領域 D から (u, v) 平面への写像

$$f : (x, y) \mapsto (u, v)$$

を考える．u, v は x, y の関数 $u = u(x, y), v = v(x, y)$ であ

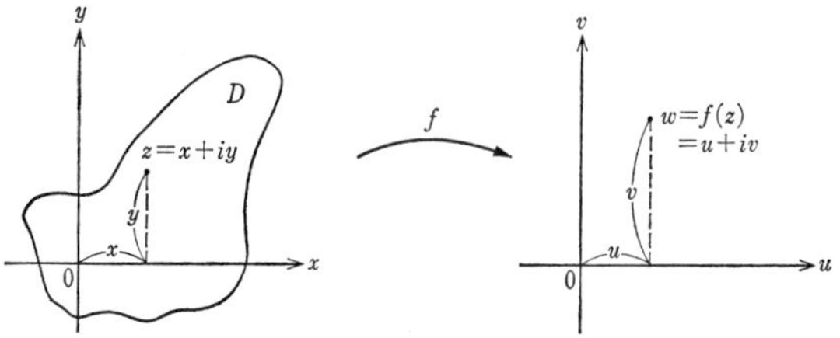

る．座標を $z=x+iy, w=u+iv$ と複素数であらわすと，f は複素数 z に複素数 w を対応させる複素変数の複素数値関数 $w=f(z)$ とみることができる．$f(z)$ の実部 $\mathrm{Re}\, f(z)$ が $u(x,y)$，虚部 $\mathrm{Im}\, f(z)$ が $v(x,y)$，すなわち

$$f(z) = u(x,y)+iv(x,y), \qquad z = x+iy \tag{1.1.1}$$

である．（例　$f(z)=z^2$ ならば，$\mathrm{Re}\, f(z)=u(x,y)=x^2-y^2$, $\mathrm{Im}\, f(z)=v(x,y)=2xy$.）

$u(x,y), v(x,y)$ がともに C^k 級（k 回連続微分可能，$k=0,1,\cdots,\infty$）のとき，$f(z)$ は C^k 級であるという．（偏）微分の記号を拡張しよう．

$$\frac{\partial f}{\partial x} = \frac{\partial u}{\partial x}+i\frac{\partial v}{\partial x}, \qquad \frac{\partial f}{\partial y} = \frac{\partial u}{\partial y}+i\frac{\partial v}{\partial y} \tag{1.1.2}$$

と定義する[1]．$z=x+iy$，$\bar{z}=x-iy$ から，$x=(z+\bar{z})/2$, $y=(z-\bar{z})/2i$ となる．$z, \bar{z}$ を形式的に独立変数とみて微分の合成法則を用いると，

1）もちろん右辺が存在するときに，それによって左辺を定義するのである．右辺が存在しなければ左辺は存在しない．

$$(1.1.3)\quad \frac{\partial}{\partial z} = \frac{1}{2}\left(\frac{\partial}{\partial x} - i\frac{\partial}{\partial y}\right), \qquad \frac{\partial}{\partial \bar{z}} = \frac{1}{2}\left(\frac{\partial}{\partial x} + i\frac{\partial}{\partial y}\right)$$

をうるが，われわれはこの式を**微分作用素** $\boldsymbol{\partial/\partial z}$, $\boldsymbol{\partial/\partial \bar{z}}$ の定義とする．

補題 1.1.1　$f(z)=u(x,y)+iv(x,y)$, $g(z)$ は C^1 級（(iv), (v) では C^2 級）関数，a, b は定数（もちろん複素数）とする．このとき，

（i）$\dfrac{\partial}{\partial x}(af+bg) = a\dfrac{\partial f}{\partial x}+b\dfrac{\partial g}{\partial x}$,

$\dfrac{\partial}{\partial x}(fg) = f\dfrac{\partial g}{\partial x}+g\dfrac{\partial f}{\partial x}$,

$\left(\dfrac{\partial}{\partial y}, \dfrac{\partial}{\partial z}, \dfrac{\partial}{\partial \bar{z}}\right.$ についても同様$\Big)$,

（ii）$\overline{\left(\dfrac{\partial f}{\partial z}\right)} = \dfrac{\partial \bar{f}}{\partial \bar{z}}, \qquad \overline{\left(\dfrac{\partial f}{\partial \bar{z}}\right)} = \dfrac{\partial \bar{f}}{\partial z}$,

（iii）$\dfrac{\partial f}{\partial \bar{z}} = 0 \Longleftrightarrow \dfrac{\partial u}{\partial x} = \dfrac{\partial v}{\partial y}, \ \dfrac{\partial u}{\partial y} = -\dfrac{\partial v}{\partial x}$

（この方程式を**コーシー・リーマンの方程式**という），

（iv）$4\dfrac{\partial^2 u}{\partial z \partial \bar{z}} = \Delta u$,（ただし，$\Delta u$ は u の**ラプラシアン**で，定義は $\Delta u = \partial^2 u/\partial x^2 + \partial^2 u/\partial y^2$），

（v）$\partial f/\partial \bar{z} = 0 \Longrightarrow \Delta u = 0, \ \Delta v = 0.$

証明　(i), (ii), (iv), (v) は読者にまかせる．（定義にもどって馬鹿丁寧に計算するだけだが，大変である．）

（iii）$\dfrac{\partial f}{\partial \bar{z}} = \dfrac{1}{2}\left(\dfrac{\partial f}{\partial x}+i\dfrac{\partial f}{\partial y}\right)$

$$= \frac{1}{2}\left\{\left(\frac{\partial u}{\partial x}+i\frac{\partial v}{\partial x}\right)+i\left(\frac{\partial u}{\partial y}+i\frac{\partial v}{\partial y}\right)\right\}$$

$$= \frac{1}{2}\left\{\left(\frac{\partial u}{\partial x}-\frac{\partial v}{\partial y}\right)+i\left(\frac{\partial v}{\partial x}+\frac{\partial u}{\partial y}\right)\right\}$$

となり，この最後の式の（　）の中は実関数だから，(iii) をうる．

z_0 に収束し各 z_n が z_0 に等しくないような任意の数列 $\{z_n\}$ に対し，数列 $\{f(z_n)\}$ がつねに一定の値 α に収束するとき，つまり簡単にかけば，

$$z_n \to z_0,\ \ z_n \neq z_0 \Rightarrow f(z_n) \to \alpha$$

となるとき，$\lim_{z\to z_0} f(z)=\alpha$ という[1)]．

定義 1.1.2　$\lim_{z\to z_0} f(z)=f(z_0)$ が成り立つとき，$f(z)$ は z_0 $(\in D)$ で**連続**という．D の各点で連続なとき D において連続という．

すなわち，z_0 で連続というのは '$z_n \to z_0 \Rightarrow f(z_n) \to f(z_0)$' が成立することである．$D$ で連続とは，C^0 級（すなわち，$\mathrm{Re}\, f(z), \mathrm{Im}\, f(z)$ が連続）というのと一致する．

注意　$f(z)$ の定義域は (x, y) 平面（$=z$ 平面）の領域としてきた．領域でなくて任意の部分集合 A の上で定義されているときには，'$z_n \to z_0, z_n \in A \Rightarrow f(z_n) \to f(z_0)$' が成り立てば，$z_0 \in A$ で $f(z)$ は連続という．$f(z)$ の定義域が実軸上の開区間のとき，すなわち $f(z)$（$f(x)$ とかける）が実変数の複素数値関数のときにも，$\partial/\partial x$（d/dx とかいた方がよい）の定義を (1.1.2) で行う．複素変数の実数値関数は $\mathrm{Im}\, f=v=0$ の場合だから，特別に注意

1)　ε-δ 式の定義をかいておく：任意の $\varepsilon>0$ に対し $\delta>0$ をとり，$0<|z-z_0|<\delta$ ならば $|f(z)-\alpha|<\varepsilon$ が成り立つようにできる．

することは何もない.

定義から，連続関数の和，差，積は連続であり，商も分母が0でないところでは連続になることが容易にわかる．$f(z)$ が D で連続，$g(w)$ が $f(z)$ の値域を含む集合の上で定義された連続関数とすると，合成関数 $g(f(z))$ は D でまた連続になる.

ここで，無限小の位数を記すのに都合のよい**ランダウの記号**を説明しておく．$f(z), g(z), h(z)$ が a の近傍（a は除いてもよい）で与えられているとき，

（i） $z \to a$ のとき $f(z)=g(z)+O(h(z))$

$\underset{\text{def}}{\Longleftrightarrow}$ a の近傍 U と定数 $K>0$ があり，任意の $z \in U-\{a\}$ に対し $|f(z)-g(z)| \leqq K|h(z)|$ が成り立つ,

（ii） $z \to a$ のとき $f(z)=g(z)+o(h(z))$

$\underset{\text{def}}{\Longleftrightarrow}$ 任意の $\varepsilon>0$ に対し a の近傍 U がとれ，任意の $z \in U-\{a\}$ に対し $|f(z)-g(z)| \leqq \varepsilon|h(z)|$ が成り立つ,

と定義する．つまり，(i) は $|f(z)-g(z)|/|h(z)|$ が a の近傍で有界なこと，(ii) は $\lim_{z \to a}(f(z)-g(z))/h(z)=0$ を意味する．（$z \to a$ のとき $h(z) \to 0$ となるときに用いるので，これを仮定にいれた方がよいかもしれない.）この記号を用いるときは '$z \to a$ のとき' と明示しなければならないが，前後の事情から明らかなときは省略する.

記号 (1.1.3) を用いてもテイラーの定理は同じ形になるが，ここでは C^1 級のときだけを述べておく.

補題 1.1.3　$f(z)$ が z_0 の近傍で C^1 級ならば，$z\to z_0$ のとき次の式が成り立つ：

$$(1.1.4)\quad f(z) = f(z_0)+\left(\frac{\partial f}{\partial z}\right)_{z_0}(z-z_0) + \left(\frac{\partial f}{\partial \bar{z}}\right)_{z_0}(\bar{z}-\bar{z}_0)+o(|z-z_0|).$$

証明　$f=u+iv, z=x+iy, z_0=x_0+iy_0$ とおき，(1.1.3)，(1.1.2) を用いて (1.1.4) の実部を計算すれば，

$$u(x,y) = u(x_0,y_0)+\left(\frac{\partial u}{\partial x}\right)_{(x_0,y_0)}(x-x_0) + \left(\frac{\partial u}{\partial y}\right)_{(x_0,y_0)}(y-y_0) + o\left(\sqrt{(x-x_0)^2+(y-y_0)^2}\right)$$

となり，虚部は $v(x,y)$ についての同様の式になる．これは，C^1 級ならば全微分可能（付録 0.3）だから成立する．

問 1　$w=f(z), z=\varphi(t)$ を C^1 級関数（ただし，w, z は複素変数，t は実変数）とし，合成関数 $w=f(\varphi(t))$ を考える．このとき，

$$\frac{dw}{dt} = \frac{\partial w}{\partial z}\frac{dz}{dt}+\frac{\partial w}{\partial \bar{z}}\frac{d\bar{z}}{dt}$$

を証明せよ．

問 2*　$w=f(z), z=g(\zeta)$ を C^1 級関数（ただし，w, z, ζ はいずれも複素変数）とすると，合成関数 $w=f(g(\zeta))$ について次の式を証明せよ．

$$\frac{\partial w}{\partial \zeta} = \frac{\partial w}{\partial z}\frac{\partial z}{\partial \zeta}+\frac{\partial w}{\partial \bar{z}}\frac{\partial \bar{z}}{\partial \zeta},\qquad \frac{\partial w}{\partial \bar{\zeta}} = \frac{\partial w}{\partial z}\frac{\partial z}{\partial \bar{\zeta}}+\frac{\partial w}{\partial \bar{z}}\frac{\partial \bar{z}}{\partial \bar{\zeta}}.$$

問 3*　$f(z)$ が z_0 の近傍で C^2 級なら次の式が成り立つ：

$$
\begin{aligned}
f(z) = f(z_0) &+ \left(\frac{\partial f}{\partial z}\right)_{z_0}(z-z_0) + \left(\frac{\partial f}{\partial \bar{z}}\right)_{z_0}(\bar{z}-\bar{z}_0) \\
&+\frac{1}{2}\left\{\left(\frac{\partial^2 f}{\partial z^2}\right)_{z_0}(z-z_0)^2 + 2\left(\frac{\partial^2 f}{\partial z \partial \bar{z}}\right)_{z_0}(z-z_0)(\bar{z}-\bar{z}_0)\right. \\
&\left.+\left(\frac{\partial^2 f}{\partial \bar{z}^2}\right)_{z_0}(\bar{z}-\bar{z}_0)^2\right\} + o(|z-z_0|^2).
\end{aligned}
$$

(ヒント：この式を実部，虚部にわけると，$\mathrm{Re}\, f, \mathrm{Im}\, f$ の実変数でのテイラー展開の式になり，C^2 級だから正しい．計算はかなり面倒だから，ヒマのあるときに試みよ．)

1.2 複素微分可能とコーシー・リーマンの方程式

$f(z)$ は領域 D で定義された関数として，(1.1.1) など前節と同じ記号を用いる．

定義 1.2.1 $f(z)$ が $\boldsymbol{z_0} \in \boldsymbol{D}$ **で複素微分可能**であるとは，z_0 の近傍 U と，U で定義され z_0 で連続な関数 $\delta_f(z)$ があり，U で

$$
(1.2.1) \qquad f(z) = f(z_0) + \delta_f(z)(z-z_0)
$$

が成立することである．このとき，$\delta_f(z_0)$ を $f(z)$ の $\boldsymbol{z_0}$ **での微分係数**といい，$f'(z_0)$ とか $(df/dz)_{z_0}$ などとかく．

$z \neq z_0$ なら $\delta_f(z) = (f(z)-f(z_0))/(z-z_0)$ となるから $\delta_f(z)$ は一意的であり，極限値 $\lim_{z\to z_0}(f(z)-f(z_0))/(z-z_0)$ が存在するかどうかが問題で，存在すれば複素微分可能となり，その極限値が $f'(z_0)$ である．z_0 で複素微分可能なら z_0 で連続だが，逆は成り立たない．

問1 $f(z)$ が z_0 で複素微分可能 $\Longleftrightarrow$ 定数 α があり，$z \to z_0$ のとき $f(z) = f(z_0) + \alpha(z-z_0) + o(|z-z_0|)$．つまり z_0 の近傍で

$f(z)$ が z の1次式で近似されること.

この定義は実変数のときと形式的には同じだから, 同様の証明で次の補題をうる.

補題 1.2.2 (i) $f(z), g(z)$ が z_0 で複素微分可能なら, $af(z)$ (a は定数), $f(z)+g(z)$, $f(z)g(z)$ もそうで, 次の式が成り立つ:

$$(af(z))'_{z_0} = af'(z_0),$$
$$(f(z)+g(z))'_{z_0} = f'(z_0)+g'(z_0),$$
$$(f(z)g(z))'_{z_0} = f'(z_0)g(z_0)+f(z_0)g'(z_0).$$

さらに, $g(z_0) \neq 0$ ならば, $f(z)/g(z)$ も複素微分可能で次の式が成り立つ:

$$\left(\frac{f(z)}{g(z)}\right)'_{z_0} = \frac{f'(z_0)g(z_0)-f(z_0)g'(z_0)}{g(z_0)^2}.$$

(ii) $f(z)$ が z_0 で, $g(w)$ が $f(z_0)$ で複素微分可能なら, $g(f(z))$ は z_0 で複素微分可能で, 次式が成り立つ:

$$(g(f(z)))'_{z_0} = g'(f(z_0))f'(z_0).$$

証明 (i) 仮定より,

$$f(z) = f(z_0)+\delta_f(z)(z-z_0),$$
$$g(z) = g(z_0)+\delta_g(z)(z-z_0)$$

とかけ, $\delta_f(z), \delta_g(z)$ は z_0 で連続である. これから, $\delta_{af}(z), \delta_{f+g}(z), \delta_{fg}(z), \delta_{f/g}(z)$ を計算し z_0 で連続なことをみればよい. 例として積をみよう.

$$\begin{aligned} f(z)g(z) = f(z_0)g(z_0) & \\ +\{f(z_0)\delta_g(z)+\delta_f(z)g(z_0) & \\ +\delta_f(z)\delta_g(z)(z-z_0)\}(z-z_0) & \end{aligned}$$

となり，{　}の中が $\delta_{fg}(z)$ で，δ_g, δ_f が z_0 で連続だから δ_{fg} も連続で $f(z)g(z)$ の複素微分可能がわかり，$\delta_{fg}(z_0)=f(z_0)\delta_g(z_0)+\delta_f(z_0)g(z_0)$ となり積の公式をうる．あとは読者にまかす．

(ii)　$$w=f(z)=f(z_0)+\delta_f(z)(z-z_0)$$

を $g(w)=g(f(z_0))+\delta_g(w)(w-f(z_0))$ に代入して，

$$\begin{aligned} g(f(z)) &= g(f(z_0))+\delta_g(f(z))(f(z)-f(z_0)) \\ &= g(f(z_0))+\delta_g(f(z))\delta_f(z)(z-z_0) \end{aligned}$$

がえられ，仮定より $\delta_{g\circ f}(z)=\delta_g(f(z))\delta_f(z)$ は z_0 で連続になり，$(g(f(z)))'_{z_0}=g'(f(z_0))f'(z_0)$ をうる．

複素微分可能性は内容的には強い条件である．z が z_0 に近づく近づき方は，実数直線のときなら本質的には左から近づくか右から近づくかの2通りであるが，複素数のときならいろいろある．どのように近づいても $\delta_f(z)$ が一定の値に近づかなければならない．とくに実軸，虚軸に平行に z_0 に近づかせることにより，次の**コーシー・リーマンの方程式**（補題1.1.1 (iii) 参照）をうる．

定理 1.2.3　$f(z)$ が z_0 の近傍で C^1 級ならば，

$$f(z) \text{ が } z_0 \text{ で複素微分可能} \iff (\partial f/\partial \bar{z})_{z_0}=0.$$

このとき，$f'(z_0)=(\partial f/\partial z)_{z_0}$，すなわち，$d/dz=\partial/\partial z$ である．

証明　(1.1.4) より

$$\delta_f(z) = \left(\frac{\partial f}{\partial z}\right)_{z_0}+\left(\frac{\partial f}{\partial \bar{z}}\right)_{z_0}\frac{\bar{z}-\bar{z}_0}{z-z_0}+\frac{o(|z-z_0|)}{z-z_0}$$

である．$(\partial f/\partial \bar{z})_{z_0}=0$ ならば，$\lim_{z\to z_0}\delta_f(z)=(\partial f/\partial z)_{z_0}$ となり $f'(z_0)=(\partial f/\partial z)_{z_0}$ をうる．$(\partial f/\partial \bar{z})_{z_0}\neq 0$ ならば，$z_n=$

z_0+1/n および $z_n'=z_0+i/n$ としてみると，$\lim_{n\to\infty}\delta_f(z_n)\neq\lim_{n\to\infty}\delta_f(z_n')$ となり，$\lim_{z\to z_0}\delta_f(z)$ が存在しないことがわかる．

注意 ⇒の証明には，C^1 級の仮定は不要である：$\lim_{z\to z_0}(f(z)-f(z_0))/(z-z_0)$ が存在するとせよ．h を実数とする．$z=z_0+h$ として $h\to 0$ とすれば，この極限は u_x+iv_x となる．$z=z_0+ih$ として $h\to 0$ とすれば，この極限は $-iu_y+v_y$ となり両者は等しいから，$u_x=v_y$, $-u_y=v_x$, すなわち $(\partial f/\partial\bar{z})_{z_0}=0$ をうる．また，$f'(z_0)=(\partial f/\partial x)_{z_0}$ もわかる．これで，次の問も解けた．

問2 $f(z)$ が複素微分可能のとき，$df/dz=\partial f/\partial z$ はわかったが，さらに，$df/dz=\partial f/\partial x=-i\partial f/\partial y$ である．

系 1.2.4 $|f'(z_0)|^2$ は写像 $(x,y)\to(u,v)$ のヤコビ行列式 $((\partial u/\partial x)(\partial v/\partial y)-(\partial u/\partial y)(\partial v/\partial x))_{z_0}$ に等しい．

証明 $|\partial f/\partial z|^2$ を (1.1.3), (1.1.2) を用いて計算し，補題1.1.1 (iii) を用いて変形せよ．

問3 $f(z)$ が領域 D で C^1 級で複素微分可能とし，$f(z)$ の値はつねに実数とすると，$f(z)$ は定数関数である．（ヒント：補題1.1.1 (iii).）

補題 1.2.5 $f(z)$ は z_0 の近傍で C^1 級，複素微分可能とし，$f'(z_0)\neq 0$ とする．このとき，$w_0=f(z_0)$ の近傍において $w=f(z)$ は逆関数 $z=f^{-1}(w)$ をもち，$f^{-1}(w)$ は w_0 で複素微分可能で，$(f^{-1}(w))'_{w_0}=1/f'(z_0)$ となる．$\left(dz/dw=\dfrac{1}{dw/dz}\right.$ とかくと覚えやすい．）

証明 系1.2.4と陰関数定理（付録0.4参照）から逆関数 $z=f^{-1}(w)$ は存在し C^1 級である．$f(z)=f(z_0)+\delta_f(z)(z-z_0)$ を逆にとくと，

$$z = z_0 + \frac{1}{\delta_f(z)}(f(z) - f(z_0))$$

$$= f^{-1}(w_0) + \frac{1}{\delta_f(f^{-1}(w))}(w - w_0)$$

となり，$\delta_f(z_0) \neq 0$ より $\delta_{f^{-1}}(w) = 1/\delta_f(f^{-1}(w))$ は w_0 で連続である．

定義 1.2.6 $f(z)$ が開集合 D において C^1 級であり各点で複素微分可能のとき，$f(z)$ は D で**正則**（または**解析的**）という．**集合 A で正則**というのは，A を含むある開集合の上で正則ということである．

定理 1.2.3 のあとの注意から，$f(z)$ が開集合 D で正則というのは，各点で複素微分可能で $f'(z)$ が D において連続なことといってもよい．

注 領域 D の各点で $f(z)$ が複素微分可能と仮定すれば，それから $f(z)$ は C^1 級になることが証明できる（グルサーの定理）．しかしこの本では，C^1 級を正則の定義の仮定の中にいれてしまうことにした．

例 1 z^n ($n=0, \pm1, \pm2, \cdots$) は全平面 ($n<0$ のときは原点を除く) で正則で，$(z^n)' = nz^{n-1}$.

例 2 $e^z = e^x(\cos y + i \sin y)$ と定義すると[1]，全平面で正則で，$(e^z)' = e^z$.（コーシー・リーマンの方程式を調べ，前頁問 2 より $\partial f/\partial x$ を求めよ．）

問 4 次のことを証明せよ．

（i） すべての z に対し $e^z \neq 0$. （ii） $e^{z_1+z_2} = e^{z_1}e^{z_2}$.

---

1) e^z を $\exp(z)$ ともかく．（指数関数は英語で exponential function.）

(iii) $e^{z_1}=e^{z_2} \Longleftrightarrow z_1=z_2+2n\pi i$ (n は整数).

1.3 コーシーの積分公式

この節では，$f(z)$ は開集合 $\widetilde{D}$ ($\subset \boldsymbol{C}$) で C^1 級とし，D は $\overline{D}\subset\widetilde{D}$ となる有界領域で境界 ∂D は有限個の正則ジョルダン閉曲線の和であるとしよう．(すなわち，付録Ⅱのいい方をすると $f(z)$ と D は GS 条件をみたすということ．) この状況の下では，グリーン・ストークスの定理（付録Ⅱ）

$$\int_{\partial D} f(z)dz = 2i\iint_D \frac{\partial f}{\partial \bar{z}}dxdy$$

が成り立つ．

$z_0\in D$ とし，$\varepsilon>0$ を小さくとって中心が z_0 で半径 ε の円を Δ_ε とする．$f(z)/(z-z_0)$ に対し $D-\Delta_\varepsilon$ でまたグリーン・ストークスの定理を使うと（$\partial\Delta_\varepsilon$ の向きは時計の反対方向にとる），

(1.3.1) $$\int_{\partial D} \frac{f(z)}{z-z_0}dz-\int_{\partial\Delta_\varepsilon} \frac{f(z)}{z-z_0}dz$$

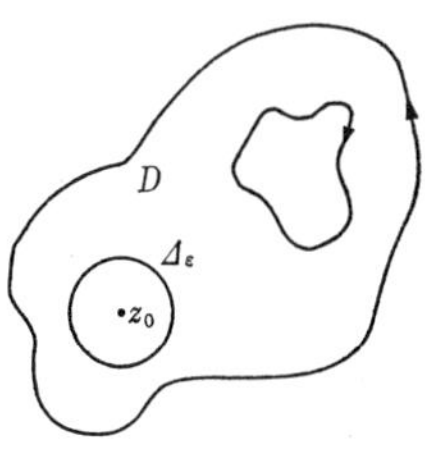

$$= 2i\iint_{D-\Delta_\varepsilon}\frac{\partial}{\partial\bar{z}}\left(\frac{f(z)}{z-z_0}\right)dxdy$$

をうる．

$\partial\Delta_\varepsilon$ は $z=z_0+\varepsilon e^{it}$ $(0\leqq t\leqq 2\pi)$ と助変数表示できる．$dz=\varepsilon ie^{it}dt$ となり，$\varepsilon\to 0$ のとき

$$\int_{\partial\Delta_\varepsilon}\frac{f(z)}{z-z_0}dz = i\int_0^{2\pi}f(z_0+\varepsilon e^{it})dt$$
$$\to i\int_0^{2\pi}f(z_0)dt = 2\pi if(z_0)$$

となる．$1/(z-z_0)$ は $z\neq z_0$ で正則だから $\partial/\partial\bar{z}$ をほどこすと0になり，結局 (1.3.1) から

$$f(z_0)=\frac{1}{2\pi i}\int_{\partial D}\frac{f(z)}{z-z_0}dz-\frac{1}{\pi}\iint_D\frac{1}{z-z_0}\frac{\partial f}{\partial\bar{z}}dxdy$$

をうる．($\iint_D(1/(z-z_0))(\partial f/\partial\bar{z})dxdy$ はみかけ上 $z=z_0$ で特異積分だが，$z=z_0+re^{i\theta}$ とおいてみると $dxdy=rdrd\theta$ となり z_0 でも積分できることがわかる．) 記号を変えて次の補題をうる．

補題 1.3.1　$f(z)$ と D が GS 条件をみたすならば，任意の $z\in D$ に対し ($\zeta=\xi+i\eta$ として)，

$$f(z) = \frac{1}{2\pi i}\int_{\partial D}\frac{f(\zeta)}{\zeta-z}d\zeta-\frac{1}{\pi}\iint_D\frac{1}{\zeta-z}\frac{\partial f(\zeta)}{\partial\bar{\zeta}}d\xi d\eta.$$

$f(z)$ が正則関数のときには，コーシー・リーマンの方程式より，複素解析学で一番重要な次の定理をうる．

定理 1.3.2　$f(z)$ は開集合 $\widetilde{D}$ で正則とする．有界領域 D を，$\overline{D}\subset\widetilde{D}$ をみたし ∂D は有限個の正則ジョルダン閉曲線からできているようなものとしよう．そのとき，

（i） $\int_{\partial D} f(z)dz=0$ （コーシーの積分定理），

（ii） 任意の $z\in D$ に対し $f(z)=\dfrac{1}{2\pi i}\int_{\partial D}\dfrac{f(\zeta)}{\zeta-z}d\zeta$

（コーシーの積分公式）．

ここで，∂D の向きは進行方向の左側に D がくるようにとる．

問 楕円の周 $x^2/4+y^2=1$ を C とし，C の向きは時計の反対まわりとして，$\int_C 2z/(z^2-1)\cdot dz$ を計算せよ．（ヒント：C を助変数表示して正直に計算しようと思え．大変なことがわかる．$z=\pm1$ を中心に小円をとり，定理 1.3.2(i) を用いてその小円周上の積分になおして計算せよ．）

1.4 原始関数の存在，単連結領域

補題 1.4.1 領域 D で連続な関数 $f(z)$ に対し，次の 3 条件は同値である．

（i） D で正則な関数 $F(z)$ があり，$F'(z)=f(z)$ が D において成立する（原始関数の存在）．

（ii） D 内の任意の 2 点 z_1, z_2 と，z_1 から z_2 にいたる D 内の任意の 2 正則曲線 C_1, C_2 に対し $\int_{C_1} f(z)dz=\int_{C_2} f(z)dz$ が成立する．（すなわち，$f(z)$ の積分の値が始点と終点できまり途中の道によらない．）

（iii） D 内の任意の正則閉曲線 C に対し $\int_C f(z)dz=0$ が成立する．

証明 (i)⇒(ii)：曲線 $C: z=z(t)$ $(\alpha\leqq t\leqq\beta)$ に対し積分を計算すると

$$\int_C f(z)dz=\int_\alpha^\beta f(z(t))z'(t)dt$$

$$=\int_\alpha^\beta F(z(t))'dt = F(z(\beta))-F(z(\alpha))$$

となり，積分は始点，終点におけるFの値できまる．　、

(ii)⇒(i)：$z_0\in D$を1つきめ，$z\in D$とz_0を結ぶD内の正則曲線Cをとり，$F(z)=\int_C f(\zeta)d\zeta$とおく．$C$のとり方によらず端点$z_0$と$z$だけで値がきまるという仮定から$\int_{z_0}^z f(\zeta)d\zeta$とかいてもよいだろう．$z$と$z+h$を結ぶ線分は$|h|$を小にすると$D$内にあり$\zeta=z+ht$（$0\leqq t\leqq 1$）とかける．これから

$$\frac{1}{h}(F(z+h)-F(z))-f(z)$$

$$=\frac{1}{h}\int_z^{z+h} f(\zeta)d\zeta-f(z) = \int_0^1 \{f(z+ht)-f(z)\}dt$$

となり，$h\to 0$で0に近づく．ゆえに$F'(z)=f(z)$で$F(z)$は複素微分可能となり，$f(z)=F'(z)$は連続だから$F(z)$は正則である．

(ii)⇒(iii)：閉曲線C上に点をとりCを2つの曲線C_1，C_2の和にわけると，仮定より$\int_{C_1}=\int_{-C_2}$である．$\int_{-C_2}=-\int_{C_2}$であるから$\int_C=\int_{C_1}+\int_{C_2}=0$をうる．

(iii)⇒(ii)：z_1, z_2を結ぶ2曲線C_1, C_2があるとC_1と$-C_2$の和は閉曲線である．$0=\int_{C_1}+\int_{-C_2}=\int_{C_1}-\int_{C_2}$，ゆえに$\int_{C_1}=\int_{C_2}$である．

この補題の証明方法とコーシーの積分定理（定理1.3.2 (i)）から次の補題をうる．

補題 1.4.2 Δ を開円板 $\{z;|z-a|<r\}$ とする．そのとき，Δ での連続関数 $f(z)$ に対し次の3条件は同値である．

（i） $f(z)$ は Δ で正則である，

（ii） $f(z)$ は Δ で原始関数 $F(z)$ をもつ（$F(z)$ は Δ で正則で $F'(z)=f(z)$ をみたす），

（iii） Δ 内の任意の正則閉曲線 C に対し $\int_C f(z)dz=0$.

証明[1] (ii)⇔(iii) は前補題ですみ．(ii)⇒(i) はのちに（定理 1.5.3）正則関数の導関数はまた正則になることを示すのでそれまで保留．ここでは (i)⇒(ii) を示す．

$z_0\in\Delta$ を固定し，z_0 と $z\in\Delta$ を結ぶ2つの折れ線 C_1, C_2 をとると，$\int_{C_1}f(\zeta)d\zeta=\int_{C_2}f(\zeta)d\zeta$ である．これは，C_1, C_2 によっていくつかの多角形 G_i ができるが，コーシーの積分定理より $\int_{\partial G_i}f(\zeta)d\zeta=0$ となり，C_1 と C_2 の1つの交点から次の交点へ C_1 経由でも C_2 経由でも積分の値が等しくなるからである．$\int_{C_1}f(\zeta)d\zeta$ を $\int_{z_0}^{z}f(\zeta)d\zeta$ とかくこと

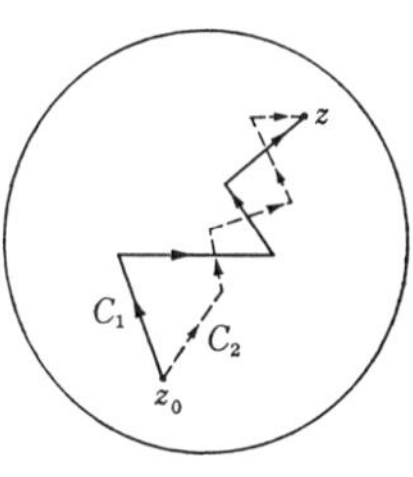

1） 付録Ⅲ，定理Ⅲ.3の証明と同様である．参照してほしい．

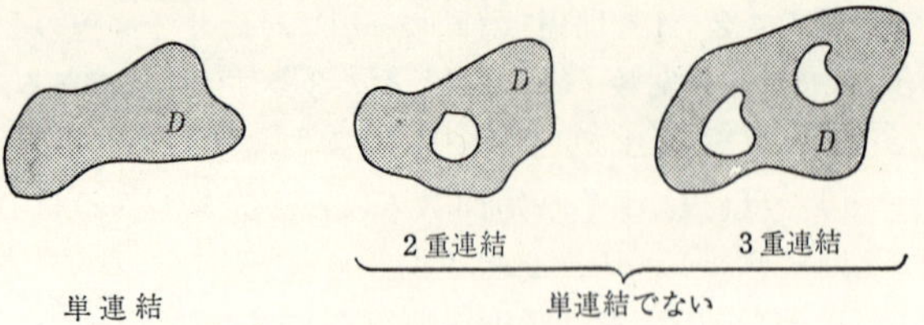

にして，これを $F(z)$ とおくと，前補題の (ii)⇒(i) の証明と全く同じにして $F'(z)=f(z)$ をうる．

この補題が円でなくても凸開集合（例えば多角形，楕円など）で同じ証明により成立することはみやすい．しかし，任意の領域では成り立たない．

問 $f(z)=1/z$ は $D=\{z;0<|z|<2\}$ で正則である．しかし，D 内の閉曲線 $|z|=1$[1] にそって積分すると $\int_{|z|=1}(1/z)\,dz=2\pi i$（ゆえに，0でない）．

定義 1.4.3 領域 $D\ (\subset \boldsymbol{C})$ に対し，多角形の周（＝折れ線からなるジョルダン閉曲線）が D に含まれていればその多角形の内部も必ず D に含まれるという条件をみたすとき，D は**単連結**であるという．

定理 1.4.4 D を単連結領域とし，$f(z)$ を D での連続関数とするとき，次の3条件は同値である．

（i） $f(z)$ は D で正則，

（ii） $f(z)$ は D で原始関数をもつ，

（iii） D 内の任意の正則閉曲線 C に対し $\int_C f(z)\,dz=0$.

1) $|z-a|=r$ は中心 a，半径 r の円周で，向きはことわらない限り時計の反対向きとする．

証明は前補題と同様なので略す．$\left(\int_{\partial G_i} f(\zeta)d\zeta=0\right.$ のところで単連結性を用いるのに注意．この定理をコーシーの積分定理とよぶこともある．$\Big)$

1.5　正則関数の整級数展開

定理 1.5.1　$f(z)$ を領域 D での正則関数とし，$U_r(a)$ を D に含まれる中心 a，半径 r の開円板とする．このとき，$f(z)$ は $U_r(a)$ で整級数展開可能である．すなわち，a を中心とし収束半径 $\geqq r$ の整級数 $\sum_{n=0}^{\infty} c_n(z-a)^n$ があり，$U_r(a)$ において $f(z)=\sum_{n=0}^{\infty} c_n(z-a)^n$ が成立する．（整級数をテイラー級数ともいうので，整級数展開をテイラー展開ともいう．）

証明　$0<r'<r$ に r' をとる．コーシーの積分公式（定理 1.3.2 (ii)）から

$$f(z)=\frac{1}{2\pi i}\int_{|\zeta-a|=r'}\frac{f(\zeta)}{\zeta-z}d\zeta,\quad (|z-a|<r')$$

とかける．$|z-a|<r'=|\zeta-a|$ に注意すると，

$$\frac{f(\zeta)}{\zeta-z}=\frac{f(\zeta)}{\zeta-a}\cdot\frac{1}{1-\dfrac{z-a}{\zeta-a}}=\sum_{n=0}^{\infty}\frac{f(\zeta)}{(\zeta-a)^{n+1}}\cdot(z-a)^n$$

となる．$r''<r'$ に r'' をとり，z を $|z-a|<r''$ にとめておくと，$|\zeta-a|=r'$ のとき，$M=\sup_{|\zeta-a|=r'}|f(\zeta)|$ として

$$\left|\frac{f(\zeta)}{(\zeta-a)^{n+1}}(z-a)^n\right|\leqq\frac{M}{r'}\left(\frac{r''}{r'}\right)^n$$

となり，$|\zeta-a|=r'$ 上で級数は正規収束することがわかり

項別積分が可能となる（定理V.3.2, 定理V.2.2(ii)）. ゆえに, $|z-a|<r''$ のとき

$$f(z) = \sum_{n=0}^{\infty}\left(\frac{1}{2\pi i}\int_{|\zeta-a|=r'}\frac{f(\zeta)}{(\zeta-a)^{n+1}}d\zeta\right)(z-a)^n$$

が成り立つ. $0<r_1<r_2<r$ とすると $\{r_1 \leqq |\zeta-a| \leqq r_2\}$ の近傍で $f(\zeta)/(\zeta-a)^{n+1}$ は正則だから, コーシーの積分定理（定理1.3.2(i)）により,

$$\frac{1}{2\pi i}\int_{|\zeta-a|=r_1}\frac{f(\zeta)}{(\zeta-a)^{n+1}}d\zeta = \frac{1}{2\pi i}\int_{|\zeta-a|=r_2}\frac{f(\zeta)}{(\zeta-a)^{n+1}}d\zeta$$

となる. $r''<r'$ $(<r)$ はいくらでも r に近づけうるので証明は終わる.

定理 1.5.2　整級数 $f(z)=\sum_{n=0}^{\infty} c_n(z-a)^n$ はその収束円 $\{|z-a|<\rho\}$ の中で正則であり, $f'(z)=\sum_{n=1}^{\infty} nc_n(z-a)^{n-1}$ となる.

証明　$z-a$ を z とおき $a=0$ としてよい. 定義1.2.1を思い出せ.

$$\begin{aligned} f(z)-f(z_0) &= \sum_{n=0}^{\infty} c_n(z^n-{z_0}^n) \\ &= \sum_{n=0}^{\infty} c_n(z^{n-1}+z^{n-2}z_0+\cdots+z{z_0}^{n-2} \\ &\qquad +{z_0}^{n-1})(z-z_0) \end{aligned}$$

となり, $\delta_f(z)=\sum_{n=0}^{\infty} c_n(z^{n-1}+z^{n-2}z_0+\cdots+{z_0}^{n-1})$ である. しかし, この計算には注意がいる. $|z_0|<\rho$ とし, $|z_0|<r<\rho$ に r をとり, $0<\varepsilon<r-|z_0|$ に ε をとると, $\{|z-z_0|\leqq\varepsilon\}\subset\{|z|\leqq r\}\subset\{|z|<\rho\}$ となり, $\{|z-z_0|\leqq\varepsilon\}$ ではこの整

級数は絶対収束している．$|z-z_0|\leqq\varepsilon$ のとき，

$$|c_n(z^{n-1}+z^{n-2}z_0+\cdots+z_0{}^{n-1})|\leqq|c_n|\cdot nr^{n-1}$$

となり，$\sum nc_nz^{n-1}$ の収束半径は $\sum c_nz^n$ のそれと等しく ρ だから（定理 V.4.4），$\sum n|c_n|r^{n-1}$ は収束し，$\delta_f(z)$ はそこで正規収束することがわかる．各項は連続だから，$\delta_f(z)$ は $|z-z_0|\leqq\varepsilon$ で連続となり，$\delta_f(z_0)$ $(=f'(z_0))$ $=$ $\sum nc_nz_0{}^{n-1}$ となる．$f'(z)=\sum nc_nz^{n-1}$ は整級数だから収束円の中で連続で，$f(z)$ が C^1 級になることもいえる．

定理 1.5.3　正則関数の導関数はまた正則関数である．したがって，正則関数は何回でも複素微分可能で C^∞ 級である．

証明は定理 1.5.1，1.5.2 より明らかであろう．

問 1　$f(z)=\sum_{n=0}^{\infty}c_n(z-a)^n$（$|z-a|<\rho$ で収束）とし，$f(z)$ の n 階導関数を $f^{(n)}(z)$ とすると，$c_n=f^{(n)}(a)/n!$ である（整級数展開の一意性）．

問 2　$e^z=\sum_{n=0}^{\infty}z^n/n!$（$|z|<\infty$）を示せ．

問 3　$f(z)$ は $\{z;|z-a|\leqq r\}$ で正則とする．そのとき，$|z-a|<r$ ならば

$$f^{(n)}(z)=\frac{n!}{2\pi i}\int_{|\zeta-a|=r}\frac{f(\zeta)}{(\zeta-z)^{n+1}}d\zeta$$

となる．（ヒント：z 中心の小円 Δ をとり，z を中心とした f の整級数展開の係数を考えると

$$f^{(n)}(z)=\frac{n!}{2\pi i}\int_{\partial\Delta}\frac{f(\zeta)}{(\zeta-z)^{n+1}}d\zeta$$

となる．$f(\zeta)/(\zeta-z)^{n+1}$ は ζ の関数として正則だからコーシーの積分定理を使うと $|\zeta-a|=r$ 上の積分と等しくなる．）

さて，以上でこの章の主な目的である次の定理が証明で

きた.

定理 1.5.4 $f(z)$ は領域 D で定義された連続関数とするとき，次の条件は同値である.

(i) $f(z)$ は D で正則（すなわち，C^1 級で複素微分可能).

(ii) $f(z)$ は D で C^1 級で，コーシー・リーマンの方程式 $\partial f/\partial\bar{z}=0$ をみたす.

(iii) 任意の単連結部分領域 $\Delta\subset D$ と Δ 内の任意の閉正則曲線 C をとると $\int_C f(z)dz=0$.

(iv) 任意の単連結部分領域 $\Delta\subset D$ に対し，Δ で原始関数 $F(z)$ が存在する.（すなわち，$F(z)$ は Δ で正則で $F'(z)=f(z)$.）

(v) 開円板 Δ を $\bar{\Delta}\subset D$ にとると，任意の $z\in\Delta$ に対し

$$f(z)=\frac{1}{2\pi i}\int_{\partial\Delta}\frac{f(\zeta)}{\zeta-z}d\zeta.$$

(vi) 開円板 Δ を $\Delta\subset D$ にとると，$f(z)$ は Δ で収束整級数に展開できる.

(iii), (iv) において，Δ は開円板としてもよい．はじめから D が単連結ならば表現が簡単になったであろう．これまでの議論によって (i)〜(vi) の同値の証明が終わっていることを読者は必ず再確認してほしい.

1.6 等角写像

点 (x_0, y_0) の近傍から (u, v) 平面への連続写像

$$f:(x,y)\to(u,v),\qquad (f(x_0,y_0)=(u_0,v_0))$$

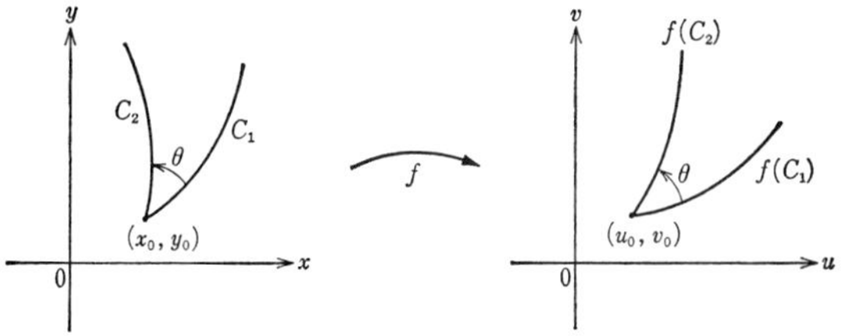

が (x_0, y_0) で**等角写像**であるとは,

（i） (x_0, y_0) を通り (x_0, y_0) で接線をもつ曲線の f による像は必ず (u_0, v_0) で接線をもち,

（ii） そのような 2 曲線 C_1, C_2 の (x_0, y_0) における接線のなす角が向きもいれて像 $f(C_1), f(C_2)$ の (u_0, v_0) における接線のなす角に等しいことである.

$z=x+iy, w=u+iv$ とおき, f を $w=f(z)$ とかく.（$z_0=x_0+iy_0, w_0=u_0+iv_0$.）曲線 $C: z=z(t)$（$\alpha \leqq t \leqq \beta, z(\alpha)=z_0$）が z_0 で接線をもつということは,（右側）極限値 $\lim_{t\to\alpha}(z(t)-z(\alpha))/(t-\alpha)=z'(\alpha)$ が存在し $z'(\alpha)\neq 0$ となることである. このとき, $\arg z'(\alpha)$ は x 軸と接線とのなす角を与える.

いま $w=f(z)$ が z_0 で正則で $f'(z_0)\neq 0$ としよう.（このとき z_0 の近傍で f は 1 対 1 両連続である（補題 1.2.5).）曲線 $C: z=z(t)$（$\alpha \leqq t \leqq \beta, z(\alpha)=z_0$）が z_0 で接線をもつとき, C の f による像 $f(C)$ は $w=w(t)=f(z(t))$（$\alpha \leqq t \leqq \beta$）とかける. $w'(\alpha)=f'(z(\alpha))z'(\alpha)$ となり, $\arg w'(\alpha)=\arg f'(z_0)+\arg z'(\alpha)$ をうる. すなわち, z_0

を通り z_0 で接線をもつ任意の曲線の接線の傾きは，f で写すことによりいっせいに $\arg f'(z_0)$ だけふえることになる．ゆえに z_0 において f は等角である．

正則関数 $f(z)$ は $f'(z)\neq 0$ となる点 z では等角になることがわかった．あとで証明するように（定理 2.2.3），定数でない正則関数 $f(z)$ に対し $\{z; f'(z)=0\}$ は孤立集合である．（$f'(z)=0$ となる点 z では f は等角ではない．$f(z)=z^2, C_1: z=t, C_2: z=it$ $(0\leqq t\leqq 1)$ としてみよ．）実は次の定理が成立するが十分条件の証明は省略する．

定理 1.6.1 領域 D で定義された定数でない連続関数 $f(z)$ が，D において正則になるための必要十分条件は，D 内の孤立集合を除いて D の各点で f が等角写像になることである（メンショフの定理）．

等角写像は別の見方をすることもできる．z 平面の領域 D から w 平面への写像 $w=f(z)$ が C^1 級で向きを保つ（すなわち，ヤコビ行列式がつねに正）ものとしよう．$z_0\in D$ を中心とする微小円は f によって高次の無限小の項を無視すれば楕円に写る．この長軸と短軸の長さを求めてみる．

$$w=f(z)=f(z_0)+f_z(z_0)(z-z_0)+f_{\bar{z}}(z_0)(\bar{z}-\bar{z}_0)+\varepsilon,$$

（$f_z=\partial f/\partial z$ など）と展開し，$z=z_0+re^{i\theta}$ $(0\leqq\theta\leqq 2\pi)$ と円の式を代入して高次の項 ε を無視すると

$$w = f(z_0)+f_z(z_0)re^{i\theta}+f_{\bar{z}}(z_0)re^{-i\theta}$$

となり，これは θ を 0 から 2π まで動かすと w 平面で $f(z_0)$ を中心とする楕円をあらわす．（実部，虚部にわけて

計算し確かめてみよ.)

$$|w-f(z_0)| = |f_z(z_0)re^{i\theta}+f_{\bar{z}}(z_0)re^{-i\theta}|$$
$$= r|f_z(z_0)e^{2i\theta}+f_{\bar{z}}(z_0)|$$

の最大値・最小値が長軸・短軸の長さで,それは

$$r(|f_z(z_0)|+|f_{\bar{z}}(z_0)|), \qquad r(|f_z(z_0)|-|f_{\bar{z}}(z_0)|)$$

である.($|f_z|^2-|f_{\bar{z}}|^2$ はヤコビ行列式で,仮定より $|f_z|>|f_{\bar{z}}|$ に注意せよ.)この楕円が円になるための条件はコーシー・リーマンの方程式 $f_{\bar{z}}=0$ であり,したがって等角写像とは微小円を微小円に写すものといえる.長軸の長さを短軸の長さでわったものを z_0 における f の**変形率**,D における f の変形率の上限 K を**最大変形率**とよび,K が有限のとき f を ***K* 擬等角写像**という.$K\geqq 1$ であり,K が小さいほど等角写像に近く,$K=1$ が等角写像というわけである.擬等角写像は偏微分方程式論や流体力学に応用をもち,さらにリーマン面のモジュラスの理論ではもっとも中心的な位置をしめている.

問＊ K 擬等角写像の逆写像は,また K 擬等角写像である.

1.7 調和関数

正則関数の実部,虚部は調和関数である(補題 1.1.1 など参照).ここで,**調和関数**とは,実数値をとる C^2 級関数 u で,$\Delta u=0$ をみたすものである(Δ はラプラシアン).逆に次の定理が成り立つ.

定理 1.7.1 D を単連結領域とし,D での正則関数の全体を $\mathcal{O}(D)$,D での調和関数の全体を $H(D)$ とする.正則

関数にその実部を対応させる写像$\varphi : \mathcal{O}(D) \to H(D)$は全射（上への写像）であり，純虚数の定数の差を無視すれば単射（1対1）である．（$\varphi(f)=\varphi(g)$ならば$f-g$は純虚定数という意味．）

証明 $u \in H(D)$とせよ．$f_1(z)=u_x(x,y)-iu_y(x,y)$とおく．$u$は$C^2$級で$\Delta u=0$をみたすことから，$f_1$は$C^1$級でコーシー・リーマンの方程式をみたす．ゆえに$f_1(z)$は$D$で正則，$D$は単連結だから$f_1(z)$の原始関数$f(z)$が存在する．$f(z)=U+iV$とおくと，$f'(z)=\partial U/\partial x+i(\partial V/\partial x)=\partial V/\partial y-i(\partial U/\partial y)$から，$U_x \equiv u_x$, $U_y \equiv u_y$となり（$\equiv$は，恒等的に等しいという記号），$U(x,y)=u(x,y)+$定数となる．定数を$f(z)$にくりこんでおけば$\varphi(f)=u$となる．ゆえに，φは全射である．

$\varphi(f)=\varphi(g)$としよう．$f-g$の実部は0だから，コーシー・リーマンの方程式より虚部は定数となり，$f-g$は純虚数の定数である．

この定理は，ある意味で理論として，単連結領域では正則関数論と調和関数論とが同じであることを示している．調和関数を媒介として，2次元のポテンシャル論は関数論と極めて近い関係にたつのである．くわしくは付録Ⅲ，Ⅵをみてほしい．

調和関数uに対し，$u+iv$が正則関数となるような調和関数vを，uの**共役調和関数**という．

問 $u(x,y)=x^3-3xy^2+2x^2-2y^2$は全平面で調和関数であることを示し，その共役調和関数を求めよ．

第2章　正則関数の性質

この章では，正則関数のいろいろな性質のなかで最も基本的と思える4つの定理を説明する．一致の定理のあとで実解析関数が正則関数に延長されることを説明し，指数関数，三角関数を導入する．2.3節の系2.3.2（微分記号と積分記号が交換可能であるための条件）も応用上重要である．定理2.4.1は，考えている点を原点に写し適当に座標変換すると，局所的に正則関数は写像として $w=z^n$ と同じふるまいをすることを示す．

2.1　一致の定理

次の定理が成り立つのが，解析関数と C^∞ 級関数との大きな差異である．定理Ⅳ.1などと比較してほしい．（証明のまえに定理Ⅰ.4を復習すること．）

定理2.1.1（一致の定理）　$f(z), g(z)$ は領域 D で正則とする．

（i）　1点 $a\in D$ で，$f(a)=g(a), f^{(n)}(a)=g^{(n)}(a)$（$n=1,2,\cdots$）ならば，$D$ で恒等的に $f(z)=g(z)$ である．

（ii）　1点 $a\in D$ と，a に収束し a とは異なる点列 $\{z_k\}$ があり，$f(z_k)=g(z_k)$（$k=1,2,\cdots$）となれば，D で恒等的に $f(z)=g(z)$ である．

注意　D の1点の近傍で $f(z)\equiv g(z)$ となっていたり，D 内の曲線上で $f(z)\equiv g(z)$ となっていれば定理の仮定はみたされる．この形で利用されることが多い．

証明 $f(z)-g(z)$ を考えることにより，$g(z)\equiv 0$ としてよい．

（i） $f(z)$ は a の近傍で整級数 $\sum_{n=0}^{\infty} c_n(z-a)^n$ と展開でき，$c_n=f^{(n)}(a)/n!$ である．仮定 $f(a)=0, f^{(n)}(a)=0$（$n=1,2,\cdots$）より $c_n=0$（$n=0,1,2,\cdots$）となり，$f(z)$ は a の近傍で恒等的に 0 であることがわかる．したがって，a の近傍の点 z でも $f(z)=0, f^{(n)}(z)=0$（$n=1,2,\cdots$）が成り立つ．ゆえに，$O_1=\{z\,;\,z\in D, f(z)=0, f^{(n)}(z)=0\ (n=1,2,\cdots)\}$ は開集合で a を含む．一方，$f^{(n)}(z)$ は連続だから，$z_k\in O_1, z_k\to z_0\in D$ とすると $f^{(n)}(z_0)=\lim_{k\to\infty} f^{(n)}(z_k)=0$ となり $z_0\in O_1$ でなければならない．これから $O_2=D-O_1$ は開集合であることがわかる．D は連結だから定理 I.4 より $O_2=\emptyset$，すなわち $D=O_1$ となって証明は終わる．

（ii） a において $f(z)=\sum_{n=0}^{\infty} c_n(z-a)^n$ と展開し，$c_n=0$（$n=0,1,2,\cdots$）を示せば (i) により結論をうる．いま，$c_0=c_1=\cdots=c_{n-1}=0, c_n\neq 0$ としよう．

$$f(z)=(z-a)^n\{c_n+c_{n+1}(z-a)+\cdots\}$$

とかき，{ } の中を $\varphi(z)$ とおく．$f(z_k)=0, z_k\neq a$ より $\varphi(z_k)=0$ をうる．$\varphi(z)$ は連続だから $k\to+\infty$ とすれば $\varphi(a)=0$ となり，$\varphi(a)=c_n$ だから $c_n\neq 0$ に反する．

問1 領域 D で $f(z)$ が正則で，D の空でない開集合上で $f'(z)$ が 0 ならば，D で $f(z)$ は定数関数である．（ゆえに原始関数が 1 つあれば，他の原始関数はそれに定数を加えたものだけ．）

問2 u は領域 D で調和関数とする．D の空でない開集合上で $u\equiv 0$ なら D 全体で $u\equiv 0$ となる（**調和関数の一致の定理**）．（ヒント：$O_1=\{z\in D$；z の近傍で $u\equiv 0\}$ とおく．$z_k\in O_1, z_k\to z_0\in D$ とすると，z_0 の近傍で u の共役調和関数 v を作り，$u+iv$ を考えて正則関数の一致の定理から $z_0\in O_1$ を示す．）

微分積分学であらわれる重要な関数のほとんどは，次のようにして正則関数に延長できることがわかる．$f(x)$ を開区間 I で実解析的な実関数としよう．各 $x_0\in I$ に対し収束整級数 $\sum_{n=0}^{\infty} c_n(x-x_0)^n$ があり，x_0 の近傍で

$$f(x)=\sum_{n=0}^{\infty} c_n(x-x_0)^n$$

とあらわせるというのが，**実解析的**の定義である．（I 全体で1つの整級数になるとは限らない．**問**：$1/(1+x^2)$ は $(-\infty,+\infty)$ で実解析的である．しかし，その原点での整級数展開の収束半径は1.）この整級数の収束半径を r_{x_0} とすると，$|z-x_0|<r_{x_0}$ をみたす複素数 z に対しても $\sum_{n=0}^{\infty} c_n(z-x_0)^n$ は収束する．実数の集合を複素数平面内の実軸とみて開区間 I をその上にある線分とみると，中心 x_0，半径 r_{x_0} の円 $U_{r_{x_0}}(x_0)$ で $\sum c_n(z-x_0)^n$ は正則になる．I 上では $f(x)$ に等しいので，一致の定理からそれらを集めて $\bigcup_{x_0\in I} U_{r_{x_0}}(x_0)$ での正則関数 $\varphi(z)$ をうる．結局，開区間 I での実解析的関数 $f(x)$ に対し，複素数平面内での I の近傍とそこでの正則関数 $\varphi(z)$ とをみつけ，I 上では $\varphi(x)=f(x)$ とできるわけである．例を示そう．

$e^z=e^x(\cos y+i\sin y)$ $(z=x+iy)$ と定義すると全平面で正則になり $e^z=\sum_{n=0}^{\infty} z^n/n!$ となることは前章で問題にした．それを忘れ，ここでは立場をかえて，微積分でよく知

られた公式$e^x=\sum_{n=0}^{\infty}x^n/n!$から出発しよう．この整級数はすべての実数に対し収束するから，収束半径は$+\infty$である．したがって$e^z=\sum_{n=0}^{+\infty}z^n/n!$ $(|z|<+\infty)$と指数関数を定義すると，これは全平面で正則である．指数法則を証明しよう．まず，z_2を実数の定数とすると，$e^{z_1+z_2}$および$e^{z_1}e^{z_2}$はz_1の関数として全平面で正則となり，z_1が実数のときは両者は一致する．したがって，一致の定理から任意の複素数z_1に対し両者は等しい．次にz_1を任意の複素数に固定し$e^{z_1+z_2}, e^{z_1}e^{z_2}$を$z_2$の関数とみると全平面で正則で，$z_2$が実数ならいま示したことから両者は一致し，ゆえに，また一致の定理を用いれば任意のz_2に対し$e^{z_1+z_2}=e^{z_1}e^{z_2}$がわかる．

問3 $\sin x=\sum_{n=0}^{\infty}\dfrac{(-1)^n x^{2n+1}}{(2n+1)!}$, $\cos x=\sum_{n=0}^{\infty}\dfrac{(-1)^n x^{2n}}{(2n)!}$

より，$\sin z, \cos z$を定義せよ．それらは全平面で正則で，加法定理

$$\sin(z_1+z_2)=\sin z_1\cos z_2+\cos z_1\sin z_2$$

などが成立することを示せ．

問4 $(e^z)'=e^z$,　$(\sin z)'=\cos z$,　$(\cos z)'=-\sin z$ を示せ（ヒント：定理1.5.2）．$\tan z=\sin z/\cos z$と定義し，$(\tan z)'$を求めよ．

問5 $e^{iz}=\cos z+i\sin z$, $\cos z=(e^{iz}+e^{-iz})/2$, $\sin z=(e^{iz}-e^{-iz})/2i$を示せ．（これから，$z=x+iy$とするとき，$e^z=\sum z^n/n!$から出発して$e^z=e^x(\cos y+i\sin y)$が示される．）

問6 $\sin z=0$となるzを求めよ．

問7 すべてのzに対し$|\sin z|\leqq 1$は正しいか．

問8* 公式$\log(1+x)=\sum_{n=1}^{\infty}\dfrac{(-1)^{n-1}x^n}{n}$ $(-1<x<1)$を変形す

ると，$a>0$ のとき

$$\log x = \log a + \sum_{n=1}^{\infty} \frac{(-1)^{n-1}}{na^n}(x-a)^n, \quad (-a<x-a<a)$$

となる．この x を複素数 z にし a を大きくすることにより $\log z$ が右半平面 $\{z;\operatorname{Re} z>0\}$ で定義できることを示せ．z_1, z_2, z_1z_2 がみな右半平面にあるとき $\log z_1z_2=\log z_1+\log z_2$ が成り立つ．（ヒント：一致の定理．）

問 9*　$z=x+iy$ とする．$x>0$ のとき $e^{\log z}=z$ であり，$-\pi/2<y<\pi/2$ のとき $\log e^z=z$ である．（ヒント：一致の定理．）これから，$(\log z)'=1/z$ となる．（ヒント：逆関数の微分．）

2.2　最大値の原理

あとの節（2.4）で別の証明をするが，ここではコーシーの積分公式を用いて次の定理（**最大（絶対）値の原理**）を証明する．

定理 2.2.1　$f(z)$ は領域 D で正則で定数でないとすれば，関数 $|f(z)|$ は D で極大値（したがって最大値も）をとらない．

系 2.2.2　$f(z)$ が有界領域 D で正則，閉包 $\overline{D}$ で連続とすれば，$|f(z)|$ は $\overline{D}$ での最大値を境界 ∂D 上でとる．

証明のために，コーシー・リーマンの方程式からえられる次の定理を用意しよう．

定理 2.2.3　$f(z)$ は領域 D で正則とする．

（i）　集合 $A=\{z|z\in D, f'(z)=0\}$ が D 内に集積点をもてば $f(z)$ は定数である．

（ii）　$|f(z)|$ が定数ならば $f(z)$ は定数である．

証明　$f(z)=u(x,y)+iv(x,y)$ $(z=x+iy)$ とおくと $f'(z)=u_x+iv_x=v_y-iu_y$ である．

（i）$f'(z)$ も正則関数だから A が D 内に集積点をもてば，一致の定理から恒等的に $f'(z)=0$ である．ゆえに，恒等的に $u_x=u_y=v_x=v_y=0$ となり，u,v は定数になる．

（ii）$|f(z)|^2=u^2+v^2=k$（一定）としよう．$k=0$ なら $u=v=0$ となる．$k\neq 0$ としよう．x,y で偏微分して

$$uu_x+vv_x=0, \quad uu_y+vv_y=0$$

をうる．u,v の少なくとも一方は 0 でないから行列式 $u_xv_y-u_yv_x$ は 0 となり，これは $|f'(z)|^2$ である．ゆえに，$f'(z)\equiv 0$ で $f(z)$ は定数になる．

定理 2.2.1 の証明　$a\in D$ で $|f(z)|$ が極大値をとる，すなわち，D に含まれる a の近傍 $|z-a|<r$ で $|f(z)|\leqq|f(a)|$ としよう．$0<r'<r$ のとき，コーシーの積分公式より

$$f(a)=\frac{1}{2\pi i}\int_{|z-a|=r'}\frac{f(z)}{z-a}dz$$

となり，$z=a+r'e^{i\theta}$ $(0\leqq\theta\leqq 2\pi)$, $dz=ir'e^{i\theta}d\theta$ を代入して

$$f(a)=\frac{1}{2\pi}\int_0^{2\pi}f(a+r'e^{i\theta})d\theta$$

をうる．

$$\begin{aligned}|f(a)| &\leqq \frac{1}{2\pi}\int_0^{2\pi}|f(a+r'e^{i\theta})|d\theta \\ &\leqq \frac{1}{2\pi}\int_0^{2\pi}|f(a)|d\theta=|f(a)|\end{aligned}$$

となり，もし1点でも $|f(a+r'e^{i\theta})|<|f(a)|$ となる点があると，その近傍でもこの不等式は成り立ち，2番目の ≦ が < になってしまう．$0<r'<r$ で r' は任意だから，$|z-a|<r$ のとき $|f(z)|\equiv|f(a)|$ となり，定理2.2.3より $|z-a|<r$ で $f(z)\equiv f(a)$，一致の定理より D 全体でそうなる．

系2.2.2は，$|f(z)|$ はコンパクト集合 $\overline{D}$ では必ず最大値をもつことに注意すれば明らかであろう．

問　$f(z)$ は有界領域 D で正則とし，D の境界点に収束するような D 内のすべての点列 $\{z_n\}$ に対しつねに $\lim_{n\to\infty} f(z_n)=0$ と仮定する．このとき，$f(z)$ は D で恒等的に0である．

2.3　正則関数列

C^∞ 級関数列 $f_n(x)$ が $f(x)$ に一様収束しても，$f(x)$ は連続がいえるだけで微分できるかどうかはわからない．また，できるとしても $f_n'(x)$ が $f'(x)$ に収束するとは限らない（付録V参照）．しかし，正則関数ならばうまくいく．

定理2.3.1（ワイエルストラスの2重級数定理）　$\{f_n(z)\}$ を D で正則な関数の列とし，$f(z)$ に D でコンパクト一様収束するとしよう．そのとき，$f(z)$ は D で正則で，$\{f_n'(z)\}$ は $f'(z)$ に D でコンパクト一様収束する．

証明　$f(z)$ の正則性は，積分を用いた正則性の条件（定理1.5.4 (iii) または (v)）と定理V.2.2 (ii) から明らかであろう．$\{|z-a|\leqq r\}\subset D$ として，$\{|z-a|\leqq r/2\}$ で $f_n'(z)$ が $f'(z)$ に一様収束することを示す．$\{|z-a|=r\}$ 上では f_n が f に一様収束しているから，任意の $\varepsilon>0$ に対し n_0

を，$n_0<n$ ならば $\sup\{|f_n(z)-f(z)|;|z-a|=r\}<r\varepsilon/4$ にとれる．$|z-a|\leqq r/2$ で $|\zeta-a|=r$ なら $|\zeta-z|\geqq r/2$ に注意し，$f^{(n)}$ に対するコーシーの積分公式（35頁問3）を用いると，$|z-a|\leqq r/2, n\geqq n_0$ のとき

$$|f_n'(z)-f'(z)|=\left|\frac{1}{2\pi i}\int_{|\zeta-a|=r}\frac{f_n(\zeta)-f(\zeta)}{(\zeta-z)^2}d\zeta\right|$$

$$\leqq\frac{1}{2\pi}\cdot\frac{r\varepsilon}{4}\cdot\left(\frac{2}{r}\right)^2\cdot 2\pi r=\varepsilon$$

となり証明は終わる．

系 2.3.2（微分記号と積分記号の交換）

（i）　D を領域，$[a,b]$ を有界閉区間とする．$f(z,t)$ は $D\times[a,b]$ で連続，t を $[a,b]$ の任意の値に固定すると z に関し D で正則としよう．このとき

$$F(z)=\int_a^b f(z,t)dt$$

は D で正則になり，$F'(z)=\int_a^b(\partial f(z,t)/\partial z)dt$ である．

（ii）　上の $[a,b]$ を $[a,+\infty]$ としたときは，さらに z に関し D において $\lim_{R\to+\infty}\int_a^R f(z,t)dt$ がコンパクト一様収束ならば，$F(z)=\int_a^{+\infty}f(z,t)dt$ についても (i) と同じことがいえる．

証明　（i）　$a=t_0<t_1<\cdots<t_n=b$，$t_k-t_{k-1}=(b-a)/n$，$F_n(z)=\sum_{k=1}^{n}f(z,t_k)(t_k-t_{k-1})$ とおき，$F_n(z)\to F(z)$ がコンパクト一様収束することをいう．D 内のコンパクト集合 K をとると，$f(z,t)$ はコンパクト集合 $K\times[a,b]$ で連続だから一様連続であり，任意の $\varepsilon>0$ に対し，$|t-t'|<$

$(b-a)/n_0, z\in K$ ならば $|f(z,t)-f(z,t')|<\varepsilon/(b-a)$ となるように n_0 がとれる．$n>n_0, z\in K$ のとき

$$|F_n(z)-F(z)| = \left|\sum_{k=1}^{n}\int_{t_{k-1}}^{t_k}\{f(z,t_k)-f(z,t)\}dt\right|$$
$$\leqq \frac{\varepsilon}{b-a}\cdot\frac{b-a}{n}\cdot n = \varepsilon$$

となり証明は終わる．

（ii） 単調増加で $+\infty$ に発散する数列 $\{R_n\}$ を任意にとり $F_n(z)=\int_a^{R_n} f(z,t)dt$ とおくと，仮定より $F(z)$ の正則性と $F_n'(z)\to F'(z)$ がいえ，(i) より $F_n'(z)=\int_a^{R_n}(\partial f(z, t)/\partial z)dt$ である．$\{R_n\}$ が任意であることから，結論をうる．

問 1 $\zeta(z)=\sum_{n=1}^{\infty}1/n^z$ は $\{\mathrm{Re}\, z>1\}$ で正則である．
（リーマンのツェータ関数という．$n^z=e^{z\log n}$ である．）

問 2 $f(z)=\sum_{n=1}^{\infty}z^n/(1-z^n)$ は $\{|z|<1\}$ で正則である．これがいえると，$f(z)=\sum_{n=1}^{\infty}a_n z^n$ と整級数展開できるが，係数 a_n は n の約数の個数であることを示せ．（例：12 の約数は 1, 2, 3, 4, 6, 12 で，$a_{12}=6$）

問 3 $g(z)=\sum_{n=1}^{\infty}z^n/(1-z^n)^2$ は $\{|z|<1\}$ で正則である．$g(z)=\sum_{n=1}^{\infty}b_n z^n$ とすると，b_n は n の約数の和であることを示せ．（例：$b_{12}=28$）

（ヒント：正規収束を示して定理V.3.2を適用し一様収束をいい，定理 2.3.1 を用いて正則をいう．問 1：$z=x+iy$ とし，$x\geqq 1+\varepsilon$（$\varepsilon>0$）とする．$|n^z|=|e^{x\log n}\cdot e^{iy\log n}|=n^x\geqq n^{1+\varepsilon}$ となり，$\sum_{n=1}^{\infty}1/n^{1+\varepsilon}$ は収束する．問 2：$|z|\leqq r<1$ のとき，$|1-z^n|\geqq 1-|z|^n \geqq 1-r^n\geqq 1-r$ で，$|z^n/(1-z^n)|\leqq r^n/(1-r)$ となり，$\sum r^n/(1-r)$ は収束する．整級数展開の一意性（1.5 節問 1）と絶対収束す

る級数の和の変更（定理V.1.3）より，等比級数の和の公式から $1/(1-z^n)=1+z^n+z^{2n}+\cdots$ となり，$\sum_{n=1}^{\infty} z^n/(1-z^n)=\sum_{n=1}^{\infty}\sum_{k=1}^{\infty} z^{kn}=\sum_{N=1}^{\infty} a_N z^N$ となり，a_N は N の約数の個数である.）

2.4 正則関数の写像としての局所的性質

まず，言葉を2つ定義しておく．$f(z)$ が z_0 で正則，$f(z_0)=w_0$，$f'(z_0)=f''(z_0)=\cdots=f^{(k-1)}(z_0)=0$，$f^{(k)}(z_0)\neq 0$ のとき，z_0 は $f(z)$ の **k 位の w_0 点**という．領域 D から領域 D' の上への写像 f が1対1で f も f^{-1} も正則関数のとき，f を D から D' の上への**両正則写像**という.

この節では次の定理を示したい.

定理 2.4.1 $f(z)$ は領域 D で正則とし，$z_0\in D, f(z_0)=w_0$ とする.

（i） z_0 が1位の w_0 点，つまり $f'(z_0)\neq 0$ のとき．z_0 の近傍 U_0 と w_0 の近傍 W_0 を適当にとると，$f(U_0)=W_0$ で $f|_{U_0}$ が U_0 から W_0 の上への両正則写像になる.

（ii） z_0 が n 位の w_0 点のとき．次のような z_0 の近傍 U_0 と w_0 の近傍 W_0 が存在する：（イ） $f(U_0)=W_0$. $f^{-1}(w_0)\cap U_0=\{z_0\}$. 任意の $w\in W_0-\{w_0\}$ に対しては $f^{-1}(w)\cap U_0$ はちょうど n 個の点からなる．（ロ） 各 $w\in W_0-\{w_0\}$ に対し w の近傍 $W\subset W_0$ があり，$f^{-1}(W)\cap U_0$ は n 個の互いに交わらない連結開集合 $U^{(1)}, U^{(2)}, \cdots, U^{(n)}$ の合併にわかれ，各 $U^{(\nu)}$ で $f|_{U^{(\nu)}}$ は $U^{(\nu)}$ から W の上への両正則写像である．（ハ） z_0 の任意の近傍 $U\subset U_0$ に対し，w_0 の近傍 W を $f^{-1}(W)\cap U_0\subset U$ にとれる.

注意 定理でいう U_0, W_0 に対し，w_0 の近傍 $W_1 \subset W_0$ を任意にとり，$f^{-1}(W_1) \cap U_0 = U_1$ とおくと，U_1, W_1 はまた定理の結論をみたす．

この定理から次の定理は明らかであろう．

定理 2.4.2 定数でない正則関数による開集合の像は開集合である．

これから，**最大値の原理の別証**がえられることに注意しておく．$|f(z)|$ は原点から $f(z)$ までの距離をあらわしており，各 z の近傍 U は f によって $f(z)$ の近傍に写り，$f(z)$ の近くに $f(z)$ より原点から遠くにある $f(U)$ の点が必ず存在するからである．

定理 2.4.1 の証明 （i）は補題 1.2.5 による．

（ii） $z-z_0, w-w_0$ を考えることにより，$z_0=0, w_0=0$ としてよい．まず $g(z)=z^n$ を考える．$g'(z)=nz^{n-1}$ より，$z \neq 0$ なら $g'(z) \neq 0$ である．$w=Re^{i\Theta}$ $(R>0), z=re^{i\theta}$ とおくと，$w=z^n$ から $r^n=R, n\theta=\Theta \pmod{2\pi}$ をうる．ゆえに，$r=\sqrt[n]{R}, \theta=(\Theta+2k\pi)/n \pmod{2\pi}$ $(k=0, 1, 2, \cdots, n-1)$ となり，$g^{-1}(w)$ がちょうど n 個の点からできていることがわかる．$R \to +\infty$ で $r \to +\infty$，$R \to 0$ で $r \to 0$ もわかる．$w_1 \neq 0$ に対し $g^{-1}(w_1)=\{z_1, z_2, \cdots, z_n\}$ とおくと，$g'(z_\nu) \neq 0$ だから，z_ν では (i) が使える．これで，$U_0=\boldsymbol{C}$, $W_0=\boldsymbol{C}$（全平面）として (ii) がすべて容易に確かめうる．（定理 2.4.1 のあとの注意のように，W_0 を 0 の任意の近傍，$U_0=g^{-1}(W_0)$ としてもよい．）

一般のとき．やはり $z_0=0, w_0=0$ としておく．仮定によ

り

$$f(z) = z^n(c_n + c_{n+1}z + \cdots), \qquad c_n \neq 0$$

と原点の近傍で整級数展開できる．(　)の中を$\varphi(z)$とおく．c_nのn乗根はn個あるが，その1つを$\sqrt[n]{c_n}$とかくと，c_nの近傍から$\sqrt[n]{c_n}$の近傍へ$g(z)=z^n$の逆関数が存在し正則だから，それを$\sqrt[n]{z}$とかき，$\varphi(z)$と合成し$\sqrt[n]{\varphi(z)}$を考える．$\sqrt[n]{\varphi(z)}$は原点の近傍で正則でn乗すると$\varphi(z)$になる．$w=f(z)$は$w=\zeta^n, \zeta=z\sqrt[n]{\varphi(z)}$と分解され，$d\zeta/dz=\sqrt[n]{\varphi(z)}+z(\sqrt[n]{\varphi(z)})'$は$z=0$で$\sqrt[n]{c_n}\neq 0$となり，$z=0$と$\zeta=0$の近傍を適当にとれば，それは両正則写像である．$w=\zeta^n$については前半で調べた．これで証明は終わる．

問1　正則関数fが点z_0の近傍で1対1ならば$f'(z_0)\neq 0$である．(このことは，実数の微分可能関数$g: \boldsymbol{R}\to\boldsymbol{R}$では正しくない．例：$g(x)=x^3$)

問2　$f(z)$が領域Dで正則関数で，Dにおいて1対1であるとする．このとき，Dの像$D'=f(D)$は領域となり，fはDからD'の上への両正則写像である．

問3　$f(z)$を定数でない領域Dでの正則関数とする．そのとき，$|f(z)|$が$a\in D$で極小値をとったとすれば$f(a)=0$である．(ヒント：定理2.4.2を使え．または別証として，$f(a)\neq 0$と仮定しaの近傍で最大値の原理を$1/f$に適用せよ．)

注　関数fが連続になるための必要十分条件は，開集合Wに対し原像$f^{-1}(W)$がまた開集合になることである．fが連続のとき，開集合Uの像$f(U)$は開集合になるとは限らない(極端な例：定数関数！)．fが連続で開集合の像がつねに開集合になるとき，fは**開写像**であるという．定理2.4.2は，定数でない正則関数は開写像であることを示している．(実軸の部分集合や，円周の部分集合は複素平面で開集合でありえない．25 頁問 3 や定理 2.2.3 (ii) などは，正則関数は開写像ということから直観的に明白になる．）

連続性に関し少しまとめておく（定義，記号は，19，241 頁参照）．

補題 2.4.3　D は領域とし，関数 $f:D\to\boldsymbol{C}$ を考える．次の 3 条件は同値：(i) f は D で連続．(ii) 任意の $z\in D$ と $f(z)$ の近傍 V に対し，z の近傍 U を $f(U)\subset V$ にとれる．(iii) 任意の開集合 $O\subset\boldsymbol{C}$ に対し $f^{-1}(O)$ はまた開集合．

証明　(i)⇒(ii)．(ii) を否定すると $|z_n-z|<1/n, f(z_n)\notin V$ という z_n がとれる．$z_n\to z$ であるが $f(z_n)$ は $f(z)$ に収束しない．(ii)⇒(iii)．任意に $z\in f^{-1}(O)$ をとる．O は開集合だから $f(z)$ の近傍 V を $V\subset O$ にとる．z の近傍 U を $f(U)\subset V$ にとると，$U\subset f^{-1}(O)$ で z は $f^{-1}(O)$ の内点になる．(iii)⇒(i)．(i) を否定し，$z_0\in D, z_n\to z_0$ だが $f(z_n)$ は $f(z_0)$ に収束しないとする．部分列をとり，$\varepsilon>0$ があり各 n に対し $f(z_n)\notin U_\varepsilon(f(z_0))$ としてよい．$f^{-1}(U_\varepsilon(f(z_0)))$ は，z_n を含まず z_0 を含み $z_n\to z_0$ だから，開集合でない．

補題 2.4.4　D は領域，$f:D\to\boldsymbol{C}$ は連続とする．このとき，$K\subset D$ をコンパクトとすると，$f(K)$ はまたコンパクトになる．

証明　無限点列 $\{w_n\}\subset f(K)$ に対し，$z_n\in K, f(z_n)=w_n$ とする．K はコンパクトだから，部分列 $\{z_{n_\nu}\}$ を $z_{n_\nu}\to z\in K$ にとれる．f は連続だから，$w_{n_\nu}=f(z_{n_\nu})\to f(z)\in f(K)$ となり，$\{w_n\}$ は $f(K)$ に属する集積点 $f(z)$ をもつ．

第3章　孤立特異点

この章では，孤立特異点に関する基礎的な事項を述べる．理論がどのような順序で展開されるか，全体の構成にも注目してほしい．

3.1　ローラン展開

$f(z)$ が点 a の近傍で a を除けば正則であるとき，a は $f(z)$ の**孤立特異点**であるという．a において $f(z)$ が定義されていない場合と，定義はされているが a において正則でない場合とがある．

定理 3.1.1　$f(z)$ は $U_r(a)^*=\{z\,;0<|z-a|<r\}$ で正則とする．そのとき，$U_r(a)^*$ で $f(z)$ は

$$f(z) = \sum_{n=-\infty}^{\infty} c_n(z-a)^n$$

$$= \left\{\cdots+\frac{c_{-n}}{(z-a)^n}+\cdots+\frac{c_{-1}}{(z-a)}\right\}$$

$$+\{c_0+c_1(z-a)+\cdots\}$$

と級数展開できる．(この級数は $U_r(a)^*$ でコンパクト一様，絶対収束する．**ローラン級数**という．) 任意の $0<\rho<r$ に対し

$$c_n = \frac{1}{2\pi i}\int_{|\zeta-a|=\rho}\frac{f(\zeta)}{(\zeta-a)^{n+1}}d\zeta,\quad (n=0, \pm1, \cdots)$$

が成り立つ．

証明　$U_r(a)^* \supset K$ にコンパクト集合 K をとると，$\{r_1 < |z-a| < r_2\} \supset K$ に $0 < r_1 < r_2 < r$ がとれる．コーシーの積分公式より

$$f(z) = \frac{1}{2\pi i}\left\{\int_{|\zeta-a|=r_2}\frac{f(\zeta)}{\zeta-z}d\zeta - \int_{|\zeta-a|=r_1}\frac{f(\zeta)}{\zeta-z}d\zeta\right\},\ z \in K$$

とかける．定理 1.5.1 の証明と同様にして（$|\zeta-a|=r_1$, $z \in K$ のときは $|\zeta-a|<|z-a|$ に注意），

$$f(z) = \sum_{n=0}^{\infty}\left(\frac{1}{2\pi i}\int_{|\zeta-a|=r_2}\frac{f(\zeta)}{(\zeta-a)^{n+1}}d\zeta\right)(z-a)^n$$

$$+\sum_{n=0}^{\infty}\left(\frac{1}{2\pi i}\int_{|\zeta-a|=r_1}f(\zeta)(\zeta-a)^n d\zeta\right)\frac{1}{(z-a)^{n+1}}$$

となる．

問 1　$\int_{|\zeta-a|=r}(\zeta-a)^n d\zeta$ を計算せよ（n は整数）．

問 2　$f(z)$ を孤立特異点の近傍でローラン級数に展開したとき，係数は一意的である．

3.2　孤立特異点の分類

この節では，点 a を $f(z)$ の孤立特異点とし，a を中心とする $f(z)$ のローラン展開を

$$f(z) = \sum_{n=-\infty}^{\infty} c_n(z-a)^n$$

としよう．負べきの項を集めた $\sum_{n=-\infty}^{-1} c_n(z-a)^n$ を $f(z)$ の a における**主要部**（または**特異部**）という．

定義 3.2.1　主要部が欠けている（$n<0$ なら $c_n=0$）とき，a は $f(z)$ の**除去可能な孤立特異点**であるという．主

要部が有限項（$n<0, c_n \neq 0$ となる n は有限個）のとき，a は $f(z)$ の**極**（pole）であるという．主要部が真に無限項のとき，a は $f(z)$ の**真性特異点**であるという．

主要部がなければ $f(a)=c_0$ と定義すると（$f(z)$ が $z=a$ ですでに定義されている場合は定義しなおす），$f(z)$ は $z=a$ で正則になり，除去可能特異点という言葉はぴったりしている．除去可能の場合には，$f(a)=c_0$ として除去してしまって，$f(z)$ は a で正則とみなすことが多い．われわれも，今後ことわりなしにそうしてしまうことがたびたびあるだろう．

極と真性特異点の定義は形式的なので内容を示すために，まず極（零点）の位数を定義しよう．a が $f(z)$ の極であると，主要部は有限項であるから

$$f(z)=\frac{c_{-k}}{(z-a)^k}+\cdots+\frac{c_{-1}}{(z-a)}+c_0+c_1(z-a)+\cdots,$$

$$(c_{-k}\neq 0)$$

とかける．このとき，a は $f(z)$ の $\boldsymbol{k}$ **位の極**（または位数 k の極）であるといって，$\mathrm{ord}(f,a)=-k$ とかく．$(z-a)^{-k}$ でくくってみると，これは，

$$f(z)=(z-a)^{-k}\varphi(z), \qquad \varphi(z) \text{ は } a \text{ で正則，} \varphi(a)\neq 0$$

とかけ，逆にこうかけるならば $\mathrm{ord}(f,a)=-k$ である．

次に，$g(z)$ は a で正則とし，$g(a)=0$ で

$$g(z)=d_k(z-a)^k+d_{k+1}(z-a)^{k+1}+\cdots, \quad (d_k\neq 0)$$

と整級数展開されるとき，a は $g(z)$ の $\boldsymbol{k}$ **位の零点**[1]（または位数 k の零点）であるといって $\mathrm{ord}(f,a)=k$ とかく．

これは

$$g(z) = (z-a)^k\psi(z),\ \psi(z) \text{ は } a \text{ で正則},\ \psi(a) \neq 0$$

とかけることと同値である．次の補題は明らかであろう．

補題 3.2.2　a が $f(z)$ の k 位の極 $\Longleftrightarrow$ a が $1/f(z)$ の k 位の零点．

複素数に対し，$|z| \to +\infty$ のとき $z \to \infty$ と略記し，z が無限遠に発散するまたは無限遠点に収束するなどという．（無限遠点については次章で説明．）

次の定理は，(i) が**リーマンの除去可能特異点定理**，(iii) が**ワイエルストラスの定理**とよばれている．

定理 3.2.3　a を $f(z)$ の孤立特異点とする．

（i）　a は除去可能特異点 $\Longleftrightarrow$ a のある近傍で $f(z)$ は有界，

（ii）　a は極 $\Longleftrightarrow$ $z \to a$ のとき $f(z) \to \infty$，

（iii）　a は真性特異点 $\Longleftrightarrow$ 任意の α（∞ も含む）に対し，a に収束する点列 $\{z_n\}$ をとり $f(z_n) \to \alpha$ とできる．

証明　(i) $\Rightarrow$ の証明．除去可能ならば $\lim_{z \to a} f(z)$ が存在し a の近傍で $f(z)$ は有界になる．$\Leftarrow$ の証明．仮定により，$M>0$ があり，$\{0<|z-a|<r\}$ で $f(z)$ は正則，$|f(z)| \leq M$ としよう．

$$f(z) = \sum_{n=-\infty}^{\infty} c_n(z-a)^n$$

とでき，$c_{-n} = \dfrac{1}{2\pi i}\displaystyle\int_{|\zeta-a|=\rho} f(\zeta)(\zeta-a)^{n-1}d\zeta$　$(0<\rho<r)$ と

1)　これは 2.4 節の定義と矛盾しない．a が $f(z)-w_0$ の k 位の零点ということが，a が f の k 位の w_0 点ということと同値．

かける.

$$|c_{-n}| \leqq \frac{1}{2\pi}\cdot M\cdot\rho^{n-1}\cdot 2\pi\rho = M\rho^n$$

となり, ρ は $0<\rho<r$ をみたせば任意だから, $\rho\to 0$ として $c_{-n}=0$ $(n>0)$ をうる.

(ii) ⇒の証明. a が極ならば, $f(z)=(z-a)^{-k}\varphi(z)$, $\varphi(z)$ は a で正則, $\varphi(a)\neq 0$ とかけ, $\lim_{z\to a}|f(z)|=+\infty$ をうる. ⇐の証明. $z\to a$ のとき $|f(z)|\to+\infty$ ならば, $1/f(z)$ は a の近傍で a を除き正則で, $z\to a$ のとき $1/f(z)\to 0$ より (i) から a でも正則になって a は零点となる. ゆえに a は $f(z)$ の極である.

(iii) ⇒の証明. $\alpha=\infty$ のとき. $z_n\to a, f(z_n)\to\infty$ となる点列 $\{z_n\}$ が存在しないなら, a のある近傍で $f(z)$ は有界となり, a は除去可能になってしまう. α が任意の複素数のとき. $z_n\to a, f(z_n)\to\alpha$ となる点列 $\{z_n\}$ は存在しないと仮定しよう. $\varepsilon_0>0$ と a の近傍 U_0 がとれて

$$|f(z)-\alpha|>\varepsilon_0, \qquad z\in U_0-\{a\}$$

となる. $1/(f(z)-\alpha)$ を考えると, (i) により a はその除去可能孤立特異点になり a で正則, ゆえに, $f(z)-\alpha$ は a で正則または極となり, $f(z)$ も a でそうなる. (iii) の⇐は (i), (ii) により除去可能, 極とすると仮定に矛盾し証明を終わる.

問 次の関数の極, 零点はどこか. また, その位数は? 極以外の孤立特異点はあるか.

(i) $\dfrac{2z+1}{z^2(z^2-1)}$, (ii) $e^{1/z}$, (iii) $\dfrac{z}{e^z-1}$, (iv) $\dfrac{z}{\sin z}$.

3.3 留数の定理，定積分の計算

a を $f(z)$ の孤立特異点とし，$\sum_{n=-\infty}^{\infty} c_n(z-a)^n$ をそのローラン展開としたとき，$1/(z-a)$ の係数 c_{-1} を $f(z)$ の a での**留数** (residue) といって $\mathrm{Res}(f,a)$ とかく．$\rho>0$ を小さくとると，$\mathrm{Res}(f,a)=(1/2\pi i)\int_{|z-a|=\rho} f(z)dz$ である．(項別積分すればよい．定理 3.1.1 参照．) 次の定理は**留数の定理**とよばれる．

定理 3.3.1 D は有界領域で，境界 ∂D は有限個の正則ジョルダン閉曲線の和とする．$\{a_1, \cdots, a_n\}\subset D$ とし，$f(z)$ は $\overline{D}-\{a_1, \cdots, a_n\}$ で正則とする．このとき，

$$\int_{\partial D} f(z)dz = 2\pi i \sum_{k=1}^{n} \mathrm{Res}(f, a_k).$$

証明 各 a_k に，a_k を中心として半径 r の円 $U_r(a_k)$ を，$\overline{U_r(a_k)}\subset D$，$j\neq k$ なら $\overline{U_r(a_j)}\cap\overline{U_r(a_k)}=\emptyset$ となるようにとれる．コーシーの積分定理を $D-\bigcup_{k=1}^{n}\overline{U_r(a_k)}$ に適用することにより

$$\int_{\partial D} f(z)dz = \sum_{k=1}^{n}\int_{\partial U_r(a_k)} f(z)dz = 2\pi i \sum_{k=1}^{n} \mathrm{Res}(f, a_k)$$

をうる．

この定理は実関数の定積分の計算に応用されるし，次節の偏角の原理の基礎ともなる．ここでは定積分の計算に応用する．よく使う形を定理にしておくが，結論よりもどの

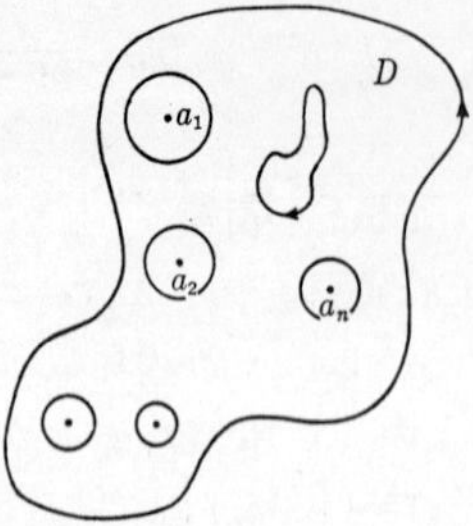

ような道にそって積分したか証明の方をよくみてほしい．

定理 3.3.2 $f(X, Y), f(X)$を有理式（多項式÷多項式）とする．

（i） $X^2+Y^2=1$のとき$f(X, Y)$の分母は0にならないとする．そのとき，

$$\int_0^{2\pi} f(\cos\theta, \sin\theta)d\theta$$
$$= 2\pi \sum_{|a|<1} \mathrm{Res}\left(f\left(\frac{1}{2}\left(z+\frac{1}{z}\right), \frac{1}{2i}\left(z-\frac{1}{z}\right)\right)\cdot\frac{1}{z}, a\right)^{1)}.$$

（ii） Xが実数のとき$f(X)$の分母$\neq 0$．$f(X)$の分母の次数≧分子の次数+2．そのとき，

$$\int_{-\infty}^{+\infty} f(x)dx = 2\pi i \sum_{\mathrm{Im}\,a>0} \mathrm{Res}(f(z), a).$$

（iii） Xが実数のとき$f(X)$の分母$\neq 0$．$f(X)$の分母

1) 正則点では留数は0とみなす．したがって$\sum_{|a|<1}$は$\{|z|<1\}$内にある孤立特異点に対して和をとることを意味する．$\sum_{\mathrm{Im}\,a>0}$も同様．

の次数≧分子の次数+1．そのとき

$$\int_{-\infty}^{+\infty} f(x)e^{ix}dx = 2\pi i \sum_{\mathrm{Im}\,a>0} \mathrm{Res}(f(z)e^{iz}, a).$$

証明 （i） $z=\cos\theta+i\sin\theta$ とおく．$|z|^2=1$ より $1/z=\bar{z}=\cos\theta-i\sin\theta$ となる．$dz=(-\sin\theta+i\cos\theta)d\theta=izd\theta$ で，これより

$$\int_0^{2\pi} f(\cos\theta, \sin\theta)d\theta$$

$$= \frac{1}{i}\int_{|z|=1} f\left(\frac{1}{2}\left(z+\frac{1}{z}\right), \frac{1}{2i}\left(z-\frac{1}{z}\right)\right)\cdot\frac{1}{z}dz$$

となり，これには留数の定理を使うことができる．

（ii） 仮定より $\int_{-\infty}^{\infty} f(x)dx$ は存在する．$f(z)$ の孤立特異点（分母の零点）は有限個だから $\{|z|<r\}$ 内に全部はいるように r をとる．分母，分子の次数の関係から $K>0$ をとり，$|z|\geqq r$ のとき $|f(z)|\leqq K/|z|^2$ となるようにできる．$R>r$ として，区間 $[-R, R]$ を C_1，半円周 $z=Re^{it}$ $(0\leqq t\leqq\pi)$ を C_2 とすると，

$$\int_{C_1+C_2} f(z)dz = 2\pi i \sum_{\mathrm{Im}\,a>0} \mathrm{Res}(f(z), a)$$

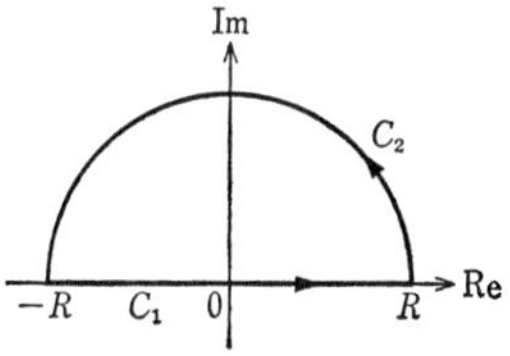

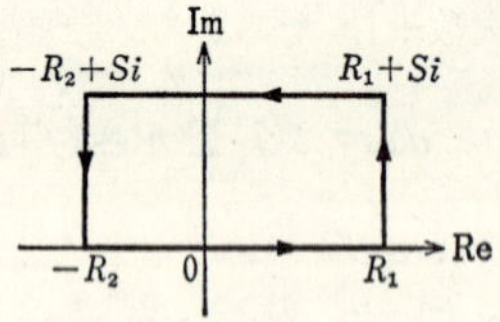

となる．$\left|\int_{C_2} f(z)dz\right| \leqq (K/R^2)\cdot \pi R = \pi K/R$ より $R\to+\infty$ とすれば $\to 0$ となり，一方 $\int_{C_1} f(z)dz = \int_{-R}^{R} f(x)dx \to \int_{-\infty}^{+\infty} f(x)dx$ で結論をうる．

（iii） (ii) と同様に $\{|z|<r\}$ 内に $f(z)$ の孤立特異点は全部はいり，$|z|\geqq r$ では $|f(z)|\leqq K/|z|$ をみたすとしよう．$r<R_1, R_2, S$ をとり，4点 $-R_2, R_1, R_1+Si, -R_2+Si$ を頂点とする長方形の周 C について積分すると

$$\int_C f(z)e^{iz}dz = 2\pi i \sum_{\operatorname{Im} a>0} \operatorname{Res}(f(z)e^{iz}, a)$$

が成り立つ．$|e^{i(x+iy)}| = e^{-y} < 1$ $(y>0)$ に注意する．

$$\left|\int_{R_1}^{R_1+Si} f(z)e^{iz}dz\right| \leqq \frac{K}{R_1}\int_0^S e^{-y}dy = \frac{K}{R_1}(1-e^{-S}) \leqq \frac{K}{R_1},$$

同様にして $\left|\int_{-R_2+Si}^{-R_2} f(z)e^{iz}dz\right| \leqq K/R_2$ をうる．

$$\left|\int_{R_1+Si}^{-R_2+Si} f(z)e^{iz}dz\right| \leqq \frac{K}{S}\cdot e^{-S}(R_1+R_2)$$

が成り立つ．まず，R_1, R_2 を固定して $S\to+\infty$ とし，次に $R_1, R_2\to+\infty$ とすることにより結論に達する．

この定理を利用するために，留数の計算についてふれておく．(証明はローラン展開をかいて，各自試みよ．)

補題 3.3.3 （i） a が $f(z)$ の1位の極のとき，

$$\mathrm{Res}(f,a)=\lim_{z\to a}(z-a)f(z).$$

（ii） a が $f(z)$ の k 位の極のとき，

$$\mathrm{Res}(f,a)=\frac{1}{(k-1)!}\lim_{z\to a}\frac{d^{k-1}}{dz^{k-1}}\{(z-a)^k f(z)\}.$$

問 次の定積分を定理 3.3.2 を用いて計算せよ．

（イ） $\displaystyle\int_0^{\pi}\frac{d\theta}{a+\cos\theta}$，$(a>1)$，（ロ） $\displaystyle\int_0^{\pi/2}\frac{dx}{a+\sin^2 x}$，$(a>0)$，

（ハ） $\displaystyle\int_0^{\infty}\frac{dx}{1+x^2}$，（ニ） $\displaystyle\int_0^{\infty}\frac{x^2}{(x^2+a^2)^3}dx$，$(a>0)$，

（ホ） $\displaystyle\int_0^{\infty}\frac{\cos x}{x^2+a^2}dx$，$(a>0)$，（ヘ） $\displaystyle\int_0^{\infty}\frac{x\sin x}{x^2+a^2}dx$，$(a>0)$．

（ヒント：（イ）（ロ）は0から 2π までの積分になおし，(i) を使う．（ハ）（ニ）は $-\infty$ から $+\infty$ までの積分になおして (ii)，（ホ）（ヘ）は $-\infty$ から $+\infty$ までの積分になおし，$\cos x, \sin x$ を e^{ix} におきかえて (iii) を用い，あとで実部または虚部をとる．）

定理 3.3.2 の他にも積分の道を工夫して計算できる定積分の例がいくつもあるが，ここでは次の例をあげるにとどめておく．

例 $\displaystyle\int_0^{+\infty}\frac{\sin x}{x}dx=\frac{\pi}{2}.$

e^{iz}/z は原点を除き全平面で正則である．ゆえに，$\Delta=\{z\,;\,r<|z|<R, \mathrm{Im}\,z>0\}$ とすると，$\displaystyle\int_{\partial\Delta}(e^{iz}/z)dz=0$ である．部分にわけて計算する．$z=Re^{i\theta}$ $(0\leqq\theta\leqq\pi)$ とおくと

$$\left|\int_0^{\pi} ie^{(iR\cos\theta-R\sin\theta)}d\theta\right|\leqq\int_0^{\pi}e^{-R\sin\theta}d\theta$$

$$\leqq\int_0^{\varepsilon}d\theta+\int_{\varepsilon}^{\pi-\varepsilon}e^{-R\sin\varepsilon}d\theta+\int_{\pi-\varepsilon}^{\pi}d\theta$$

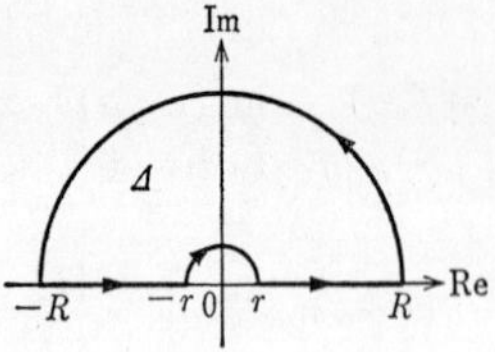

$$= 2\varepsilon + e^{-R\sin\varepsilon}(\pi - 2\varepsilon)$$

となり，$\varepsilon>0$ を十分小さくとり固定し，次に R を十分大きくすれば，この項はいくらでも小さくすることができる．e^{iz} を 0 を中心に整級数展開すれば，$e^{iz}/z=(1/z)+\varphi(z)$，$\varphi(z)$ は 0 で正則（ゆえに 0 の近傍で $|\varphi(z)|\leqq K$）がわかる．$z=re^{-i\theta}$ $(-\pi\leqq\theta\leqq0)$ とおくと，その積分は $-\pi i+\int_{-\pi}^{0}\varphi(re^{-i\theta})(-ire^{-i\theta})d\theta$ となり，$r\to0$ で $\to-\pi i$ となる．$\int_{-R}^{-r}\frac{e^{ix}}{x}dx+\int_{r}^{R}\frac{e^{ix}}{x}dx=2i\int_{r}^{R}\frac{\sin x}{x}dx$ となり，結局，$2i\int_{0}^{+\infty}\frac{\sin x}{x}dx-\pi i=0$ となる．

3.4 偏角の原理

$f(z)$ が領域 D で孤立集合を除いて正則で，除かれた孤立点はみな $f(z)$ の極になっているとき，$f(z)$ は D で**有理形関数**[1] であるという．

---

1) 英語では meromorphic function. 分数式（= 多項式÷多項式）を有理関数（rational function）という．これと混同しないように．有理関数は有理形関数であるが，有理関数でない有理形関数もたくさんある．

定理 3.4.1（偏角の原理） D を有界領域で D の境界 ∂D は有限個の正則ジョルダン閉曲線からできているとする．$f(z)$ は $\overline{D}$ の近傍で有理形関数とし，∂D 上には零点も極もないと仮定する．D 内にある $f(z)$ の零点，極の個数をそれぞれ N, P としよう．（ただし，k 位のときは k 個の点と重複してかぞえる．以下同様．）そのとき

$$\frac{1}{2\pi i}\int_{\partial D}\frac{f'(z)}{f(z)}dz = N-P.$$

証明 仮定により，$f'(z)/f(z)$ に留数の定理が使える．$f'(z)/f(z)$ の孤立特異点は $f(z)$ の零点および極である．そこでの留数を計算しよう．a が $f(z)$ の k 位の零点とする．

$f(z) = (z-a)^k\varphi(z)$，$\varphi(z)$ は a で正則，$\varphi(a)\neq 0$

とかける．$f'(z)=k(z-a)^{k-1}\varphi(z)+(z-a)^k\varphi'(z)$ となり，

$$\frac{f'(z)}{f(z)} = \frac{k}{z-a}+\frac{\varphi'(z)}{\varphi(z)},\quad \frac{\varphi'(z)}{\varphi(z)} \text{ は } a \text{ で正則.}$$

ゆえに $\mathrm{Res}(f'/f, a)=k$ となる．b が $f(z)$ の l 位の極のときは，同様にして $\mathrm{Res}(f'/f, b)=-l$ をうる．留数の定理より証明終わり．

問 1 $f(z)$ は定理 3.4.1 と同じ条件をみたし，D 内にある $f(z)$ の零点を $a_1, a_2, \cdots, a_N$，極を $b_1, b_2, \cdots, b_P$ とする．（ただし，k 位のときは同じ点を k 個ならべてかく．）$g(z)$ は $\overline{D}$ で正則とすると

$$\frac{1}{2\pi i}\int_{\partial D} g(z)\frac{f'(z)}{f(z)}dz = \sum_{\nu=1}^{N} g(a_\nu) - \sum_{\mu=1}^{P} g(b_\mu)$$

である.(ヒント:f の零点・極 a での $\mathrm{Res}(gf'/f, a)$ を計算せよ.)

この定理はなぜ偏角の原理とよばれるのか.その説明のために次の補題からはじめる.

補題 3.4.2 曲線 $C: z=z(t)$ $(\alpha \leqq t \leqq \beta)$ は原点を通らないとする.$\arg z(\alpha)$ は 2π の整数倍だけ自由度があるが,任意に1つを定め θ_0 とする.そのとき,$\theta(\alpha)=\theta_0$, $z(t)=|z(t)|e^{i\theta(t)}$ $(\alpha \leqq t \leqq \beta)$ をみたす,$[\alpha, \beta]$ で連続な実関数 $\theta(t)$ がただ1つ定まる.

証明 $z(t)/|z(t)|$ を考えることにより,$|z(t)|=1$ と仮定してよい.原点からでる1本の半直線 $\{z\,;\arg z=\theta_1\}$ $(\theta_0<\theta_1<\theta_0+2\pi)$ と曲線が交わらないときは,$\theta(t)=\arg z(t), \theta_1-2\pi<\theta(t)<\theta_1$ として $\theta(t)$ は一意的に定まる.一般のときには,曲線を有限個に分割して,各部分はいまの条件をみたすようにして,順次 $\theta(t)$ を作っていけばよい.

この補題の $\theta(t)$ をとり,$\theta(\beta)-\theta(\alpha)$ を考えると,これは始点から終点まで点が C 上を動いたときの偏角の増加量を示す.(θ_0 のえらび方にはよらない.)$\theta(\beta)-\theta(\alpha)$ を $\int_C d\arg z$ とかくことにしよう.

補題 3.4.3 原点を通らない正則曲線 C に対し,$\mathrm{Re}\frac{1}{i}\int_C \frac{dz}{z}=\int_C d\arg z$.

閉曲線のときには,$\frac{1}{i}\int_C \frac{dz}{z}=\int_C d\arg z$ でそれは 2π の整数倍になる.

証明 前補題により，$C: z=z(t)=|z(t)|e^{i\theta(t)}$ $(\alpha \leqq t \leqq \beta)$ とかく．$|z(t)|, \theta(t)$ は（区分的に）C^1 級になる．

$$\mathrm{Re}\frac{1}{i}\int_C \frac{dz}{z} = \mathrm{Re}\frac{1}{i}\int_\alpha^\beta \frac{|z(t)|'e^{i\theta(t)}+|z(t)|e^{i\theta(t)}i\theta'(t)}{|z(t)|e^{i\theta(t)}}dt$$

$$= \mathrm{Re}\frac{1}{i}\Big[\log|z(t)|+i\theta(t)\Big]_\alpha^\beta = \theta(\beta)-\theta(\alpha).$$

$\dfrac{1}{2\pi}\displaystyle\int_C d\arg z$ は，曲線 $C: z=z(t)$ が原点のまわりを何回まわったかを示す．曲線 C が点 a を通らなければ，$z-a=Z$ とおいて考えると次の定義をうる．

定義 3.4.4 閉曲線 $C: z=z(t)$ が点 a を通らないとき，整数 $\dfrac{1}{2\pi i}\displaystyle\int_C \frac{dz}{z-a}$ を曲線 C の点 a のまわりの**回転数**といって，$n(C,a)$ とかく．

さて，偏角の原理の説明をしよう．境界 ∂D（向きがついている）を z が 1 周するときに $w=f(z)$ がえがく曲線を Γ とする．

$$\frac{1}{2\pi i}\int_{\partial D}\frac{f'(z)}{f(z)}dz = \frac{1}{2\pi i}\int_{\partial D}\frac{1}{w}\frac{dw}{dz}dz$$

$$= \frac{1}{2\pi i}\int_\Gamma \frac{dw}{w} = n(\Gamma, 0)^{1)}$$

となる．結局，z が ∂D を 1 周するときに $w=f(z)$ の偏角がどれだけふえるか，その偏角の増加量を 2π で割ったもの，つまり $n(\Gamma, 0)$ が D 内での $f(z)$ の（零点の個数）−（極の個数）に等しいというのである．

---

1) ∂D は有限個の閉曲線の和だから，Γ は閉曲線 Γ_i の和になるが，$n(\Gamma, 0)$ は $\sum n(\Gamma_i, 0)$ の意味．

問2*　Cを正則ジョルダン閉曲線とし，Dをその内部とする．$f(z)$は$\overline{D}=D\cup C$で正則，C上では1対1で$f'(z)\neq 0$と仮定する．このとき，fによるCの像Γはジョルダン閉曲線で，Γの内部をΔとすると，fはDをΔの上へ1対1に写す．（ヒント：$\alpha\notin\Gamma$に対し$\dfrac{1}{2\pi i}\displaystyle\int_C\frac{f'(z)}{f(z)-\alpha}dz=\frac{1}{2\pi i}\int_\Gamma\frac{dw}{w-\alpha}$を計算せよ．）

3.5　ルーシェの定理

定理 3.5.1（ルーシェ）　Dは有界領域で，Dの境界は有限個の正則ジョルダン閉曲線からなるとする．$f(z), g(z)$は$\overline{D}$の近傍で正則とし，Dの境界∂D上では$|f(z)|>|g(z)|$をみたすとする．そのとき，$f(z)$と$f(z)+g(z)$はD内に零点を同じ個数だけもつ．（k位の零点はk個とかぞえる．）

証明　仮定より$1+g(z)/f(z)$はzが∂D上を動くとき，円$\{|w-1|<1\}$の中を動き原点をまわることができないので，∂Dを全部まわっても偏角に増減はない．

$$\begin{aligned}\arg(f(z)+g(z)) &= \arg\left\{f(z)\left(1+\frac{g(z)}{f(z)}\right)\right\}\\ &= \arg f(z)+\arg\left(1+\frac{g(z)}{f(z)}\right)\end{aligned}$$

より，zが∂Dを全部まわったときの偏角の増減量は$f(z)$と$f(z)+g(z)$では等しい．ゆえに，偏角の原理から証明を終わる．

この定理の応用として次のような定理がえられる．証明は方針だけ示しておく．

定理 3.5.2（フルヴィッツの定理） 領域Dにおける正則関数列$\{f_n\}$がDでコンパクト一様にfに収束し，fは定数ではないとする．そのとき，$z_0 \in D$で$f(z_0)=0$とし，z_0を中心とする円Δを$\bar{\Delta} \subset D$, $\partial\Delta$上では$f(z) \neq 0$となるようにとると，ある番号n_0が定まり，$n_0<n$ならば$f_n(z)$と$f(z)$はΔ内に同数の零点をもつ．

証明 $\min_{\partial\Delta}|f(z)|=\varepsilon$とし，$n_0<n$なら$\sup_{\partial\Delta}|f_n(z)-f(z)|<\varepsilon$となるように$n_0$をとる．$f$と，$f_n-f$に$\Delta$でルーシェの定理を使え．

系 3.5.3 $\{f_n\}$, fは定理と同じで，さらに各f_nはDで1対1であるとする．そのとき，fもDで1対1となる．

証明 否定して，$z_1 \neq z_2$, $f(z_1)=f(z_2)=\alpha$とせよ．$f_n-\alpha$, $f-\alpha$を考えて$\alpha=0$としてよい．z_1, z_2を中心とする円Δ_1, Δ_2を定理のように作り，定理を用いると，f_nが1対1ということに反する．

定理 3.5.4（代数学の基本定理） 複素数係数のn次方程式

$$a_0 z^n + a_1 z^{n-1} + \cdots + a_{n-1} z + a_n = 0, \quad (a_0 \neq 0)$$

は複素数の範囲でちょうどn個の根をもつ．（重根はもちろん重複度だけかぞえる．）

証明 $R>0$を十分大きくして，$D=\{|z|<R\}$, $f(z)=a_0 z^n$, $g(z)=a_1 z^{n-1}+\cdots+a_{n-1}z+a_n$についてルーシェの定理を用いよ．

問 1 $10z^3+z^2+2z-6=0$の根はすべて$|z|<1$内にあることを示せ．（ヒント：$f=10z^3$, $g=z^2+2z-6$としてルーシェの定理

を用いよ.)

問2* $\lambda>1$ とする. 方程式 $ze^{\lambda-z}=1$ の解が $|z|<1$ の中には1個あり, それは正の実数である.

第4章　多価関数とリーマン面（1次元複素多様体）

この章の第1の目的は対数関数を理解することである．複素平面から複素多様体（リーマン面）の上へ関数論を拡張することは，この本を読んだあとに続く重要なステップである．4.4節，4.5節は5章以下を読むのにはとばしても支障はない．しかし，多様体の理解は現代数学の第一歩であり，もしこの本に第2巻があるとすれば4.5節のあとに続くのである．

4.1　無限遠点，リーマン球面

いままで複素平面の上で関数論をやってきたが，この章では現代数学で最も重要な概念である「多様体（manifold)」を導入し，その上へ関数論を拡張することを試みる．まず，複素平面 $\boldsymbol{C}$ はコンパクトでなく不便が多いので，$\boldsymbol{C}$ をコンパクト化することからはじめよう．

複素平面 $\boldsymbol{C}$ に1つの記号 ∞ をつけ加え，$\boldsymbol{P}=\boldsymbol{C}\cup\{\infty\}$ とおき，∞ は**無限遠点**とよぶ．$\boldsymbol{C}$ の点では，近傍とか収束などの概念はいままで通りとし，∞ に対しては，正数 R に対し $\{|z|>R\}\cup\{\infty\}$ という形の集合を **∞ の $\boldsymbol{R}$ 近傍**という．$z_n\to\infty$（数列 $\{z_n\}$ が ∞ に収束）とは，$|z_n|\to+\infty$[1] の

1)　∞ と $+\infty$, $-\infty$ とは区別しなければならない．（実数列 $\{x_n\}$ に対し，$x_n\to+\infty$ のときも $x_n\to-\infty$ のときも，$x_n\to\infty$ である．$\{(-1)^n n\}$ という数列も $\to\infty$.）ただし，誤解のおそれがないとき，$+\infty$ を ∞ と略記することがある．

ことである.

$f(z)$があるRに対し$\{|z|>R\}$で正則なとき, ∞は$f(z)$の**孤立特異点**であるという.

$$t=\frac{1}{z},\ \left(0=\frac{1}{\infty},\ \infty=\frac{1}{0}\right)$$

とおくと, $\{|z|>R\}\cup\{\infty\}$と$\{|t|<1/R\}$は1対1に対応する. tを∞の近傍での**局所座標**という. $f(z)$を局所座標tの関数とみると, $t=0$は$f(1/t)$の孤立特異点となる. $t=0$が**除去可能孤立特異点, 極, 真性特異点**のいずれかにより$z=\infty$は$f(z)$のそれということにする. $f(1/t)$の$t=0$を中心とするローラン展開

$$f\left(\frac{1}{t}\right)=\cdots+c_{-n}\cdot\frac{1}{t^n}+\cdots+c_{-1}\cdot\frac{1}{t}+c_0+c_1t+\cdots+c_nt^n+\cdots,$$

zでかきかえれば

$$f(z)=\cdots+c_{-n}z^n+\cdots+c_{-1}z+c_0+\frac{c_1}{z}+\cdots+\frac{c_n}{z^n}+\cdots$$

を, $z=\infty$での$f(z)$の**ローラン展開**という. $(\cdots+c_{-n}z^n+\cdots+c_{-1}z)$が$z=\infty$での$f(z)$の主要部である. それを欠くとき, すなわち除去可能特異点のとき, $f(\infty)=c_0$とおいて, $f(z)$は**$z=\infty$で正則**であるともいう. 極のときは, $f(\infty)=\infty$とおく. **留数**については少し理由があって

$$\mathrm{Res}(f,\infty)=-c_1=-\frac{1}{2\pi i}\int_{|z|=r}f(z)dz,\ (R<r<+\infty)$$

と定義する. ∞においては$f(z)$がそこで正則であっても留数が0とは限らないことを注意しておく.

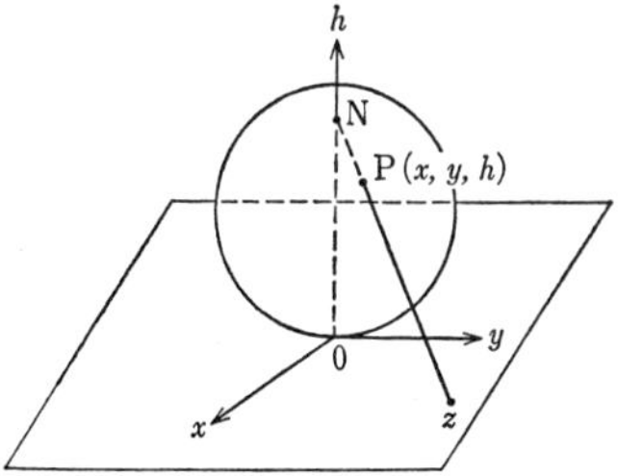

$\boldsymbol{P}=\boldsymbol{C}\cup\{\infty\}$を目でみえるようにするためには球面の平面への**立体射影**（stereographic projection）を利用するとよい．3次元空間の直交座標を(x,y,h)とし，(x,y)平面の上に原点で接するように直径1の球面$\boldsymbol{S}: x^2+y^2+(h-1/2)^2=(1/2)^2$をおく．点$(0,0,1)$をNとかき，北極とよぶ．$(x,y)$平面（$=z$平面$\boldsymbol{C}$）上の点$z=x'+y'i$（$=(x',y',0)$）とNを直線で結ぶと，その直線は球面$\boldsymbol{S}$と1点P$(x,y,h)$で交わる．$z$とP$(x,y,h)$との対応は

$$z=\frac{x+yi}{1-h};$$

$$x=\frac{\mathrm{Re}\,z}{1+|z|^2},\qquad y=\frac{\mathrm{Im}\,z}{1+|z|^2},\qquad h=\frac{|z|^2}{1+|z|^2}$$

となり，$\boldsymbol{S}-\{\mathrm{N}\}$と$z$平面$\boldsymbol{C}$とは1対1に対応する．$\boldsymbol{S}$は3次元空間の有界閉集合でコンパクトであり，この対応は両連続（$z\mapsto(x,y,h)$, $(x,y,h)\mapsto z$がともに連続）である．この対応により$\boldsymbol{C}$を$\boldsymbol{S}-\{\mathrm{N}\}$と**同一視**することが多い．球面上の点PがNに近づくことと，対応するzが∞に収束することが同値なので，Nに∞を対応させ，$\boldsymbol{S}$と$\boldsymbol{P}=$

$\boldsymbol{C}\cup\{\infty\}$とを同一視し，$\boldsymbol{P}$をリーマン**球面**という．関数論のためには複素平面より$\boldsymbol{P}=\boldsymbol{C}\cup\{\infty\}$の方が好都合なので，$\boldsymbol{P}$を**広義の複素平面**，または**関数論的平面**とよぶこともあり，幾何的イメージとしては立体射影によりリーマン球面$\boldsymbol{S}$を念頭においているのである．$\boldsymbol{P}$においても内点，境界点，…，開集合，連結などの定義は近傍を用いてでき，$\boldsymbol{P}$の一部分$\boldsymbol{C}$においてはもとの$\boldsymbol{C}$における定義とかわらない．

のちに，直線を円周の仲間にいれて議論をすることがあるので，次の事実は知っておいた方がよい．

問* 球面$\boldsymbol{S}$上のNを通らない円周は立体射影により複素平面$\boldsymbol{C}$上の円周に写り，$\boldsymbol{S}$上のNを通る円周は$\boldsymbol{C}$上の直線に写る．また逆もいえる．

歴史的には，立体射影は球面$\boldsymbol{S}-\{\mathrm{N}\}$から平面$\boldsymbol{C}$への等角写像であることが重要であるが，われわれはこのことを必要としないから，問題にしないでおく．

4.2 有理形関数

定義 4.2.1 領域$D\subset\boldsymbol{P}$と，D内には集積点をもたないDの部分集合Aがあり，$f(z)$は$D-A$において正則でAの各点は$f(z)$の極とする．このとき$f(z)$はDにおいて**有理形関数**であるという．（$A=\emptyset$もゆるし，正則なら有理形）．

領域Dにおける有理形関数の全体を$\mathcal{M}(D)$とかく．D内に集積点をもたない集合の2つの合併はまたD内に集積点をもたないこと，補題3.2.2の直前に述べたことなどから次の証明は容易であろう．

問1 $f, g \in \mathcal{M}(D) \Rightarrow f \pm g, fg \in \mathcal{M}(D)$．さらに，$g$ が恒等的に0という関数でないならば，$f/g \in \mathcal{M}(D)$．（つまり，代数の言葉を使うと $\mathcal{M}(D)$ は体をなす．）

問2 $f \in \mathcal{M}(D) \Rightarrow f' \in \mathcal{M}(D)$（ただし，$f'$ は，f の極（および無限遠点）を除いたところでの f の導関数）．

問3 $f, g \in \mathcal{M}(D)$ で，$a \in D$ に収束する点列 $\{z_n\}$ があり，$z_n \neq a, f(z_n) = g(z_n)$ $(n = 1, 2, \cdots)$ とすれば，D 全体で $f = g$．（有理形関数の一致の定理．）

問4 $f, g \in \mathcal{M}(D), a \in D$

$\Rightarrow$（i） $\mathrm{ord}(f+g, a) \geqq \min(\mathrm{ord}(f, a), \mathrm{ord}(g, a))$
（$\mathrm{ord}(f, a) \neq \mathrm{ord}(g, a)$ なら等号），

（ii） $\mathrm{ord}(fg, a) = \mathrm{ord}(f, a) + \mathrm{ord}(g, a)$．

（ただし，$\mathrm{ord}(f, a)$ の定義は56頁を参照せよ．a が f の零点でも極でもないときは $\mathrm{ord}(f, a) = 0$，恒等的に0という関数に対しては $\mathrm{ord}(0, a) = +\infty$ とおき，適当に解釈する．）

極 a においては $f(a) = \infty$ とおくと，$f \in \mathcal{M}(D)$ は D から $\boldsymbol{P}$ への連続写像になる．さらに，$w = \infty$ での局所座標 $\tau = 1/w$ でみると，極 a の近傍で f は z から τ への関数（$\tau = 1/f(z)$）として正則になる．のちにリーマン面の正則写像を説明するがその言葉を用いれば，有理形関数 $f \in \mathcal{M}(D)$ は D から $\boldsymbol{C}$ への‘写像’としては正則でないが（極では対応する値がなく写像になっていない！），D から $\boldsymbol{P}$ へとみれば写像になり正則である．

4.3　対数関数 log z

2.1 節問 8 で $\log z$ を右半平面で定義したが，ここではいったんそれを忘れて別の定義を与えよう．$\log z$ を関数 e^z の逆関数として考察する．

$z=e^w$ を w についてとく．$w=u+vi, r=|z|, \theta=\arg z$ とおくと，$re^{i\theta}=e^{u+vi}=e^u e^{vi}$ となり，$u=\mathrm{Log}\, r, v=\theta$ をうる．（高等学校で学んだ正の実数に対する（自然）対数を，この節では Log とかく．）

問 1　写像 $z=e^w$ により，w 平面の虚軸に平行な直線 $\{\mathrm{Re}\, w=\alpha\}$ は z 平面の何に写るか．また，実軸に平行な直線 $\{\mathrm{Im}\, w=\beta\}$ の像は何か．α, β が $-\infty$ から $+\infty$ まで動くときに，その像はどう動くか．

これから，

(4.3.1)　$z = e^w \Longleftrightarrow w = \log z = \mathrm{Log}|z|+i \arg z$

と定義する．しかし，ここで少し問題がある．複素数 z の偏角 $\arg z$ は一意的でなく 2π の整数倍だけ自由度があり，z に対し $\log z$ は (4.3.1) では一意的にきまらない．つまり，$\log z$ の値を1つ定めると，それに $2\pi i$ の整数倍を加えたものの全体が $\log z$ である．

$\arg z$ は $\boldsymbol{C}^*=\boldsymbol{C}-\{0\}$ では1価連続には定められないが，半直線を1本抜いた $\boldsymbol{C}_\alpha{}^*=\boldsymbol{C}-(\{0\}\cup\{z\,;\arg z=\alpha\})$ では

$$\boldsymbol{C}_\alpha{}^* \ni z \mapsto \theta,\ (\theta=\arg z,\ \alpha<\theta<\alpha+2\pi)$$

とすれば1価連続になる．$\boldsymbol{C}_\alpha{}^*$ において $\alpha<\arg z<\alpha+2\pi$ とすれば $\log z$ は1価連続になり，写像 $w\mapsto z=e^w$ は $\{w;$

$\alpha<\mathrm{Im}\, w<\alpha+2\pi\}$ を $\boldsymbol{C}_\alpha{}^*$ の上に 1 対 1 正則に写すから，このとき $\log z$ は $\boldsymbol{C}_\alpha{}^*$ で正則になり，

(4.3.2) $d(\log z)/dz = 1/(dz/dw) = 1/e^w = 1/z$

をうる．逆に，$1/z$ の原始関数として対数関数をみることもできる．

定理 4.3.1 D は単連結領域で $0\notin D$ とする．$z_0\in D$ を任意にとり，$\arg z_0$ を 1 つきめ θ_0 とする．$\varphi(z)=\int_{z_0}^{z}(1/\zeta)d\zeta+(\mathrm{Log}|z_0|+i\theta_0)$ とおくと，$\varphi(z)$ は D で 1 価正則になり，$\log z=\varphi(z)+2n\pi i$（$n$ は任意整数）．（すなわち，$\varphi(z)$ は $\log z$ の 1 つの枝で，D において $\log z$ が 1 価に定まる．）

証明 $1/z$ は D で正則だから，定理 1.4.4 とその証明から $\varphi(z)$ は D で 1 価正則になり，$\varphi'(z)=1/z$ である．$(e^{\varphi(z)}/z)'=0$ となり，$e^{\varphi(z)}/z\equiv c$（定数）であるが，$\varphi(z_0)=\mathrm{Log}|z_0|+i\theta_0$ より $c=1$ で，$e^{\varphi(z)}=z$ をうる．

問 2* $a\neq b$ とし，a と b を結ぶ単純曲線を C とする．このとき C の補集合 $\boldsymbol{C}-C$ において $\log\dfrac{z-b}{z-a}$ は 1 価に定まる．（曲線 $z=z(t)$ が単純とは，$t\neq t'$ なら $z(t)\neq z(t')$ となること．）

対数関数を用いて，$\boldsymbol{z^\lambda}$ **を定義**しておく．

(4.3.3) $z^\lambda = e^{\lambda\log z}$，（$z\neq 0$，$\lambda$ は複素数）

と定義する．

問 3 $1^i, i^i, i^{\sqrt{2}}$ を求めよ．

λ が実数のときを調べておこう．$\arg z$ の 1 つを θ とすると，$\arg z=\theta+2n\pi$（n は整数）となるから，

$$z^\lambda = e^{\lambda(\mathrm{Log}|z|+i\arg z)} = e^{\lambda\mathrm{Log}|z|}\cdot e^{i\lambda\theta}\cdot e^{2n\lambda\pi i}$$

となる．これから，λ が整数なら z に対し z^{λ} はただ1つきまり，べきによる従前の定義と同じになる．λ が有理数 q/p（q, p は整数で最大公約数は1, $p>1$）とすると，z に対し $n=0, 1, \cdots, p-1$ として z^{λ} は p 個の値がきまり p 価関数である．$z^{q/p}$ は p 乗すれば z^{q} となり，この定義は高校以来の従前の定義と一致する．λ が無理数ならば，n が異なれば $e^{2n\lambda\pi i}$ も異なり，z に対し z^{λ} は無限個の値をとり無限多価関数である．定理4.3.1より，D が0を含まない単連結領域ならば，z^{λ} は D での1価正則関数の集まり（$\lambda=q/p$ なら p 個，λ が無理数か実数でないときは無限個）であることがわかる．

注　原点と負の実軸を除いた C_{π}^{*} で，$-\pi<\arg z<\pi$ としたときの対数関数を対数の**主値**という．それをしばらくの間 $\mathrm{Log}\, z$ とかくことにしよう．C_{π}^{*} で，$z^{\lambda}=e^{\lambda \mathrm{Log} z}$ として，それを z^{λ} の**主値**という．

z^{λ} の定義からすると，$e^{\lambda}=e^{\lambda \log e}=e^{\lambda(1+2n\pi i)}$（$n$ は整数）となりおかしい．e^{z} とかけばいつでも主値をさす，すなわち，$e^{z}=\sum_{n=0}^{\infty} z^{n}/n!=e^{x}(\cos y+i\sin y)$ と約束する．だいたい，e^{z} の定義を先に確定させないと z^{λ} の定義式は無意味になる．（しかし，z^{λ} という関数を考えていて z が偶然 e になったときは z^{λ} の意味の e^{λ} であろう．）

逆三角関数について

$$z=\cos w=\frac{e^{iw}+e^{-iw}}{2}$$

から，$(e^{iw})^{2}-2ze^{iw}+1=0$ となり，

$$\arccos z = \frac{1}{i}\log(z \pm \sqrt{z^2-1})$$

をうる．同様にして，

$$\arcsin z = \frac{1}{i}\log(iz \pm \sqrt{1-z^2}),\quad \arctan z = \frac{1}{2i}\log\frac{1+iz}{1-iz}$$

がわかる．複素関数まで考えれば，三角関数は指数関数に，逆三角関数は対数関数に包括されるのである．

問 4*　$-1 \leqq x \leqq 1$ とし，逆三角関数は主値をとるならば（すなわち，$0 \leqq \mathrm{Arccos}\, x \leqq \pi$，$-\pi/2 \leqq \mathrm{Arcsin}\, x \leqq \pi/2$ とすると）次のようになる．

$$\mathrm{Arccos}\, x = -i\,\mathrm{Log}(x + i\sqrt{1-x^2}),$$
$$\mathrm{Arcsin}\, x = -i\,\mathrm{Log}(ix + \sqrt{1-x^2}).$$

（ただし，Log は主値で，平方根は $\sqrt{1-x^2} > 0$ にとる．）

問 5*　x は実数として $-\pi/2 < \mathrm{Arctan}\, x < \pi/2$ にとると，

$$\mathrm{Arctan}\, x = \frac{-i}{2}\mathrm{Log}\frac{1+ix}{1-ix}.$$

問 6*　$\cosh z = (e^z + e^{-z})/2, \sinh z = (e^z - e^{-z})/2$ と定義し，双曲線関数（hyperbolic function）という．次の式を証明せよ．

（i）　$\cosh z = \cos iz = \sum_{n=0}^{+\infty} \frac{z^{2n}}{(2n)!}$,

$\sinh z = -i \sin iz = \sum_{n=0}^{+\infty} \frac{z^{2n+1}}{(2n+1)!}$,

（ii）　$\cosh^2 z - \sinh^2 z = 1$,

$\cosh(z_1 \pm z_2) = \cosh z_1 \cosh z_2 \pm \sinh z_1 \sinh z_2$,

（iii）　$(\cosh z)' = \sinh z, (\sinh z)' = \cosh z$.

問 7*　右半平面 $\{z\,;\,\mathrm{Re}\, z > 0\}$ で，

$$\Gamma(z) = \int_0^{+\infty} e^{-t} t^{z-1} dt$$

とおくと，これは正則関数であることを示せ（ガンマ関数とい

う）．さらに，次のことを示せ．

（i） $\Gamma(z+1)=z\Gamma(z)$, $(\mathrm{Re}\, z>0)$,

（ii） $\Gamma(z)=\Gamma(z+1)/z$ において，右辺は $\mathrm{Re}(z+1)>0$ で意味をもつから，これで $\Gamma(z)$ を $\mathrm{Re}\, z>-1$ で定義する．$\Gamma(z)$ が $\mathrm{Re}\, z>-1$ で定義されると，また $\Gamma(z+1)/z$ は $\mathrm{Re}(z+1)>-1$ で意味をもつからこれで $\mathrm{Re}\, z>-2$ のとき $\Gamma(z)$ を定義する．これをくり返し，$\Gamma(z)$ は全平面で有理形関数となり，極は0と負の整数でそれは1位の極である．

（iii） n が自然数のとき，$\Gamma(n)=(n-1)!$.

（ヒント：系2.3.2を適用する．）

4.4 多価関数のリーマン領域

$\log z$ は $\boldsymbol{C}^*=\boldsymbol{C}-\{0\}$ で無限多価関数であるが，それを1価関数とみる工夫をしよう．関数 $z=e^w$ により，$S_k=\{w:(2k-1)\pi<\mathrm{Im}\, w<(2k+1)\pi\}$ は $D=\boldsymbol{C}_\pi^*=\boldsymbol{C}-(\{0\}\cup\{z;\arg z=\pi\})$ の上に1対1に写る．（読者はこれを確かめよ．）D の写しを無限枚用意して，$\cdots, D_{-2}, D_{-1}, D_0, D_1, D_2, \cdots$ とする．$z=e^w$ により S_k と D_k を同一視する．w が S_k から S_{k+1} へ $\mathrm{Im}\, w=(2k+1)\pi$ を横切って動くと，z は D_k の負の実軸の上側から D_{k+1} のそれの下側に動く．全平面の実軸の負の部分をハサミで切りはなしたものを D_k と思い，D_k の切り口の上側と D_{k+1} の切り口の下側とをセロテープで裏打ちしてつなぐ（$k=\cdots,-1,0,1,2,\cdots$）．そうすると，写像 $w\mapsto z=e^w$ で S_k と S_{k+1} の境目 $\mathrm{Im}\, w=(2k+1)\pi$ がちょうど D_k と D_{k+1} のつなぎ目の上へ1対1に写る．こうしてできた，無限枚の平面 D_k がひとつながりになった

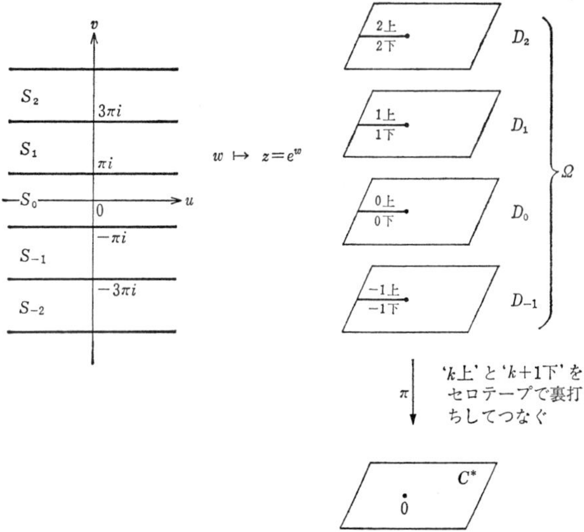

もの Ω（**対数関数のリーマン領域**という）に，w 平面が1対1に対応する．D_k の点 z に $\boldsymbol{C}^*=\boldsymbol{C}-\{0\}$ の点 z を対応させて，Ω から $\boldsymbol{C}^*$ への自然な写像 π ができるが，関数 $z=e^w$ は，$\boldsymbol{C}$ から Ω の上に1対1にいき，それから π で $\boldsymbol{C}^*$ にいく写像である．$w=\log z$ はその逆写像で，$\boldsymbol{C}^*$ の上の被覆面 Ω での関数とみれば Ω から $\boldsymbol{C}$ の上への1対1の写像となっている．このように，z 平面の上では多価正則な関数も，z 平面の何枚かの写しをとりハサミで適当に切りセロテープでつないだもの（リーマン領域）の上で考えれば1価正則な関数とみなせるのである．

例 1　$w=\sqrt{z}$ のリーマン領域．$\boldsymbol{C}_\pi{}^*=\boldsymbol{C}-(\{0\}\cup\{z;\ \arg z=\pi\})$ を 2 枚用意し D_1, D_2 とする．D_1, D_2 は原点を含まず単連結だから $\sqrt{z}=z^{1/2}$ の 1 価正則な枝がとれ，D_1 では $z=1$ で $\sqrt{z}=1$, D_2 では $z=1$ で $\sqrt{z}=-1$ としよう．つまり，$\sqrt{z}=\sqrt{|z|}e^{i\arg z/2}$ $(\sqrt{|z|}>0)$ で，D_1 では $-\pi<\arg z<\pi$, D_2 では $\pi<\arg z<3\pi$ である．D_1, D_2 の負の実軸をたがいちがいにセロテープで裏打ちし（図で，D_1 の ××× と D_2 の ××× のところ，D_1 の ○○○ と D_2 の ○○○ のところをそれぞれつなぐ．3 次元空間の中では実現不可能だが，頭の中でならやれる!?），そうしてつながった 2 枚の $\boldsymbol{C}$ を Ω とする．D_1 と D_2 の原点はくっつけて 1 点としておくと，Ω から $\boldsymbol{C}$ への自然な写像 π は，$z\neq0$ なら $\pi^{-1}(z)$ は 2 点からなり，$\pi^{-1}(0)$ は 1 点だけである．$\sqrt{z}$ は $\boldsymbol{C}$ 上の関数としてみると 2 価関数だが，Ω 上の関数とみれば 1 価関数となる．

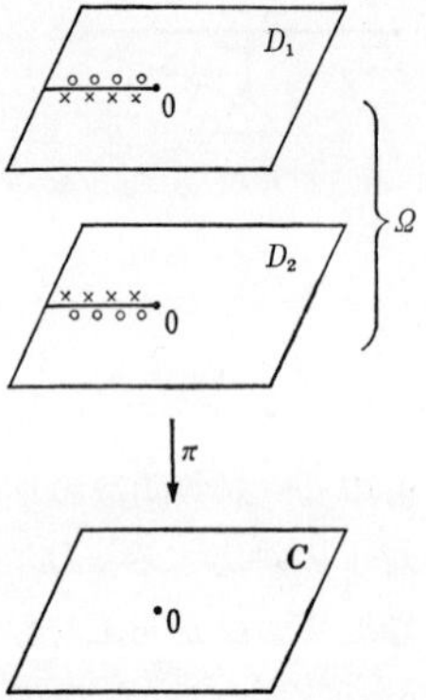

例 2　$w=\sqrt{(z-a)(z-b)}$ $(a\neq b)$ のとき．複素平面 $\boldsymbol{C}$ から a, b を端点とする半直線 l_1, l_2 を抜いたものを D_1 とする．（ただし，l_1 と l_2 は交わらないようにとる．）D_1 と同じものをもう 1 枚用意し D_2 とする．$\zeta=(z-a)(z-b)$ は D_1, D_2 で正則で 0 とならず，D_1, D_2 は単連結だから，$\sqrt{\zeta}=$

$\sqrt{(z-a)(z-b)}$ は D_1, D_2 でそれぞれ 1 価正則な枝がとれる．$\alpha \in \boldsymbol{C}-\{a, b\}$ に対し，α を D_1 の点とみたときと D_2 の点とみたときで，$\sqrt{(z-a)(z-b)}$ の α での値は符号が逆である．D_1, D_2 は平面を半直線 l_1, l_2 で切ったものだが，l_1 の切り口をたがいちがいに，そして l_2 の切り口もそのようにセロテープで裏打ちして Ω を作る．$\pi: \Omega \to \boldsymbol{C}$ は D_1, D_2 の点 z を $\boldsymbol{C}$ の点 z に写す自然な写像とすると，D_1 と D_2 の a はくっつけて Ω の 1 点，b もそのようにしておくので，$z \neq a, b$ なら $\pi^{-1}(z)$ は 2 点，$\pi^{-1}(a)$ と $\pi^{-1}(b)$ は 1 点だけとなる．$\sqrt{(z-a)(z-b)}$ は Ω の上で 1 価関数となる．

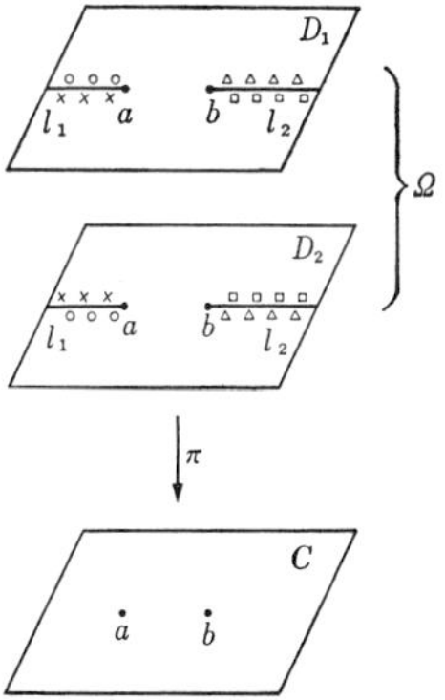

$\sqrt{(z-a)(z-b)}$ のリーマン領域は別の方法でも作れる．平面 $\boldsymbol{C}$ から a と b を結ぶ線分 l を抜いたものを 2 枚とり D_1', D_2' とする．$\sqrt{(z-a)(z-b)}$ の枝を D_1', D_2' で 1 価正則になるようにとれる．D_1' は単連結ではないが，$\sqrt{\zeta}=\sqrt{(z-a)(z-b)}$ は D_1' で 1 価である．$\sqrt{\zeta}$ が多価になるのは $\zeta=0$ のまわりをまわるからで，D_1' 内の単純閉曲線 C をとり z が C を 1 周するとき，

$$\frac{1}{2\pi}\int d \arg \zeta = \frac{1}{2\pi i}\int_C \frac{((z-a)(z-b))'}{(z-a)(z-b)}dz$$

は留数計算で0か2になる．（Cの内部にa, bが入っているときが2，それ以外は0.）$\sqrt{\xi}$は$\xi=0$を1回まわると符号がかわり2回まわるともとにもどるから，$\sqrt{(z-a)(z-b)}$はD_1'内のどのような閉曲線にそって値をみていっても終点の値は始点の値にもどり1価である．bのごく近くで，D_1'の点からはじめてzをbのまわりにまわし$\sqrt{(z-a)(z-b)}$の値をみていくことにより，D_1'の切り口lとD_2'の切り口lをたがいちがいにつなぎΩを作るとΩ上で$\sqrt{(z-a)(z-b)}$は1価になる．

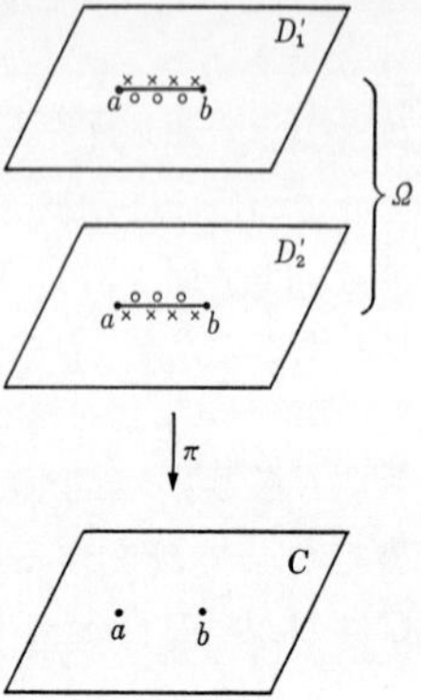

4.5　リーマン面（1次元複素多様体）

リーマン球面や$\log z$のリーマン領域のように，関数の定義域は複素平面からはみだして考えた方がよい．

Xをかってな集合とする．Xの部分集合Uから複素平面$\boldsymbol{C}$の開部分集合Δの上への1対1写像φがあるとき，$(U\xrightarrow{\varphi}\Delta)$を**地図（局所座標）**という[1]．地図の集合$\mathcal{K}=\{(U_i\xrightarrow{\varphi_i}\Delta_i)\}_{i\in I}$が与えられ，それが$X$をおおっているとき，

1)　ふつうの地図は，Xが地球表面でUはその一部分，Δは1枚の紙，地球上のUの点を紙Δの点に1対1に写す写像がφというわけである．（紙Δの方を地図とよぶことが多い．）

つまり $X=\bigcup_{i\in I}U_i$ となっているとき，$\mathscr{K}$ を（1 冊の）**地図帳（局所座標系）**という．地図帳を片手に X 上でいろいろと議論をしたい．点 p の'近く'[1] で何かを調べるには $p\in U_i\xrightarrow{\varphi_i}\Delta_i$ となる地図をとって，Δ_i で $\varphi_i(p)$ の近くを調べるのである．（Δ_i は $\boldsymbol{C}$ の開集合だからいろいろわかっている．）問題は点 p を含む地図が別にもう 1 枚あり $p\in U_j\xrightarrow{\varphi_j}\Delta_j$ となっていたらどうなるか．p での研究を Δ_i においてしたときと Δ_j においてしたのとが，くいちがっては困ってしまう．どの地図をとって議論しても同じ結論をうるためには，地図帳に条件をつける必要があり，その条件はその地図帳を使って何を研究したいかによってかわってくる．平面 $\boldsymbol{C}$ の開集合から平面 $\boldsymbol{C}$ の開集合への写像については，それが連続とか，C^k 級（k 回連続微分可能）とか，正則であるとかは知っている．それを用いて次のように定義する．

定義 4.5.1　集合 X とその地図帳 $\mathscr{K}=\{(U_i\xrightarrow{\varphi_i}\Delta_i)\}_{i\in I}$ を考える．

（イ）$\mathscr{K}$ が**位相的に同調**している $\Longleftrightarrow$ 次の 2 つが成立：

（i）$U_i\cap U_j\neq\emptyset$ ならば，$\varphi_i(U_i\cap U_j)\,(\subset\Delta_i)$ は開集合である．

（ii）$U_i\cap U_j\neq\emptyset$ ならば，$\varphi_j\circ\varphi_i^{-1}:\varphi_i(U_i\cap U_j)\to\varphi_j(U_i\cap U_j)$ は連続である[2]．

1）近くとは何か．X はまだかってな集合だからよくわからないわけ．

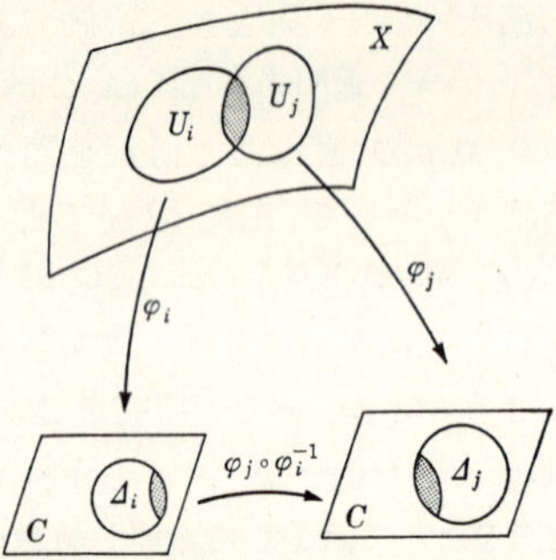

（ロ）　$\mathcal{K}$ が $\boldsymbol{C}^k$ **級に同調している** $\Longleftrightarrow$ 上記（i）と（ii′）$U_i \cap U_j \neq \emptyset$ なら，$\varphi_j \circ \varphi_i^{-1}$ は C^k 級．

（ハ）　$\mathcal{K}$ **が複素解析的に同調** $\Longleftrightarrow$ 上記（i）と（ii″）$\varphi_j \circ \varphi_i^{-1}$ は正則関数．

地図 $U \xrightarrow{\varphi} \Delta$ に対し，$U \supset V$ で $\varphi(V)$ が開集合のとき $\varphi|_V : V \to \varphi(V)$ はまた地図になるが，$(U \xrightarrow{\varphi} \Delta)$ をちょんぎった地図とよぶ．地図帳 $\mathcal{K}$ がハウスドルフ[1]的とは，X の任意の異なる2点 $p \neq q$ に対し，$\mathcal{K}$ に属する地図 $U_i \xrightarrow{\varphi_i} \Delta_i$，$U_j \xrightarrow{\varphi_j} \Delta_j$ があり，それをちょんぎった地図 $V_i \subset U_i$，$V_j \subset U_j$ で，$p \in V_i$，$q \in V_j$，$V_i \cap V_j = \emptyset$ とできることである．

定義 4.5.2　集合 X とその複素解析的に同調したハウスドルフ的な地図帳 $\mathcal{K}$ との組 $(X, \mathcal{K})$ を，**1次元複素多様体，またはリーマン面**という．

2）　$U_i \cap U_j \neq \emptyset$ なら $U_j \cap U_i \neq \emptyset$ で，この命題は $\varphi_i \circ \varphi_j^{-1} = (\varphi_j \circ \varphi_i^{-1})^{-1}$ $: \varphi_j(U_i \cap U_j) \to \varphi_i(U_i \cap U_j)$ が連続なこともいっている．（ロ），（ハ）の（ii′），（ii″）でも同様．

注 $\mathcal{K}$ が C^k 級に同調しているときには実2次元 C^k 級可微分多様体，位相的に同調しているときには実2次元位相多様体という．$\mathcal{K}$ が複素解析的に同調していれば，C^∞ 級にも位相的にも同調しているので，リーマン面は C^∞ 級多様体とも位相多様体ともみなしうる．

複素解析的に同調した2冊の地図帳 $\mathcal{K}, \mathcal{K}'$ を合わせて地図帳 $\mathcal{K} \cup \mathcal{K}'$ を作ったときに，それがまた複素解析的に同調しているならば，$\mathcal{K}$ と $\mathcal{K}'$ は複素解析的に同値といって，リーマン面 $(X, \mathcal{K})$ とリーマン面 $(X, \mathcal{K}')$ とは同じリーマン面とみなす．リーマン面 $(X, \mathcal{K})$ に対し，地図 $(U \xrightarrow{\varphi} \Delta)$ でそれを $\mathcal{K}$ につけ加えたものが複素解析的に同調しているならば，それを $\mathcal{K}$ につけ加えて，$\mathcal{K}$ を含む複素解析的に同調した最大の地図帳を作ることができ，X とその最大の地図帳との組をリーマン面といった方がよいかもしれない．

---

1) ハウスドルフは人名．抽象的に議論を進めると，不都合な病理現象がでてそれをさけるために，一見してよくわからない条件が必要になることがある．例 $P_0 \notin \boldsymbol{C}$ として $X = \boldsymbol{C} \cup \{P_0\}$, $U_1 = \boldsymbol{C}$, $U_2 = (\boldsymbol{C} - \{0\}) \cup \{P_0\}$, $\varphi_1 : U_1 \to \boldsymbol{C}$ は恒等写像，φ_2 は $\varphi_2(P_0) = 0$, $z \neq P_0$ に対しては $\varphi_2(z) = z$ としよう．これで，X に複素解析的に同調した地図帳ができるが，これはハウスドルフ的でない．X に点列 $\{1/n\}_{n=1,2,\cdots}$ をとると，これは U_1 で $1/n \to 0 = \varphi_1(0)$, U_2 では $1/n \to 0 = \varphi_2(P_0)$ となり，X において点列 $\{1/n\}$ は収束し極限が2点（0と P_0）となってしまう．収束する点列の極限は1点であってほしいという願望がハウスドルフ的の要請である．

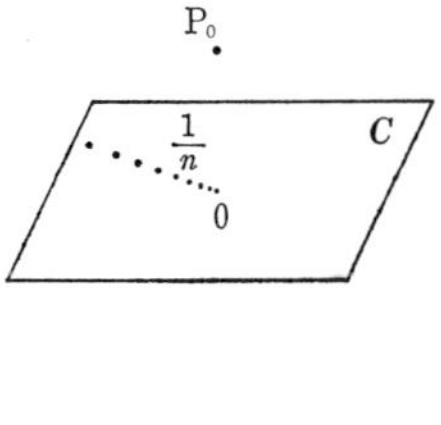

これから，リーマン面$(X,\mathcal{K})$を1つきめ，地図といえば地図帳$\mathcal{K}$にはいるものだけを考える．Xの部分集合Wが**開集合**というのは，Wの各点pにpを含む1つの地図$U\xrightarrow{\varphi}\Delta$があり$\varphi(W\cap U)$が$\Delta$の開部分集合になることである[1)]．点$p\in X$を含む$X$の開集合を$p$の**近傍**という．

リーマン面X上で定義された関数$f:X\to\boldsymbol{C}$を考える．$p\in X$を含む地図$U\xrightarrow{\varphi}\Delta$を1つとり，$f\circ\varphi^{-1}:\Delta\to\boldsymbol{C}$が$\varphi(p)$で連続なとき$f$は$p$で連続，$f\circ\varphi^{-1}$が$\varphi(p)$で$C^k$級なら$f$は$p$で$C^k$級，$f\circ\varphi^{-1}$が$\varphi(p)$で正則（有理形）なら$f$は$p$で正則（有理形）という．$f\circ\varphi^{-1}$が$\varphi(p)$で正則（有理形[2)]）で$\varphi(p)$が$k$位の零点（$k$位の極）なら，$f$は$p$において$k$位の零点（$k$位の極）という．$p$を含む別の地図$U'\xrightarrow{\varphi'}\Delta'$をとると，$f\circ\varphi'^{-1}=(f\circ\varphi^{-1})\circ(\varphi\circ\varphi'^{-1})$となり，$\mathcal{K}$が複素解析的に同調していることから$\varphi\circ\varphi'^{-1}$は正則関数で微分係数は0でなく，1つの地図で連続．C^k級，…，k位の極などがいえれば他のすべての（$\mathcal{K}$にはいりpを含む）地図に対してもそれがいえて，上記の概念は地図のとり方によらない．

Xのすべての点で正則（連続，C^k級，有理形）な関数はX上の正則（連続，C^k級，有理形）関数とよばれる．

---

1) 位相空間を知っている読者へ：これでXは位相空間になる．Xはハウスドルフ空間で，地図の写像$\varphi:U\to\Delta$は位相同形になる（確かめてみよ）．

2) 有理形のときには，$f:X\to\boldsymbol{C}$はまずい．$f:X-\{p\}\to\boldsymbol{C}$とするか，$f:X\to\boldsymbol{C}\cup\{\infty\}$としなければならない．このくらいのあいまいさは適当に修正して読んでほしい．

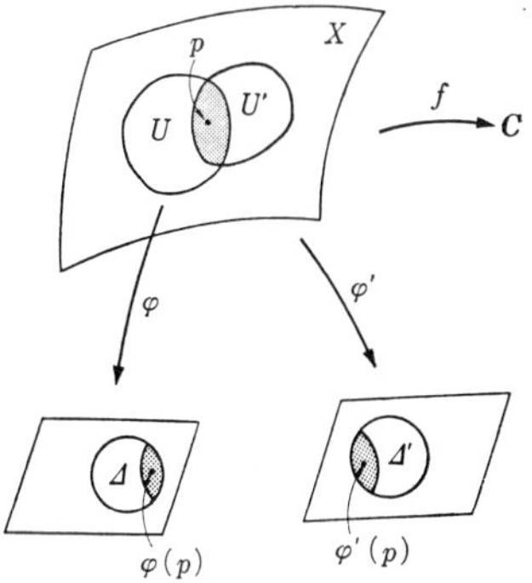

例 1　複素平面 $\boldsymbol{C}$．これは1枚の地図 $\boldsymbol{C}\to\boldsymbol{C}$（恒等写像）により，リーマン面になる．

例 2　リーマン面 $(X, \mathcal{K})$ の開部分集合 W は $\mathcal{K}$ の地図と W との共通部分を W の地図とみて，リーマン面になる．とくに，複素平面の領域はリーマン面である．

例 3　リーマン球面 $\boldsymbol{P}=\boldsymbol{C}\cup\{\infty\}$．地図として，$U_1=\boldsymbol{C}\xrightarrow{\varphi_1}\boldsymbol{C}$ $(\varphi_1(z)=z)$ と，$U_2=(\boldsymbol{C}-\{0\})\cup\{\infty\}\xrightarrow{\varphi_2}\boldsymbol{C}$ $(\varphi_2(z)=1/z,$ $\varphi_2(\infty)=0)$ とをとる．

例 4　トーラス $T(\omega_1, \omega_2)$．ω_1, ω_2 を複素数で，0 と ω_1 と ω_2 は一直線上にないとし，平行四辺形 $X=\{z \mid z=a\omega_1+b\omega_2, 0\leqq a<1, 0\leqq b<1\}$ を考える．点 $a\omega_1$ と点 $a\omega_1+\omega_2$ を同一視することにより辺 $\overrightarrow{0, \omega_1}$ と辺 $\overrightarrow{\omega_2, (\omega_1+\omega_2)}$ をはりあわせ，次に $b\omega_2$ と $\omega_1+b\omega_2$ を同一視して辺 $\overrightarrow{0, \omega_2}$ と辺 $\overrightarrow{\omega_1, (\omega_1+\omega_2)}$ をはりあわせる．きちんと地図を示そう．点 $z_0=a\omega_1+b\omega_2$ $(0<a<1, 0<b<1)$ には，それを中心とする

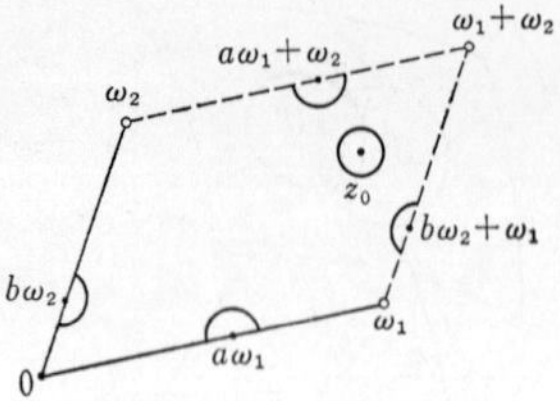

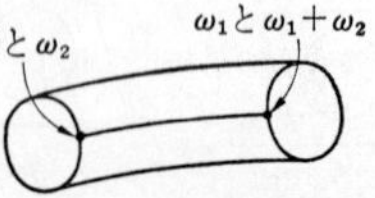

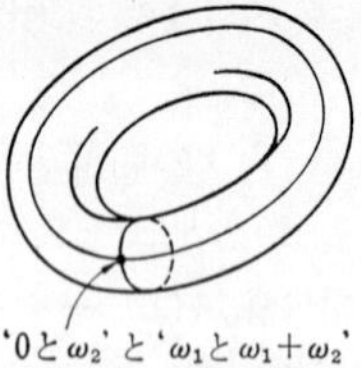

小円 $U=\Delta$ をとり，$U\to\Delta$（恒等写像）をとる．点 $a\omega_1$ $(0<a<1)$ には，$\varepsilon>0$ を小として半径 ε，中心 $a\omega_1$ の円 U_1 と半径 ε，中心 $a\omega_1+\omega_2$ の円 U_2 をとり，$U=(U_1\cap X)\cup(U_2\cap X), \Delta=U_1$ とし，$\varphi:U\to\Delta$ を $U_1\cap X$ では恒等写像，$U_2\cap X$ では $z\mapsto z-\omega_2$ にとる．点 $b\omega_2$ $(0<b<1)$ に対しては，$b\omega_2$ と $b\omega_2+\omega_1$ を中心とする円をとり同様にする．点0には，半径 ε の中心0の円 U_1，中心 ω_1 の円 U_2，中心 ω_2 の円 U_3，中心 $\omega_1+\omega_2$ の円 U_4 をとり，$U=(U_1\cup U_2\cup U_3\cup U_4)\cap X, \Delta=U_1$ とし，$\varphi:U\to\Delta$ を $U_1\cap X$ では恒等写像，$U_2\cap X$

では $z \mapsto z-\omega_1$, $U_3 \cap X$ では $z \mapsto z-\omega_2$, $U_4 \cap X$ では $z \mapsto z-(\omega_1+\omega_2)$ と定義する．これで X はリーマン面になる．位相的に変形して X の各辺をはり合わせた図をかくとトーラス（ドーナツの表面）になる．

$\log z, \sqrt{z}, \sqrt{(z-a)(z-b)}$ のリーマン領域もリーマン面になるが，ここでは説明を略し，読者にまかせよう．

定義 4.5.3 リーマン面 $(X, \mathcal{K})$ からリーマン面 $(X', \mathcal{K}')$ への写像 $f: X \to X'$ が**正則写像**であるというのは，任意の点 $p \in X$ に，p を含む $\mathcal{K}$ の1つの地図 $U \xrightarrow{\varphi} \Delta$ と $f(p)$ を含む $\mathcal{K}'$ の1つの地図 $U' \xrightarrow{\varphi'} \Delta'$ をとったときに $\varphi' \circ f \circ \varphi^{-1}$ が $\varphi(p)$ において正則になることである．

問1 X' を複素平面 $\boldsymbol{C}$（例1）にとったとき，$f: X \to \boldsymbol{C}$ が正則写像ということと，f が X 上の正則関数ということとは同じである．

問2* X' をリーマン球面 $\boldsymbol{P}$（例3）にとったとき，$f: X \to \boldsymbol{P}$ が正則写像ということと，f が X 上の有理形関数というのとは同じである．

リーマン面の間の正則写像 $f: X \to X'$ が上への1対1の正則写像のとき，f は X から X' への**両正則写像**（または**解析的同形写像**とか**等角写像**）という．このとき，$f^{-1}: X' \to X$ も正則になることは，2.4節の問2，定理2.4.1などからわかる．X から X への両正則写像を X の**解析的自己同形写像**（または自己等角写像）という．

リーマン面 X 上の正則関数 f は定義した．しかし，f の導関数 f' は X 上の関数と考えられない．地図 $z=\varphi(p)$

$: U \to \Delta, \zeta = \psi(p) : V \to E$ があると，「導関数」は地図 U では $d(f \circ \varphi^{-1})/dz$，地図 V では $d(f \circ \psi^{-1})/d\zeta$ と定義するべきであろう．（何事も地図をみて研究するのだ．）$U \cap V \ni p_0$ でこの値は一致しない．$\varphi(p_0) = z_0, \psi(p_0) = \zeta_0, \zeta = \psi \circ \varphi^{-1}(z)$ とすると，$(d(f \circ \varphi^{-1})/dz)_{z_0} = (d(f \circ \psi^{-1})/d\zeta)_{\zeta_0} \cdot (d\zeta/dz)_{z_0}$ となり，$(d\zeta/dz)_{z_0}$ 倍だけくいちがう．$(d\zeta/dz)_{z_0} \neq 0$ だから，微分係数 $(d(f \circ \varphi^{-1})/dz)_{z_0}$ の値は地図のとり方で異なり意味がないが，$(d(f \circ \varphi^{-1})/dz)_{z_0}$ が 0 か 0 でないかは地図のとり方によらず，これは X 上で意味をもつ．

地図をとりかえて別の地図でみてもかわらない概念が X 上で意味をもつ．これを拡張して，地図のとりかえに対し一定の法則にしたがって変換されるものは研究の対象になる．各地図 $U_i \xrightarrow{\varphi_i} \Delta_i$ に対し Δ_i での正則（有理形）関数 $w_i(z_i)$ が与えられ，$U_i \cap U_j \neq \emptyset$ ならば $z_i(z_j) = \varphi_i \circ \varphi_j^{-1}(z_j)$ として $w_j(z_j) = w_i(z_i(z_j))(dz_i/dz_j)$ が $\varphi_j(U_i \cap U_j)$ で成立するとき，$\{w_i(z_i)\}_i$ を X 上の**正則（有理形）微分形式**という．正則関数 f の‘導関数’ f' は X 上の関数ではなく，X 上の正則な微分形式になっているのである．

リーマン面上の関数論は，微分形式とその積分を研究することによって展開されるが，この本ではこれ以上たちいらない．

第5章　正則関数・有理形関数は存在するか

関数論では，ある条件をみたす関数があればこうなるという形の定理が多い．しかし，その条件をみたす関数が存在しなければ，その定理はナンセンスである．この章では条件を与えてその条件をみたす関数を作ることを問題にする．

5.1　リュービルの定理

定数はつねに正則関数だからそれを無視し，定数しか正則関数が存在しないときは，正則関数が存在しないといってしまうことがある．まず，存在しないという定理からはじめよう．

定理 5.1.1（リュービル）　全平面 $\boldsymbol{C}$ で正則かつ有界な関数は定数だけである．

補題 5.1.2（コーシーの評価式）　$f(z)$ が $\{z\,;\,|z-a|\leqq r\}$ で正則，$|f(z)|\leqq M$ をみたすなら，$|f^{(n)}(a)|\leqq n!M/r^n$ である $(n=1,2,\cdots)$．

証明　$f^{(n)}(a)=\dfrac{n!}{2\pi i}\displaystyle\int_{|z-a|=r}\frac{f(z)}{(z-a)^{n+1}}dz$

が成立する（35 頁問 1，問 3 参照）．

$$|f^{(n)}(a)|\leqq\frac{n!}{2\pi}\int_{|z-a|=r}\frac{M}{r^{n+1}}|dz|=\frac{n!M}{r^n}.$$

定理 5.1.1 の証明　$\boldsymbol{C}$ において $f(z)$ は正則で $|f(z)|$

$\leqq M$ をみたすとしよう．テイラー展開して $f(z)=\sum_{n=0}^{\infty} c_n z^n$ $(|z|<+\infty)$ とする．$n\geqq 1$ として，任意の $r>0$ に対し $|c_n|=|f^{(n)}(0)/n!|\leqq M/r^n$ が成立する．$r\to+\infty$ として，$c_n=0$ $(n\geqq 1)$ となり $f(z)=c_0$ である．

この定理を少し拡張して，たかだか n 次の多項式を，$z\to\infty$ のとき $O(|z|^n)$ の正則関数として特徴づけうる．

定理 5.1.3 $f(z)$ がたかだか n 次の多項式 $\Longleftrightarrow$ $f(z)$ は全平面 $\boldsymbol{C}$ で正則で，正数 R, M があり $|z|>R$ なら $|f(z)|\leqq M|z|^n$ をみたす．

証明 $\Leftarrow$ の証明．$f(z)$ のテイラー展開を $f(z)=\sum_{\nu=0}^{\infty} c_\nu z^\nu$ とする．$r>R$ とすると

$$|c_{n+k}|=\frac{|f^{(n+k)}(0)|}{(n+k)!}=\left|\frac{1}{2\pi i}\int_{|z|=r}\frac{f(z)}{z^{n+k+1}}dz\right|$$

$$\leqq\frac{1}{2\pi}\int_{|z|=r}\frac{Mr^n}{r^{n+k+1}}|dz|=\frac{M}{r^k}$$

となり，$r\to+\infty$ として $c_{n+k}=0$ $(k\geqq 1)$ をうる．

問1 定理5.1.3の $\Rightarrow$ を証明せよ．

問2 リュービルの定理を用いて代数学の基本定理（定理3.5.4）を証明せよ．（ヒント：$f(z)$ が n 次多項式 $(n\geqq 1)$ で零点をもたないとせよ．$1/f(z)$ は全平面で正則となり，$\lim_{z\to\infty} 1/f(z)=0$ より有界になってしまう．）

5.2 有理関数

多項式/多項式 の形の関数を有理関数[1]というが，それは次の定理で特徴づけられる．

定理 5.2.1 $f(z)$が有理関数$\Longleftrightarrow f(z)$はリーマン球面$\boldsymbol{P}$上の有理形関数.

証明 $\Rightarrow$の証明. $f(z)=(a_0z^n+a_1z^{n-1}+\cdots+a_n)/(b_0z^m+\cdots+b_m), a_0b_0\neq 0$, 分母分子は共通因数なしとしておく. そのとき, 分母の零点は$f(z)$の極で, それ以外の$\boldsymbol{C}$の点では正則である. 無限遠点が問題になるが, $z=1/t$とおいてみれば, $n>m$なら極, $n\leqq m$なら正則となることはみやすい. ゆえに, $f(z)$は有限個の極を除いては$\boldsymbol{P}$で正則, したがって$\boldsymbol{P}$で有理形である.

$\Leftarrow$の証明. $f(z)$を$\boldsymbol{P}$上の有理形関数とする. $\boldsymbol{P}$はコンパクトだからもし極が無限個あれば, その集積点が存在し, その点は$f(z)$の孤立特異点でなくなってしまう. したがって, $f(z)$の極は有限個だから, $\boldsymbol{C}$内にあるそれを$a_1,\cdots,a_n$とし, a_νにおける$f(z)$のローラン展開の主要部を$P_\nu(z)=\sum_{k=1}^{l_\nu}c_{\nu k}/(z-a_\nu)^k$とする. $z=\infty$でのローラン展開の主要部を$Q(z)=\sum_{k=1}^{m}d_kz^k$とおき, $\varphi(z)=f(z)-\sum_{\nu=1}^{n}P_\nu(z)-Q(z)$を考える. $\varphi(z)$は全平面$\boldsymbol{C}$で正則になり ($a_1,\cdots,a_n$を除いては正則, 各a_νでは主要部がなくなる), $\lim_{z\to\infty}\varphi(z)=d_0$ ($z=\infty$でのローラン展開の定数項) となる. リュービルの定理から$\varphi(z)\equiv d_0$をうる. ゆえに, $f(z)=\sum_{k=0}^{m}d_kz^k+\sum_{\nu=1}^{n}\left(\sum_{k=1}^{l_\nu}c_{\nu k}/(z-a_\nu)^k\right)$となり有理関数である.

注意 有理関数の不定積分の計算の際に有理関数の部分分数展

---

1) 有理関数 (rational function) と有理形関数 (meromorphic function) とは日本語では似ているが, 異なる概念である.

開を用いるが，この定理の後半の証明は，複素数の範囲で有理関数が部分分数に展開できることを示している．

次の定理では，偏角の原理などのときと同様に，k 位の零点は零点が k 個といったようにかぞえる．$z=1/t$ とおいて $t=0$ が k 位の零点（極）のときに $z=\infty$ は k 位の零点（極）といって，∞ に k 個の零点（極）があるとかぞえる．

定理 5.2.2　有理関数の零点の総数と極の総数とは等しい．

証明　既約分数式で表示しておくと，$\boldsymbol{C}$ 内に零点は分子の次数だけ，極は分母の次数だけある．$z=1/t$ とおいてみると，その過不足分だけ $t=0$，すなわち，$z=\infty$ で調節されている．

問1　有理関数 $f(z)$ は $\boldsymbol{P}$ から $\boldsymbol{P}$ への写像とみなせる．$f(z)$ を既約分数式であらわし，分母分子の次数の大きい方を n とせよ．このとき，f は一般に n 対1の写像である．（きちんというと，有限個の例外を除き任意の $c\in\boldsymbol{P}$ に対し $f^{-1}(c)$ は相異なる n 個の点からなる．例外の点 c でも，z_0 が $f(z)-c=0$ の k 位の零点のとき z_0 を k 個の点とかぞえることにすれば $f^{-1}(c)$ は n 個の点からなる．）

問2　全平面 $\boldsymbol{C}$ を全平面 $\boldsymbol{C}$ の上へ1対1正則に写す写像 f は，$f(z)=az+b\ (a\neq 0)$ に限る．

問3　有理関数の $\boldsymbol{P}$ 全体での留数の総和は0である．（ヒント：無限遠点での留数の定義（72頁）．）

有理関数を $\boldsymbol{P}$ でなく $\boldsymbol{C}$ だけで考えれば，零点の個数と極の個数をくらべても，多いことも少ないことも等しいこともあるといったことになる．$\boldsymbol{C}$ をコンパクト化して $\boldsymbol{P}$ で考えたからこそ，定理5.2.2のようなきれいな結果になったのである．似た例として，解析幾何で2次曲線と1次曲線（直線）の交点の個数を調べてもいろいろの場合がおこるが，実数を複素数に拡張し，さらにユークリッド空間をコンパクト化して射影空間で考えると，n次曲線とm次曲線の交点はnm個といったきれいな定理（ベツーの定理）になる．（複雑にみえる事象も，概念をひろげ，広いところでみれば統一されることがある．）

5.3 ミッタグ・レフラーの定理

極と主要部を与えて，与えられた極と主要部をもつ有理形関数を作りたい．まず全平面$\boldsymbol{C}$で作ろう．$\boldsymbol{C}$での有理形関数だから極は$\boldsymbol{C}$の中には集積点をもちえず，極が有限個なら定理5.2.1の証明をみれば有理関数で作れる．

定理 5.3.1（ミッタグ・レフラー） $|a_1|\leqq|a_2|\leqq\cdots$で$\lim_{n\to+\infty} a_n=\infty$とし，$P_n(z)=\sum_{\nu=1}^{k_n} c_{n\nu}/(z-a_n)^\nu$とする．このとき，全平面$\boldsymbol{C}$での有理形関数$f(z)$で，極は$\{a_1, a_2, \cdots\}$だけで，各$a_n$での$f(z)$のローラン展開の主要部が$P_n(z)$であるものが存在する．

証明 各$P_n(z)$は$z\neq a_n$なら正則だから，$\sum_{n=1}^{\infty} P_n(z)$が収束してくれればこれでよい．しかし，それはわからないので，全平面で正則な関数$Q_n(z)$を作り，$\sum_{n=1}^{\infty}(P_n(z)-Q_n(z))$を収束するようにしたい．

$a_1=0$なら$Q_1(z)=0$とおく．$a_n\neq 0$に対し，$P_n(z)$は$\{|z|<|a_n|\}$で正則だから0を中心としてテイラー展開できコンパクト一様収束である．ゆえに，$\{|z|\leqq|a_n|/2\}$では

$$P_n(z) = \sum_{\nu=0}^{\infty} d_{n\nu} z^{\nu}$$

とかけ一様収束する．ゆえに，$\varepsilon_n>0$ に対し番号 l_n がとれ，$Q_n(z)=\sum_{\nu=0}^{l_n} d_{n\nu}z^{\nu}$ とおくと

$$|P_n(z)-Q_n(z)| < \varepsilon_n, \quad \left(|z| \leqq \frac{|a_n|}{2} \text{ のとき}\right)$$

が成立する．$\varepsilon_n>0$ は $\sum_{n=1}^{\infty} \varepsilon_n<+\infty$ に，あらかじめとっておく．（例　$\varepsilon_n=1/2^n, 1/n^2$.）

任意に $r>0$ を与え，$|z|\leqq r$ のとき $\sum_{n=1}^{\infty}(P_n(z)-Q_n(z))$ が一様収束することを示す．$\lim_{n\to+\infty} a_n=\infty$ より，番号 N を，$N<n$ なら $2r\leqq|a_n|$ となるようにとれる．$|z|\leqq r, N<n$ なら $|z|\leqq|a_n|/2$ となり，$P_n(z)-Q_n(z)$ は正則で $|P_n(z)-Q_n(z)|<\varepsilon_n$ となる．ゆえに $|z|\leqq r$ のとき $\sum_{n=N+1}^{\infty}(P_n(z)-Q_n(z))$ は正規収束し，正則関数になる（定理V.3.2，定理2.3.1参照）．$\sum_{n=1}^{N}(P_n(z)-Q_n(z))$ は有限和だから有理関数で，$|a_k|<r$ となる a_k において主要部が $P_k(z)$ になることは明らかである．r が任意であることから，$f(z)=\sum_{n=1}^{\infty}(P_n(z)-Q_n(z))$ が求めるものである．

注意　$f(z)$ に全平面 $\boldsymbol{C}$ で正則な関数（整関数という）を加えても，また定理の結論をみたす関数である．

問　$a_n=n, P_n(z)=1/(z-n)$ として，前定理の $f(z)$ を作ってみよ．

5.4 ルンゲの定理

任意の領域 D に対し極と主要部を与えて有理形関数を作りた

い．定理 5.3.1 の証明をふりかえると，$P_n(z)$ を $\{|z| \leqq |a_n|/2\}$ においてCで正則な関数 $Q_n(z)$ で近似することが大切な点であった．ここでは次節の準備ではあるがまたそれ自身重要なルンゲの近似定理を説明する．（関数の存在というこの章の題から離れるようにもみえるが，自然科学とすれば近似関数の存在こそが関数の存在かもしれない．）

補題 5.4.1 $K \subset \Omega \subset \boldsymbol{C}$ とし，K はコンパクト，Ω は有界な開集合とする．$f(z)$ を Ω で正則とすれば，任意の $\varepsilon > 0$ に対し $\boldsymbol{C}$ 内の極を Ω の境界上にのみもつ有理関数 $R(z)$ で，K 上 $|f(z)-R(z)| < \varepsilon$ をみたすものが存在する．（$f(z)$ は K 上で一様にこのような $R(z)$ により近似されるという．）

証明 全平面 $\boldsymbol{C}$ を 1 辺が $1/2^n$ の正方形に分割して，Ω に含まれる正方形の和を Ω_n とする．すなわち，

$$Q_n(j,k) = \left\{z \ ; \ \frac{j}{2^n} \leqq \mathrm{Re}\, z \leqq \frac{j+1}{2^n}, \frac{k}{2^n} \leqq \mathrm{Im}\, z \leqq \frac{k+1}{2^n}\right\},$$

$$\Omega_n = \bigcup \{Q_n(j,k) \ ; \ Q_n(j,k) \subset \Omega\}.$$

Ω_n の内部を Ω_n° とかくと，$\Omega_1^\circ \subset \Omega_2^\circ \subset \cdots$，$\bigcup_{n=1}^{\infty} \Omega_n^\circ = \Omega$ である．

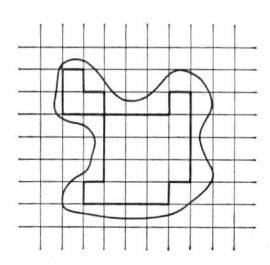

$z \in Q_n(j_0, k_0)^\circ$ を固定して考える．コーシーの積分公式，積分定理より

$$\frac{1}{2\pi i}\int_{\partial Q_n(j,k)} \frac{f(\zeta)}{\zeta - z} d\zeta$$
$$= \begin{cases} f(z), & ((j,k)=(j_0,k_0)\text{ のとき}), \\ 0, & ((j,k)\neq(j_0,k_0)\text{ のとき}) \end{cases}$$

となる．$Q_n(j,k) \subset \Omega$ となる (j,k) に関し両辺を加えると，Ω_n の内点となるような $Q_n(j,k)$ の辺は逆向きにも積分されてうち消し合い，

$$\frac{1}{2\pi i}\int_{\partial \Omega_n} \frac{f(\zeta)}{\zeta - z} d\zeta = f(z) \tag{5.4.1}$$

をうる．$z \in Q_n(j_0, k_0)^\circ$ を固定して考えたが，$Q_n(j,k) \subset \Omega$ となる $Q_n(j,k)^\circ$ では成り立つことになり，さらに両辺は連続だから Ω_n の内点である $Q_n(j,k)$ の辺の上でも両辺は等しく，(5.4.1) は任意の $z \in \Omega_n{}^\circ$ に対し成立する．

n を大きくし $K \subset \Omega_n{}^\circ$ とできる．さらに n を大きくすると距離 $d(K, \partial\Omega_n)$ は非減少だから，$K \subset \Omega_n{}^\circ$ かつ $\sqrt{2}/2^n \leqq d(K, \partial\Omega_n)/2$ に n がとれる．$\partial\Omega_n$ は小正方形 $Q_n(j,k)$ の辺の有限個でできているが，その辺に番号をつけて $\sigma_1, \cdots, \sigma_N$ とし，(5.4.1) の左辺の積分を σ_ν 上の積分の和に分解しよう．σ_ν は $\partial\Omega_n$ の1辺だから σ_ν を辺とするとなりの小正方形の中に $t_\nu \in \partial\Omega$ が存在し $d(\sigma_\nu, t_\nu) \leqq 1/2^n$ である．このとき，$\zeta \in \sigma_\nu, z \in K$ に対し

$$|\zeta - t_\nu| \leqq \sqrt{2}/2^n \leqq d(K, \partial\Omega_n)/2 \leqq d(K, \partial\Omega)/2$$
$$\leqq |z - t_\nu|/2$$

が成り立つ．このとき，

$$\frac{1}{\zeta-z}=-\frac{1}{(z-t_\nu)}\cdot\frac{1}{1-\dfrac{\zeta-t_\nu}{z-t_\nu}}=-\sum_{k=0}^{\infty}\frac{(\zeta-t_\nu)^k}{(z-t_\nu)^{k+1}}$$

となり，$\varepsilon'>0$ に対し $m_\nu>0$ がとれ，$\zeta\in\sigma_\nu, z\in K$，すなわち $|\zeta-t_\nu|/|z-t_\nu|\leqq 1/2$ のとき

$$\left|\frac{1}{\zeta-z}+\sum_{k=0}^{m_\nu}\frac{(\zeta-t_\nu)^k}{(z-t_\nu)^{k+1}}\right|<\varepsilon'$$

となるようにできる．

$$R_\nu(z)=\frac{-1}{2\pi i}\int_{\sigma_\nu}\sum_{k=0}^{m_\nu}\frac{(\zeta-t_\nu)^k}{(z-t_\nu)^{k+1}}f(\zeta)d\zeta$$

とおくと t_ν に極をもつ有理関数で，$c=\sup_{\Omega_n}|f(z)|$ とおくと

$$\left|\frac{1}{2\pi i}\int_{\sigma_\nu}\frac{f(\zeta)}{\zeta-z}d\zeta-R_\nu(z)\right|<\varepsilon'\cdot\frac{1}{2^n}\cdot c,\quad (z\in K)$$

をうる．$\nu=1,\cdots,N$ を加えれば (5.4.1) より

$$\left|f(z)-\sum_{\nu=1}^{N}R_\nu(z)\right|<\varepsilon'\cdot\frac{1}{2^n}\cdot c\cdot N,\quad (z\in K)$$

となり証明が終わる．

補題 5.4.2 K はコンパクト集合，C は始点 a，終点 b の曲線で，$K\cap C=\emptyset$ とする．このとき，a にだけ極をもつ有理関数は，K 上で一様に，b にだけ極をもつ有理関数によって近似できる．

証明　$d(C,K)=2l$ とし，曲線 C 上に点 $a=a_0, a_1, \cdots, a_n=b$ を $d(a_\nu, a_{\nu+1})<l$ となるようにとる．$z\in K$ なら，

$2|a_\nu - a_{\nu+1}| < 2l \leqq |z - a_{\nu+1}|$ となり，

$$\frac{1}{z-a_\nu} = \frac{1}{(z-a_{\nu+1})} \cdot \frac{1}{1-\dfrac{a_\nu - a_{\nu+1}}{z-a_{\nu+1}}} = \sum_{k=0}^{\infty} \frac{(a_\nu - a_{\nu+1})^k}{(z-a_{\nu+1})^{k+1}}$$

が成立する．ゆえに，$1/(z-a_\nu)$ は K 上で一様に $1/(z-a_{\nu+1})$ の多項式によって近似される．$\nu=0, 1, \cdots, n$ と順次近似していけばよい．

定理 5.4.3（ルンゲ）　$K \subset D \subset \boldsymbol{C}$ とし，D は領域，K はコンパクトで次の条件 (a) をみたす．

(a)　$D-K$ の有界な連結成分 Δ に対しては $\overline{\Delta} \not\subset D$.

このとき，K（の近傍）で正則な関数 $f(z)$ は，D で正則な有理関数により K 上で一様に近似される．

例　$D=\{|z|<1\}$，$K=\{1/3 \leqq |z| \leqq 1/2\}$ は (a) をみたさない．

$D=\{0<|z|<1\}$，$K=\{1/3 \leqq |z| \leqq 1/2\}$ は (a) をみたす．

証明　K の近傍 U を，$\overline{U}$ はコンパクトで $\overline{U} \subset D$, $f(z)$ は U で正則になるようにとる．補題 5.4.1 により，$f(z)$ は ∂U 上にのみ極をもつ有理関数 $R(z)$ で K 上一様に近似される．$D-K$（これは開集合！）を連結成分にわけ $D-K=\bigcup_\lambda \Delta_\lambda$ としよう．$R(z)=\sum_{\nu=1}^{N} R_\nu(z)$ とわけ，各 $R_\nu(z)$ の極は $t_\nu \in \partial U$ だけとする．t_ν はある Δ_λ に属するが，2つの場合にわかれる．Δ_λ が有界ならば，仮定 (a) より $\overline{\Delta}_\lambda \not\subset D$ となり，t_ν は K と交わらない曲線で ∂D の点に結びうる．補題 5.4.2 により，$R_\nu(z)$ の極 t_ν を ∂D の点に移動させ，

$R_\nu(z)$ は K 上で ∂D にのみ極をもつ有理関数で近似できる．Δ_λ が非有界のとき，$K \subset \{|z|<r\}$ に r をとっておく．t_ν は Δ_λ 内の（したがって K と交わらない）曲線で円 $\{|z|<r\}$ の外の点 a に結びうる．また，補題 5.4.2 により，$R_\nu(z)$ は $1/(z-a)$ の多項式で K 上一様近似される．$1/(z-a)$ は $|z| \leqq r$ で正則だからテイラー展開でき，$1/(z-a)$ の多項式は（z の）多項式によって $|z| \leqq r$ において一様近似できる．証明終わり．

後半の証明から，**ルンゲの多項式近似**とよばれる次の結果は明らかであろう．

系 5.4.4 $K(\subset \boldsymbol{C})$ はコンパクト集合で，補集合 $K^c = \boldsymbol{C} - K$ は連結とする．このとき，K（の近傍）で正則な関数は多項式によって K 上一様に近似される．

注 この定理はメルジェリアンにより，同様の K に対し，K で連続かつ K の内部で正則な関数が多項式により K 上一様近似可能と拡張された．K は内点をもたなくてもよく，ワイエルストラスの多項式近似もこの結果に含まれる．

問 1 定理 5.4.3 で条件 (a) は必要である．（$D=\boldsymbol{C}, K=\{1 \leqq |z| \leqq 2\}, f(z)=1/z$ としてみよ．$\boldsymbol{C}$ で正則な関数 $u_n(z)$ が K 上で $f(z)$ に一様収束すれば，最大値の原理から $u_n(z)$ は $\{|z| \leqq 2\}$ でも一様収束し，$f(z)$ は $z=0$ で正則になってしまう．）

補題 5.4.5 $K \subset D \subset \boldsymbol{C}$ で，D は領域，K はコンパクトとする．$D-K$ の有界な連結成分で閉包が D に含まれるようなものをすべて K につけ加えて K' とする．このとき K' はコンパクトで定理 5.4.3 の条件 (a) をみたす．

証明 K' がコンパクトになることを関数論的な方法で

証明しよう．D で正則な関数の全体を $\mathcal{O}(D)$ とかく．まず，最大値の原理より，$f\in\mathcal{O}(D)$ に対し $\sup_{z\in K}|f(z)|=\sup_{z\in K'}|f(z)|$ となることに注意する．（これは，Δ を $D-K$ の有界な連結成分で $\overline{\Delta}\subset D$ とすると，$\partial\Delta\subset K$ となることから明らかである．）K' が有界でないと $\sup_{z\in K'}|z|=+\infty$ となり，$f(z)=z$ は $\mathcal{O}(D)$ の元だから矛盾する．K' の点列 $\{z_n\}$ を任意にとると，K' は有界だから部分列 $\{z_{n_\nu}\}$ があり z_0 に収束する．$z_0\in\partial D$ なら $f(z)=1/(z-z_0)$ は $\mathcal{O}(D)$ に属し，$K'\ni z_{n_\nu}\to z_0$ より $\sup_{z\in K'}|f(z)|=+\infty$ となり，一方 $\sup_{z\in K}|f(z)|<+\infty$ でまた矛盾する．ゆえに，$z_0\in D$ である．$z_0\notin K$ ならば，z_0 は $D-K$ の1つの連結成分 Δ に属し，Δ は開集合だから先の番号の z_{n_ν} も Δ にはいり，したがって $\Delta\subset K'$ で $z_0\in K'$ となる．いずれにしても $z_0\in K'$．ゆえに K' はコンパクトである．$D-K'$ の連結成分は $D-K$ のそれだから，K' が (a) をみたすことは明らかである．

問2*　補題5.4.5とその証明と同じ記号を使うと，
$K'=\{\zeta\in D\,;\,$ すべての $f\in\mathcal{O}(D)$ に対し $|f(\zeta)|\leqq\sup_{z\in K}|f(z)|\}$.
（多変数関数論では，この右辺を $\widehat{K}$ とかき，K の D での正則被といい，K がコンパクトなら $\widehat{K}$ がコンパクトになるということを，D は正則凸であるという．）

定理5.4.6　$D\subset\boldsymbol{C}$ を領域とする．そのとき，次のようなコンパクト集合の列 $K_1, K_2, \cdots$ が存在する．

（i）　$K_1\subset K_2\subset\cdots\subset D$，各 K_ν はコンパクト，$\bigcup_{\nu=1}^{\infty}K_\nu=D$.

（ii）　各 ν に対し，K_ν の近傍で正則な関数は D で正則な関数により K_ν 上一様に近似できる．

証明 まず，D のエグゾースチョン $L_1, L_2, \cdots$ をとり（付録 I，243 頁参照），補題 5.4.5 を用いて，$K_1 = L_1', K_2 = (K_1 \cup L_2)', \cdots, K_n = (K_{n-1} \cup L_n)', \cdots$ とすればよい．

5.5 クザンの問題

次の定理がミッタグ・レフラーの定理（定理 5.3.1）を一般化したものであることは，そこで $D = \boldsymbol{C}, U_\nu = (\boldsymbol{C} - \{a_1, a_2, \cdots\}) \cup \{a_\nu\}, f_\nu(z) = P_\nu(z)$ とおいてみればわかる．

定理 5.5.1（クザンの加法的問題の解） D を領域とし，$D = \bigcup_\nu U_\nu$ で各 U_ν は開集合とする．各 U_ν に有理形関数 $f_\nu(z)$ が与えられており，$U_\nu \cap U_\mu \neq \emptyset$ ならそこで $f_\mu(z) - f_\nu(z)$ は正則であると仮定する．このとき，D での有理形関数 $f(z)$ で，各 U_ν において $f(z) - f_\nu(z)$ が正則になるようなものが存在する．

各 $f_\nu(z)$ をつないで解を作りたいのだが，$U_\nu \cap U_\mu$ で $f_\mu - f_\nu$ がじゃまになる．（それが 0 なら，U_ν で f_ν，U_μ で f_μ とおいて $U_\nu \cup U_\mu$ での関数になる．）そこで次の定理を考える．

定理 5.5.2（コホモロジーの消滅） $D = \bigcup_\nu U_\nu$ は前定理と同じ．各 $U_\nu \cap U_\mu$ に正則関数 $g_{\nu\mu}(z)$ が与えられ，$U_\nu \cap U_\mu \cap U_\lambda \neq \emptyset$ ならそこで

$$g_{\nu\mu} + g_{\mu\lambda} + g_{\lambda\nu} = 0$$

が成り立つと仮定する．ただし，便宜上 $g_{\nu\mu} = -g_{\mu\nu}$ と約束する．そのとき，各 U_ν に正則関数 $g_\nu(z)$ が存在し，各 $U_\nu \cap U_\mu$ で $g_{\nu\mu} = g_\mu - g_\nu$ をみたすようにできる．

定理 5.5.2⇒定理 5.5.1 の証明 $g_{\nu\mu}=f_\mu-f_\nu$ とおくと，これは定理 5.5.2 の仮定をみたし，したがって結論のような g_ν が存在する．$U_\nu\cap U_\mu$ で $g_\mu-g_\nu=g_{\nu\mu}=f_\mu-f_\nu$，ゆえに $f_\nu-g_\nu=f_\mu-g_\mu$ となり，各 U_ν で $f(z)$ を $f_\nu(z)-g_\nu(z)$ とおけば，これは D 全体の関数となり求めるものである．

定理 5.5.2 の証明 まず，g_ν が正則という条件を落して C^∞ 級の解を作る．定理 IV.2 により，開被覆 $\{U_\nu\}$ に付随する 1 の分解 $\{\varphi_\nu\}$ をとり，$h_\nu=\sum_\lambda \varphi_\lambda g_{\lambda\nu}$ とおく．1 の分解の性質から，h_ν は U_ν での C^∞ 級関数になることがわかり，

$$h_\mu-h_\nu=\sum_\lambda \varphi_\lambda g_{\lambda\mu}-\sum_\lambda \varphi_\lambda g_{\lambda\nu}=\sum_\lambda \varphi_\lambda(g_{\lambda\mu}-g_{\lambda\nu})$$
$$=\sum_\lambda \varphi_\lambda g_{\nu\mu}=g_{\nu\mu}$$

をうる．h_ν はゆえに C^∞ 級の解である．

h_ν が正則でないのは（コーシー・リーマンの条件をみれば）$\partial h_\nu/\partial\bar{z}$ が 0 でないからである．$U_\nu\cap U_\mu$ で $(\partial h_\mu/\partial\bar{z})-(\partial h_\nu/\partial\bar{z})=\partial(h_\mu-h_\nu)/\partial\bar{z}=\partial g_{\nu\mu}/\partial\bar{z}=0$（$g_{\nu\mu}$ は正則！）に注意すると，各 U_ν で $v(z)=\partial h_\nu/\partial\bar{z}$ とおくと v は D 全体での C^∞ 級関数になる．D において偏微分方程式

$$\partial u/\partial\bar{z}=v \tag{5.5.1}$$

を考えると，これは次の定理 5.5.3 により解 $u(z)$ をもつ．$g_\nu(z)=h_\nu(z)-u(z)$ とおくと，これが定理 5.5.2 の解である．

定理 5.5.3（非同次のコーシー・リーマン偏微分方程式） $D\subset\mathbf{C}$ を領域とし，$v(z)$ は D で C^∞ 級の関数とする．このとき，D において (5.5.1) をみたす C^∞ 級関数 $u(z)$ が存

在する.

証明 (i) $v(z)$ の台がコンパクトのとき. コーシー積分の被積分関数を2重積分した

$$u(z) = -\frac{1}{\pi}\iint_D \frac{v(\zeta)}{\zeta - z}d\xi d\eta, \quad (\zeta = \xi + i\eta)$$

が解であることを示す. この積分はみかけ上 $\zeta = z$ で特異積分だが, $\zeta - z = re^{i\theta}$ とおくと $d\xi d\eta = rdrd\theta$ となり分母分子の r が消えて積分の存在がわかる. $z - \zeta = \omega$ と変数変換したいのだが, このままでは積分域がかわり z に関係してしまう. 仮定の supp v がコンパクトということから, D^c で $v=0$ とおくと v は全平面で C^∞ 級となり $u(z) = (-1/\pi)\iint_C v(\zeta)/(\zeta - z)d\xi d\eta$ とかいてよい. そうしてから変数変換 $z - \zeta = \omega$ を行うと

$$u(z) = \frac{1}{\pi}\iint_C \frac{v(z-\omega)}{\omega}drds, \quad (\omega = r + is)$$

をうる. 積分記号下での微分ができて

$$\frac{\partial u}{\partial \bar{z}} = \frac{1}{\pi}\iint_C \frac{1}{\omega}\cdot\frac{\partial v(z-\omega)}{\partial \bar{z}}drds$$

$$= -\frac{1}{\pi}\iint_C \frac{1}{\zeta - z}\cdot\frac{\partial v(\zeta)}{\partial \bar{\zeta}}d\xi d\eta = v(z)$$

となる. (最後の等式は, 積分域 $\boldsymbol{C}$ を大きな円にでもかえて境界上 $v=0$ に注意して補題1.3.1を用いる.)

(ii) 一般のとき. コンパクトの列 $K_1, K_2, \cdots$ を定理5.4.6のようにとる. ψ_n を全平面での C^∞ 級関数で $0 \leqq \psi_n \leqq 1$, K_n の近傍では1, supp ψ_n はコンパクトで D に含まれ

るようなものとする（定理IV.1）．$\varphi_1=\psi_1, \varphi_n=\psi_n-\psi_{n-1}$ $(n=2, 3, \cdots)$ とおく．

$\mathrm{supp}\,\varphi_n v$ は D でコンパクトだから，前半の証明により $\partial u_n/\partial\bar{z}=\varphi_n v$ をみたす D での C^∞ 級関数 u_n が存在する．φ_n は K_{n-1} の近傍で 0 だから u_n はそこで正則になり，K_{n-1} のとり方より D での正則関数 f_n を K_{n-1} では $|u_n-f_n|\leqq 1/2^n$ をみたすようにとれる．$u=\sum_{n=1}^{\infty}(u_n-f_n)$ とおく．任意の m に対し，K_m では $\sum_{n=m+1}^{\infty}(u_n-f_n)$ は正則関数になる（定理V.3.1，定理2.3.1）．これで u は D で C^∞ 級になることがわかる．また，K_m で考えると，$\partial u/\partial\bar{z}=\partial\sum_{n=1}^{m}(u_n-f_n)/\partial\bar{z}=\sum_{n=1}^{m}\partial u_n/\partial\bar{z}=\sum_{n=1}^{m}\varphi_n v=\psi_m v$ となり，K_m では $\psi_m=1$ だから $\partial u/\partial\bar{z}=v$ をうる．

これで定理5.5.1の証明は終わり，次の領域 D でのミッタグ・レフラーの定理も証明できた．多変数関数論への発展を考えて少し大じかけな証明をしたが，定理5.4.6から直接に証明もできるので，方針をかいておく．

定理 5.5.4 D を領域，$\{a_1, a_2, \cdots\}$ を D 内の点列で D 内に集積点をもたないとし，$P_n(z)=\sum_{\nu=1}^{k_n}c_{n\nu}/(z-a_n)^\nu$ とおく．このとき，D での有理形関数 $f(z)$ で，極は $\{a_1, a_2, \cdots\}$ だけであり，各 a_n での主要部が $P_n(z)$ となるものがある．

証明 コンパクト列 $K_1, K_2, \cdots$ を定理5.4.6のようにとる．各 K_ν に属する $\{a_1, a_2, \cdots\}$ は有限個だから，それに対応する $P_n(z)$ の和をとって $h_\nu(z)$ とおく．$h_\nu(z)$ は有理関数で，K_ν に属する $\{a_1, a_2, \cdots\}$ だけが極，そこでの主要部は与えられたものである．$f_1(z)=h_1(z)$ とおく．帰納法で

Dでの有理形関数$f_n(z)$を，K_nでは与えられた極と与えられた主要部をもち，K_nで$|f_{n+1}-f_n|\leqq 1/2^n$をみたすように作る．f_nまでできたとしよう．$h_{n+1}-f_n$はK_nで正則になるから，Dで正則なg_nをとりK_nで$|(h_{n+1}-f_n)-g_n|\leqq 1/2^n$とできる．$h_{n+1}-g_n=f_{n+1}$とおけばよい．$f_1+\sum_{n=1}^{\infty}(f_{n+1}-f_n)=f_m+\sum_{n=m}^{\infty}(f_{n+1}-f_n)$が求める解になる．

5.6 ポアンカレ・クザンの問題

極と主要部を与えて有理形関数を作るのがクザンの加法的問題であったが，極と零点を与えて関数を作るのがクザンの乗法的問題である．定理5.5.1に似た形でも述べられるが，ここでは次の形にとどめておく．

定理5.6.1（ワイエルストラス）$D(\subset \boldsymbol{C})$を領域，$\{a_1, a_2, \cdots\}$を$D$の点列で$D$内に集積点をもたないものとし，$k_\nu$を0でない整数（$\nu=1,2,\cdots$）とする．このとき，$D$での有理形関数$f(z)$で，$f(z)$の零点と極は$\{a_1, a_2, \cdots\}$だけで，$\mathrm{ord}(f, a_\nu)=k_\nu$（$\nu=1,2,\cdots$）となるものがある．

証明　定理5.4.6（の証明）のようにコンパクト集合$K_1, K_2, \cdots$をとる．$\varphi_n(z)=\prod_{a_\nu\in K_n}(z-a_\nu)^{k_\nu}$とおく．有理関数列$f_1, f_2, \cdots$，$D$での正則関数列$g_1, g_2, \cdots$を次のようにとりたい．各$n$に対し，

（i）f_nは$K_{n+1}-K_n$には極と零点をもたない，

（ii）f_n/φ_nはK_nで極と零点をもたない，

（iii）K_nにおいてf_{n+1}/f_nの対数$\log(f_{n+1}/f_n)$の枝が1価正則に定まり，そこで$|\log(f_{n+1}/f_n)+g_n|<1/2^n$.

帰納法により構成しよう．$f_1, \cdots, f_n$；$g_1, \cdots, g_{n-1}$ が条件(i)(ii)(iii) をみたすようにとれたとする．(i)(ii) により$f_n = c \cdot \varphi_n \prod_j (z-b_j)^{l_j}$，$c$ は定数，$b_j \notin K_{n+1}$，l_j は整数とかける．$(K_{n+1}-K_n) \cap \{a_1, a_2, \cdots\} = \{w_1, \cdots, w_s\}$ としよう．各 w_i は $D-K_n$ の連結成分の1つに含まれ，K_n が定理5.4.3の条件 (a) をみたすことから，$w_i' \notin K_{n+2}$ をとり w_i と w_i' を K_n と交わらない曲線で結びうる．同様にして，$b_j \notin K_{n+2}$ なら $b_j' = b_j$ とし，$b_j \in K_{n+2}$ なら $b_j' \notin K_{n+2}$ をとり b_j と b_j' を K_n と交わらない曲線で結びうる．

$$f_{n+1} = \varphi_{n+1} \cdot \prod_{i=1}^{s} (z-w_i')^{-k_i'} \cdot \prod_j (z-b_j')^{l_j}$$

とおく（k_i' は，$w_i = a_n$ のとき $k_i' = k_n$）．f_{n+1} が (i)(ii) をみたすことは明らかである．

$$\frac{f_{n+1}}{f_n} = \frac{1}{c} \prod_{i=1}^{s} \left(\frac{z-w_i}{z-w_i'} \right)^{k_i'} \cdot \prod_j \left(\frac{z-b_j'}{z-b_j} \right)^{l_j}$$

となり，4.3節問2より $\log(f_{n+1}/f_n)$ の枝が K_n で1価正則に定まる．K_n のとり方より，D で正則な関数 g_n を，K_n で $|\log(f_{n+1}/f_n) + g_n| < 1/2^n$ をみたすようにとれる．これで $f_1, f_2, \cdots$；$g_1, g_2, \cdots$ がえられた．

K_n で $\sum_{j=n}^{\infty} (\log(f_{j+1}/f_j) + g_j)$ は正規収束し正則になる．$h_n = f_n \exp(g_1 + \cdots + g_{n-1}) \exp[\sum_{j=n}^{\infty} (\log(f_{j+1}/f_j) + g_j)]$ とおくと，K_n で有理形関数になり与えられた零点と極をもっている．K_n において $h_n/h_{n+1} = 1$ となり，各 K_n で h_n とおけば D での有理形関数 h を定義し，これが求めるものである．

注　(イ)　無限積を知っておれば，$h=f_1\cdot\prod_{j=1}^{\infty}(f_{j+1}/f_j)e^{g_j}$ とかける．

(ロ)　$D=\boldsymbol{C}$ でももちろんよいが，$\boldsymbol{P}$ $(=\boldsymbol{C}\cup\{\infty\})$ では定理は成り立たない（定理5.2.2参照）．定理5.6.1をうるためには，前節と同様にして，開被覆 $D=\bigcup_{\nu} U_\nu$ と，各 $U_\nu\cap U_\mu$ に正則で零点をもたない関数 $g_{\nu\mu}={g_{\mu\nu}}^{-1}$ が与えられ，$U_\nu\cap U_\mu\cap U_\lambda$ で $g_{\nu\mu}g_{\mu\lambda}g_{\lambda\nu}=1$ をみたすとき，各 U_ν で正則で零点をもたない関数 g_ν をみつけ $U_\nu\cap U_\mu$ で $g_{\nu\mu}=g_\mu/g_\nu$ とできればよい．被覆を細分して $U_\nu\cap U_\mu$ は単連結としてよく $(1/2\pi i)\log g_{\nu\mu}$ の枝は1価に定まるが，整数の差だけ自由度があり，それをうまく調節して定理5.5.2に帰着したい．こうすれば，ちがいは位相的性質（コホモロジー群 $H^2(D,\boldsymbol{Z})=0$ だが，$H^2(\boldsymbol{P},\boldsymbol{Z})\neq 0$）に起因することがいえる．

問1　領域 $D\,(\subset\boldsymbol{C})$ における有理形関数 $f(z)$ に対し，D での正則関数 $g(z), h(z)$ を，$f(z)=g(z)/h(z)$ となるようにとれる（ポアンカレ・クザンの問題）．

問2*　任意の領域 $D\,(\subset\boldsymbol{C})$ に対し，D を存在域とするような D での正則関数 f が存在する．（意味は，f は D の外に1歩も解析接続できないということ．すなわち，D の任意の境界点 z_0 に対し次のようなことはおきない：z_0 の円近傍 U と U で正則な関数 φ があり，$D\cap U$ の1つの連結成分で $\varphi=f$.）（ヒント：D 内の孤立集合 $\{z_j\}$ で，その集積点集合が D の境界 ∂D になるようなものを作り，$\{z_j\}$ を零点とする D での正則関数を f とすればよい．D の点で座標が有理数であるようなものは可算個だから $\{a_1, a_2, \cdots\}$ とし，それを $\{a_1, a_2, a_1, a_2, a_3, a_1, a_2, a_3, a_4, a_1, \cdots\}$ とならべ $\{b_1, b_2, \cdots\}$ と記す．$d(b_j, D^c)=r_j$ とおく．D のエグゾースチョン $K_1, K_2, \cdots$ をとる．z_j を，$z_j\in D-K_j$ で，$|z_j-b_j|<r_j$ となるようにとれ．作り方から，f は有理形関数としても D の外に接続できないことがわかる．）

5.7　リーマンの写像定理

定理 5.7.1　D は単連結領域で $D\subsetneq \mathbf{C}$ とする．そのとき，任意の $z_0\in D$ に対し，D を単位円 $\{w\,;\,|w|<1\}$ の上へ1対1に写す正則関数 f で $f(z_0)=0, f'(z_0)>0$ をみたすものがただ1つ存在する．

証明のまえに，$D=\mathbf{C}$ ならばリュービルの定理（定理 5.1.1）よりこの定理は成立しないことに注意しておく．一意性の証明はあとにまわし（142頁）存在だけをここで示す．途中で用いられるモンテルの定理（定理 7.5.4 (i)）は，一様有界な D での正則関数族からはコンパクト一様収束する部分列を抜けるというものである．

存在の証明　$\mathcal{F}=\{g\,;\,g$ は D で正則，$|g(z)|<1$，1対1，$g(z_0)=0, g'(z_0)>0\}$ とおく．$\mathcal{F}$ 上で定義された関数 $g\mapsto g'(z_0)$ が最大値をもち，その最大値をとる $f\in\mathcal{F}$ が求めるものになることを示す．

（イ）　$\mathcal{F}\neq\emptyset$ をいう．仮定により $a\notin D$ がとれる．定理 4.3.1 により，D において $\sqrt{z-a}$ の枝が1価に定まりそれを $\varphi(z)$ とかく．$\varphi(z)$ は D において正則で1対1，さらに像領域 $\varphi(D)$ は $-\varphi(z_0)$ のある近傍と交わらない．（$-\varphi(z)$ が $\sqrt{z-a}$ のもう1つの枝で，$\varphi(D)\cap(-\varphi(D))=\emptyset$ である．）関数 $(\zeta-b)/(\zeta+b)$ は $\{|\zeta+b|>\varepsilon\}$ で有界，正則，1対1であることに注意すると，$g_0(z)=(\varphi(z)-\varphi(z_0))/(\varphi(z)+\varphi(z_0))$ は D で有界，正則，1対1，$g_0(z_0)=0$ をみたす．1対1だから $g_0'(z_0)\neq 0$ である．定数 c を適当にとり，$g(z)=cg_0(z)\in\mathcal{F}$ とできる．

（ロ）$\alpha=\sup_{g\in\mathcal{F}} g'(z_0)$ とおく．$0<\alpha\leqq+\infty$ である．上限の定義から，$g_n\in\mathcal{F}$ を $g_n'(z_0)\to\alpha$ となるようにとれる．モンテルの定理（定理 7.5.4 (i)）より，$\{g_n\}$ から部分列 $\{g_{n_\nu}\}$ をとり，D でコンパクト一様に $\{g_{n_\nu}\}$ はある f に収束するとしてよい．定理 2.3.1 より $g_{n_\nu}'(z_0)\to f'(z_0)=\alpha$ となり，$0<\alpha<+\infty$ と $f(z)$ が定数でないことがわかる．系 3.5.3 より $f(z)$ は D で 1 対 1 となる．$|g_{n_\nu}(z)|<1$ より $|f(z)|\leqq 1$ となり，最大値の原理より $|f(z)|<1$ であり，$f\in\mathcal{F}$ がわかった．ゆえに，$f'(z_0)=\max_{g\in\mathcal{F}} g'(z_0)$．

（ハ）f が求めるものである，すなわち，f が D から $\{|w|<1\}$ の上への写像であることをいう．否定して，$|w_0|<1, w_0\notin f(D)$ としよう．まず一般に，$|a|<1$ のとき関数 $w=(z-a)/(1-\bar{a}z)$ は $\{|z|<1\}$ を $\{|w|<1\}$ に 1 対 1 に写すことを注意しておく．なぜなら，$|1-\bar{a}z|^2-|z-a|^2=(1-|a|^2)(1-|z|^2)$．定理 4.3.1 により $(f(z)-w_0)/(1-\overline{w}_0 f(z))$ の平方根は D で 1 価に定まるから，それを $F(z)$ とする．$F(z)=\sqrt{(f(z)-w_0)/(1-\overline{w}_0 f(z))}$ は D で 1 対 1 で，$|F(z)|<1$ をみたす．$G(z)=c(F(z)-F(z_0))/(1-\overline{F(z_0)}F(z))$ とおく（c は定数）．$f(z_0)=0$ に注意して計算すると，$F'(z_0)=(1-|w_0|^2)f'(z_0)/2\sqrt{-w_0}$ である．$G'(z_0)=cF'(z_0)/(1-|F(z_0)|^2)$ となり，$c=|F'(z_0)|/F'(z_0)$ ととれば，

$$G'(z_0)=f'(z_0)(1+|w_0|)/2\sqrt{|w_0|}>f'(z_0)$$

となる．明らかに $G\in\mathcal{F}$ で，これは $f'(z_0)=\max_{g\in\mathcal{F}}|g'(z_0)|$ に反する．

この定理は存在（と一意性）をいっているだけで，写像の具体的な形については何もいっていない．それについては，上半平面を単位円に写すのは1次変換で容易に求まる（定理6.5.1）．そのほか，上半平面を多角形の内部に写す等角写像は単位円を中継して存在するわけだが，それを具体的に与えるシュヴァルツ・クリストッフェルの公式は有名である（参考書〔1〕等参照）．

5.8 ディリクレ問題[1)]

正則関数を作るためには調和関数を作ればよい（1.7節参照）．次の境界値問題をディリクレ問題という：有界領域 D の境界 ∂D 上に関数 $f(\zeta)$ を与える．そのとき，D で調和で $\lim_{D\ni z\to\zeta} u(z)=f(\zeta)$ が各 $\zeta\in\partial D$ で成立するような，関数 $u(z)$ は存在するか？まず，円のときに解を与えよう．円の中心は原点にしておくが，これは一般性を失わない．

定理 5.8.1 円周 $|\zeta|=r$ 上に区分的に連続[2)]な実数値関数 $f(\zeta)$ を与える．$z=\rho e^{i\varphi}, \zeta=re^{i\theta}, 0\leqq\rho<r$ として，

(5.8.1)

$$P_f(z) = \frac{1}{2\pi}\int_0^{2\pi}\frac{r^2-\rho^2}{|\zeta-z|^2}f(\zeta)d\theta$$

$$= \frac{1}{2\pi}\int_0^{2\pi}\frac{r^2-\rho^2}{r^2-2\rho r\cos(\theta-\varphi)+\rho^2}f(re^{i\theta})d\theta$$

とおく（f の**ポアソン積分**という）．$P_f(z)$ は $\{|z|<r\}$ で調和で，$f(\zeta)$ が連続な点 ζ では $\lim_{z\to\zeta}$[3)] $P_f(z)=f(\zeta)$ が成立

1) この節はとばしてもあとに支障はない．

2) 区分的に連続とは，円周が有限個の円弧にわかれ，各円弧の上では連続でかつ円弧の端点へ近づいたときの極限が存在すること．

する．

証明 $\dfrac{\zeta+z}{\zeta-z}+\dfrac{\bar{\zeta}+\bar{z}}{\bar{\zeta}-\bar{z}}$ を計算し，$\mathrm{Re}\dfrac{\zeta+z}{\zeta-z}=\dfrac{|\zeta|^2-|z|^2}{|\zeta-z|^2}$ をうる．これより，

$$P_f(z)=\frac{1}{2\pi}\mathrm{Re}\int_0^{2\pi}\frac{\zeta+z}{\zeta-z}f(\zeta)d\theta,\quad(\zeta=re^{i\theta})$$

となり，この積分は系 2.3.2 により分母が 0 にならない範囲 $\{|z|<r\}$ では正則関数となり，その実部として $P_f(z)$ は調和関数となる．

境界値を調べるまえに，対応 $f\mapsto P_f$ について調べておく．まず線形である．つまり，$P_{(f+g)}=P_f+P_g$，$P_{cf}=cP_f$ である（c は実数の定数）．$r^2-\rho^2\geqq 0$ だから，$|\zeta|=r$ 上 $f\geqq 0$ ならば $|z|<r$ で $P_f\geqq 0$ である．f が定数 c のとき，$\zeta=re^{i\theta}$ とすると $d\zeta=ire^{i\theta}d\theta$ で，

$$P_c(z)=\frac{1}{2\pi}\mathrm{Re}\int_0^{2\pi}\frac{\zeta+z}{\zeta-z}cd\theta$$

$$=\mathrm{Re}\frac{1}{2\pi i}\int_{|\zeta|=r}\frac{\zeta+z}{\zeta-z}\cdot\frac{c}{\zeta}d\zeta$$

となる．z は $|z|<r$ にとめて $\Phi(\zeta)=(\zeta+z)/(\zeta-z)\zeta$ の留数計算をして積分を求め，$P_c(z)=c$ をうる．$|\zeta|=r$ 上で $m\leqq f(\zeta)\leqq M$ をみたせば，$|z|<r$ において，$m\leqq P_f(z)\leqq M$ をみたすことも以上からわかる．

さて，境界値 $f(\zeta)$ が $\zeta_0=re^{i\theta_0}$ で連続としよう．$f(\zeta)-f(\zeta_0)$ を考えることにより，$f(\zeta_0)=0$ として $\lim\limits_{z\to\zeta_0}P_f(z)=0$

3) 正確にかくと，$|z|<r$ で $z\to\zeta$ のときとかくべきである．今後も，この程度の省略は行う．

を示せばよい．任意に $\varepsilon>0$ を与える．円周 $|\zeta|=r$ を2つの円弧 C_1, C_2 にわけ，C_1 は ζ_0 を内点として含み C_1 上では $|f(\zeta)|<\varepsilon$ をみたすようにできる．C_1 で $f(\zeta)$，C_2 で0という関数を $f_1(\zeta)$ とし，C_2 で $f(\zeta)$，C_1 で0という関数を $f_2(\zeta)$ とおくと，$f=f_1+f_2$ となり，$P_f=P_{f_1}+P_{f_2}$ である．円周 $|\zeta|=r$ 上で $|f_1|<\varepsilon$ より，$|z|<r$ で $|P_{f_1}|<\varepsilon$ である．$P_f(z)$ が調和関数という証明に立ちもどって考えると，$f_2(\zeta)$ は C_1 上で0だから P_{f_2} を定義する積分は C_2 の上だけを積分すればよく，$P_{f_2}(z)$ は $|z|<r$ ばかりでなく C_1 の上までこめて調和関数になることがわかる．$z=\zeta_0$ なら $r^2-\rho^2=0$ で，$P_{f_2}(\zeta_0)=0$ をうる．P_{f_2} は ζ_0 の近傍で調和，ゆえに連続だから，$\delta>0$ があり $|z-\zeta_0|<\delta$ なら $|P_{f_2}(z)|<\varepsilon$ となる．結局，$|z|<r, |z-\zeta_0|<\delta$ なら $|P_f(z)|\leqq |P_{f_1}(z)|+|P_{f_2}(z)|<2\varepsilon$ となり，$|z|<r, z\to\zeta_0$ のとき $P_f(z)\to 0=f(\zeta_0)$ である．

一般の領域でディリクレ問題をとくために，調和関数の平均値の性質，最大値の原理を説明しよう．円 $\{|z-z_0|<r\}$ を $\varDelta_r(z_0)$ とかく．

定義 5.8.2　領域 D で連続な実数値関数 $u(z)$ が D において，

（i）　平均値の性質をもつ $\Longleftrightarrow$ $\overline{\varDelta_r(z_0)}\subset D$ ならば $u(z_0)=(1/2\pi)\int_0^{2\pi} u(z_0+re^{i\theta})d\theta$ が成立，

（ii）　最大（小）値の原理をみたす $\Longleftrightarrow$ D の内点で $u(z)$ が D における最大（小）値をとれば $u(z)$ は D で定数関数である．

定理 5.8.3 領域Dでの調和関数はDで最大値・最小値の原理をみたす.

証明は次の2つの補題にわけて行う.

補題 5.8.4 $u(z)$が領域Dで調和なら，Dで平均値の性質をもつ.

証明 $\overline{\Delta_r(z_0)}\subset D$として，$f(z)=u(z)+iv(z)$が$\overline{\Delta_r(z_0)}$で正則になるように$v(z)$をとる（定理1.7.1）．コーシーの積分定理より，$f(z_0)=\dfrac{1}{2\pi i}\displaystyle\int_{|\zeta-z_0|=r}\frac{f(\zeta)}{\zeta-z_0}d\zeta$で，$\zeta=z_0+re^{i\theta}$とおくと，$f(z_0)=\dfrac{1}{2\pi}\displaystyle\int_0^{2\pi}f(z_0+re^{i\theta})d\theta$となり，両辺の実部をとり結論をうる.

補題 5.8.5 $u(z)$は領域Dで連続実数値関数で，$\overline{\Delta_r(z_0)}\subset D$ならば$u(z_0)\leqq\dfrac{1}{2\pi}\displaystyle\int_0^{2\pi}u(z_0+re^{i\theta})d\theta$をみたすとする．このとき，$u(z)$は$D$で最大値の原理をみたす.
（$\overline{\Delta_r(z_0)}\subset D$ならば$u(z_0)\geqq\dfrac{1}{2\pi}\displaystyle\int_0^{2\pi}u(z_0+re^{i\theta})d\theta$をみたすとすると，最小値の原理をみたす.）

証明 $z_0\in D$で$u(z)$がDでの最大値をとり$A=\{z\in D\,;\,u(z)=u(z_0)\}$とおいたとき，$A\subsetneqq D$とせよ．$z_1\in\partial A\cap D$がとれ，$u$は連続だから$z_1\in A$である．円$\Delta_r(z_1)$を$\overline{\Delta_r(z_1)}\subset D$で，$\partial\Delta_r(z_1)\not\subset A$にとれる．境界$\partial\Delta_r(z_1)$上の$z$では$u(z)\leqq u(z_1)$で，$u(z)<u(z_1)$となる部分が実在するから,

$$\frac{1}{2\pi}\int_0^{2\pi}u(z_1+re^{i\theta})d\theta<\frac{1}{2\pi}\int_0^{2\pi}u(z_1)d\theta=u(z_1)$$

となり仮定に反する．（…）にかいた符号の逆の場合は読

者に証明をまかす.

系 5.8.6 ディィリクレ問題の解がもし存在すればただ1つである.

証明 u, v と2つあれば, $u-v$ を考えると D で調和で境界 ∂D では0となる. D で $u-v$, ∂D で0とおくと $\overline{D}$ で連続関数をうるが, D は有界領域だから最大値最小値をもち, 定理5.8.3より $u-v$ は恒等的に0となる.

注 円 $\{|z| \leqq r\}$ で連続で $\{|z|<r\}$ で調和な関数 $u(z)$ があると,

$$u(z) = \frac{1}{2\pi}\int_0^{2\pi} \frac{r^2-\rho^2}{|\zeta-z|^2}u(\zeta)d\theta, \quad (z=\rho e^{i\varphi}, \zeta=re^{i\theta})$$

とポアソン積分表示できる. これは系5.8.6と定理5.8.1からわかる. この節では, ポアソン積分の式を天下りに与えて出発点としたがそれは好ましくなく, 正則関数 $f(z)=u(z)+iv(z)$ を考えそのコーシー積分表示から $u(z)$ の積分表示が求まり, それがポアソン積分であるという方が自然であろう.

定理 5.8.7 領域 D で連続な実数値関数 $u(z)$ が調和関数になるための必要十分条件は D において平均値の性質をもつことである.

証明 平均値の性質をもつ関数の和, 差はまた平均値の性質をもつ. $u(z)$ が平均値の性質をもつとせよ. 円 $\overline{\varDelta} \subset D$ をとり, $\partial\varDelta$ 上に u を与えポアソン積分で $\varDelta$ 内の調和関数 $U(z)$ を作る. $u-U$ は $\overline{\varDelta}$ で連続, $\partial\varDelta$ 上では0, $\varDelta$ で平均値の性質, したがって最大値・最小値の原理をみたす. ゆえに, $u-U$ は最大値最小値を $\partial\varDelta$ 上でとりそれは0, したがって $\varDelta$ で $u=U$ となり, $\varDelta$ で u は調和関数である. $\varDelta$

は D 内の任意の円だから u は D で調和である.

補題 5.8.8 $u(z)$ は $|z|\leqq r$ で調和, さらに $u(z)\geqq 0$ とする. $z=\rho e^{i\varphi}$ $(0\leqq\rho<r)$ として,

$$u(0)\frac{r-\rho}{r+\rho} \leqq u(z) \leqq u(0)\frac{r+\rho}{r-\rho}$$

が成立する.

証明 $|\zeta|=r$ とすると, $r-\rho\leqq|\zeta-z|\leqq r+\rho$ で,

$$\frac{r-\rho}{r+\rho} \leqq \frac{r^2-\rho^2}{|\zeta-z|^2} \leqq \frac{r+\rho}{r-\rho}$$

が成り立つ. ポアソン積分 (5.8.1) と平均値の性質より結論をうる.

定理 5.8.9 (ハルナック) 領域 D で調和関数の単調増加列 $u_1(z)\leqq u_2(z)\leqq\cdots$ がある. そのとき, 極限関数 $u(z)$ は恒等的に $+\infty$ か, または D で調和関数で $u_n\to u$ はコンパクト一様収束である.

証明 (イ) $z_0\in D$ で $u_n(z_0)\to+\infty$ とせよ. $n>m$ なら $u_n(z)-u_m(z)$ は非負調和関数で, $\overline{\Delta_r(z_0)}\subset D$ とすると補題 5.8.8 より $z-z_0=\rho e^{i\varphi}$ $(0\leqq\rho<r)$ として,

(5.8.2)

$$(u_n(z_0)-u_m(z_0))\frac{r-\rho}{r+\rho} \leqq u_n(z)-u_m(z) \leqq (u_n(z_0)-u_m(z_0))\frac{r+\rho}{r-\rho}$$

が成り立つ. $\rho\leqq r/2$, すなわち $|z-z_0|\leqq r/2$ のとき, $(u_n(z_0)-u_m(z_0))/3\leqq u_n(z)-u_m(z)$ で, $n\to+\infty$ として $u_n(z)\to+\infty$ をうる.

（ロ）　$z_0 \in D$ で，$u_n(z_0) \to \alpha < +\infty$ のとき．(5.8.2) の右側の不等式から $|z-z_0| \leqq r/2$ のとき $u_n(z)-u_m(z) \leqq 3(u_n(z_0)-u_m(z_0))$ となり，一様収束に関するコーシーの判定法（定理V.3.1）から $u_n(z)$ は $u(z) < +\infty$ に一様収束する．

（ハ）　（イ），（ロ）より $A=\{z \in D\,;\, u_n(z) \to +\infty\}$ も $B=\{z \in D\,;\, u_n(z) \to u(z) < +\infty\}$ も開集合となり，D は連結だから，$A=D$ か $B=D$ である（定理Ⅰ.4）．コンパクト一様収束は各点の近傍で一様収束がいえればよいから，（ロ）より $u_n \to u$ はコンパクト一様収束である．

（ニ）　$u(z)$ が調和なことは，$\overline{\Delta_r(z_0)} \subset D$ に円をとり，u_n を $\Delta_r(z_0)$ でポアソン積分表示をし，$n \to +\infty$ とすると一様収束より $u(z)$ のポアソン表示ができ，それでわかる．

領域 D で調和関数を作るのだが，条件をゆるめて劣調和関数というものを定義し，その最大のものという形で構成する．（何の関係もないが，リーマンの写像定理の証明の雰囲気と似ている．）

定義 5.8.10　領域 D で連続な実関数 $u(z)$ が，$\overline{\Delta_r(z_0)} \subset D$ ならば $v(z_0) \leqq \dfrac{1}{2\pi}\displaystyle\int_0^{2\pi} v(z_0+re^{i\theta})\,d\theta$ をみたすとき，$v(z)$ は D で**劣調和関数**という．

調和関数は劣調和関数である．劣調和関数は最大値の原理をみたす．

補題 5.8.11　（ⅰ）　v_1, v_2 が劣調和関数，u が調和関数ならば v_1+v_2, v_1-u は劣調和である．

（ⅱ）　v_1, v_2 が劣調和なら $v(z)=\max(v_1(z), v_2(z))$ は

劣調和関数である．

（iii） v が D で劣調和で円 $\overline{\Delta}\subset D$ として，$\tilde{v}(z)$ は $z\in D-\Delta$ ならば $v(z)$，$z\in\Delta$ ならば $\partial\Delta$ 上に v をおいて作ったポアソン積分 $P_v(z)$ と定義する．$\tilde{v}(z)$ は D で劣調和である．

証明 （i） は明らか．

（ii） $\overline{\Delta_r(z_0)}\subset D$ として，$v_1(z_0)\geqq v_2(z_0)$ としよう．$v(z_0)=v_1(z_0)\leqq\dfrac{1}{2\pi}\displaystyle\int_0^{2\pi}v_1(z_0+re^{i\theta})d\theta\leqq\dfrac{1}{2\pi}\displaystyle\int_0^{2\pi}v(z_0+re^{i\theta})d\theta$ である．

（iii） $\overline{\Delta_1}=\overline{\Delta_r(z_0)}\subset D$ として，$\tilde{v}$ が Δ_1 で最大値の原理をみたすことをいえばよい．（それがいえると，$\partial\Delta_1$ に $\tilde{v}$ をおいてポアソン積分 $P_{\tilde{v}}$ を作ると，$\tilde{v}-P_{\tilde{v}}$ も Δ_1 で最大値の原理をみたし $\partial\Delta_1$ 上で 0 だから，Δ_1 で $\tilde{v}-P_{\tilde{v}}\leqq 0$ となり，$\tilde{v}(z_0)\leqq P_{\tilde{v}}(z_0)=(1/2\pi)\displaystyle\int_0^{2\pi}\tilde{v}(z_0+re^{i\theta})d\theta$ となるからである．）$\Delta_1\subset D-\Delta$，$\Delta_1\subset\overline{\Delta}$ のときは明らかだから $\Delta_1\cap\Delta\neq\emptyset$，$\Delta_1\cap(D-\overline{\Delta})\neq\emptyset$ とする．$z_1\in\Delta_1$ で $\tilde{v}(z)$ が Δ_1 での最大値 m をとったとしよう．最大値の原理より Δ で $v-P_v\leqq 0$ で，D で $v\leqq\tilde{v}$ に注意する．$z_1\in\Delta$ のとき，$\tilde{v}=P_v$ は $\Delta\cap\Delta_1$ で最大値の原理をみたすから $\Delta\cap\Delta_1$ で $\tilde{v}=m$ である．$\partial\Delta\cap\Delta_1$ で $v=m$ で，Δ_1 で $v\leqq\tilde{v}\leqq m$ だから v に最大値の原理を用いて Δ_1 で $v=m$ となり，Δ_1 で $\tilde{v}=m$ をうる．$z_1\notin\Delta$ のとき，v が z_1 で Δ_1 での最大値 m をとるから Δ_1 で $v=m$ となり，$m=v\leqq\tilde{v}\leqq m$ より $\tilde{v}=m$ をうる．

問 1* 領域 D で連続な実数値関数 $v(z)$ が劣調和になるための必要十分条件は，任意の円 $\overline{\Delta}\subset D$ と 3 条件 (i) $\overline{\Delta}$ で連続，

(ii) Δ で調和, (iii) $\partial\Delta$ で $v(z)\leqq u(z)$ をみたす任意の関数 $u(z)$ に対し, Δ で $v(z)\leqq u(z)$ が成り立つことである.

問2*　$v(z)$ を領域 D で C^2 級の実数値関数とする. このとき $v(z)$ が劣調和 $\Longleftrightarrow \Delta v\geqq 0$, (ただし, $\Delta=\partial^2/\partial x^2+\partial^2/\partial y^2$).

定理 5.8.12 (ディリクレ問題の解)　D は有界領域, $f(\zeta)$ は境界 ∂D 上の有界関数とし $B(f)=\{v(z)\,;\,v$ は D で劣調和関数, 各 $\zeta\in\partial D$ で $\displaystyle\varlimsup_{D\ni z\to\zeta} v(z)\leqq f(\zeta)\}$ とおき, $u(z)=\sup\{v(z)\,;\,v\in B(f)\}$ とおく. このとき,

(i)　$u(z)$ は D で調和関数である.

(ii)　$\zeta_0\in\partial D$ で D のバリア[1]が存在し, $f(\zeta)$ が ζ_0 で連続とすると, $\displaystyle\lim_{D\ni z\to\zeta_0} u(z)=f(\zeta_0)$ が成立する.

証明　(i) の証明. (イ)　$|f|\leqq M$ とする. 定数関数 $-M\in B(f)$ で, $B(f)\neq\emptyset$ である. (ロ)　任意の $v\in B(f)$ に対し, $v\leqq M$ で, したがって $u(z)$ は存在し $u\leqq M$ である: 任意に $z_0\in D$ をとり, 任意に $\varepsilon>0$ をとる. $\displaystyle\varlimsup_{z\to\zeta} v(z)\leqq f(\zeta)$ の定義は, $\varepsilon>0$ に対し ζ の近傍 U があり $z\in U\cap D$ なら $v(z)<f(\zeta)+\varepsilon$ とできることである. ∂D はコンパクトだからこのような U の有限個 U_i でおおえる. $z_0\in D'=D-\bigcup_i \overline{U_i}$ としてよい. D' の境界では $v(z)\leqq M+\varepsilon$ だから最大値の原理で D' で $v(z)\leqq M+\varepsilon$ となり $v(z_0)\leqq M+\varepsilon$ である. ε は任意だから $v(z_0)\leqq M$ をうる. (ハ)　任意の $z_0\in D$ に対し, $v_n\in B(f)$ を $v_n(z_0)\to u(z_0)$

---

1)　**定義**　$\overline{D}$ で連続, D で調和な関数 $\omega(z)$ で, $\omega(\zeta_0)=0$, $\partial D-\{\zeta_0\}$ では $\omega(\zeta)>0$ をみたすものを, $\zeta_0\in\partial D$ での D のバリアという. f が連続でも無条件には (ii) の結論が成立しないことや, バリアの存在する条件などは後述.

にとれる．$V_1=v_1, V_2=\max(v_1, v_2), \cdots, V_n=\max(v_1, v_2, \cdots, v_n)$ とおくと，$V_n\in B(f)$ で $V_1\leqq V_2\leqq\cdots$ である．$\overline{\Delta_r(z_0)}\subset D$ として，$\widetilde{V}_n(z)$ を $z\in D-\Delta_r(z_0)$ では $V_n(z)$，$z\in\Delta_r(z_0)$ では $\partial\Delta_r(z_0)$ に V_n をおいて作ったポアソン積分 $P_{V_n}(z)$ とする．$\widetilde{V}_n\in B(f)$ で，$v_n(z_0)\leqq V_n(z_0)\leqq\widetilde{V}_n(z_0)\leqq u(z_0)$ より $\widetilde{V}_n(z_0)\to u(z_0)$ である．$V_1\leqq V_2\leqq\cdots$ より $P_{V_1}\leqq P_{V_2}\leqq\cdots$ で，$\widetilde{V}_n(z_0)=P_{V_n}(z_0)\to u(z_0)$ より，$\lim_{n\to\infty}P_{V_n}(z)=\tilde{v}(z)$ は $\Delta_r(z_0)$ で調和関数である（定理 5.8.9）．（ニ）$\Delta_r(z_0)$ で $u(z)=\tilde{v}(z)$ をいえば $u(z)$ は $\Delta_r(z_0)$ で調和となる．任意に $z_1\in\Delta_r(z_0)$ をとり，$v_n'\in B(f)$ を $v_n'(z_1)\to u(z_1)$ にとる．$w_n=\max(v_n, v_n')$ とし，$W_n=\max(w_1, w_2, \cdots, w_n)$ とおく．$\partial\Delta_r(z_0)$ に W_n をおき，ポアソン積分 P_{W_n} を作る．同様にして $P_{W_n}\to\widetilde{w}$ は $\Delta_r(z_0)$ で調和で，$\widetilde{w}(z_1)=u(z_1)$，$\widetilde{w}(z_0)=u(z_0)$ がいえる．$\overline{\Delta_r(z_0)}$ で $V_n\leqq W_n$ より $P_{V_n}\leqq P_{W_n}$，ゆえに $\tilde{v}\leqq\widetilde{w}$ がいえ，$\tilde{v}(z_0)-\widetilde{w}(z_0)=0$ より最大値の原理から $\Delta_r(z_0)$ で $\tilde{v}=\widetilde{w}$ をうる．ゆえに，$\tilde{v}(z_1)=\widetilde{w}(z_1)=u(z_1)$ で，z_1 は $\Delta_r(z_0)$ の任意の点だからそこで $\tilde{v}=u$ がいえた．

（ii）の証明．$\omega(z)$ を $\zeta_0\in\partial D$ でのバリアとする．∂D で $|f|\leqq M$ とし，f は ζ_0 で連続だから，任意の $\varepsilon>0$ に対し ζ_0 の近傍 U を，$\zeta\in\partial D\cap U$ なら $|f(\zeta)-f(\zeta_0)|<\varepsilon$ にとれる．$D-U\cap D$ での $\omega(z)$ の最小値を ω_0 とすると $\omega_0>0$ である．

$w(z)=f(\zeta_0)+\varepsilon+(M-f(\zeta_0))(\omega(z)/\omega_0)$ とおく．w は $\overline{D}$ で連続，D で調和である．$\zeta\in\partial D\cap U$ なら，$w(\zeta)\geqq$

$f(\zeta_0)+\varepsilon>f(\zeta)$ となり，$\in\partial D\cap U^c$ なら $\omega(z)$ を ω_0 でおきかえて $w(\zeta)\geqq M+\varepsilon>f(\zeta)$ となる．これより，任意の $v\in B(f)$ に対し最大値の原理より D で $v(z)\leqq w(z)$ をうる．

$w_1(z)=f(\zeta_0)-\varepsilon-(M+f(\zeta_0))(\omega(z)/\omega_0)$ とおく．これも $\overline{D}$ で連続 D で調和である．$\zeta\in\partial D\cap U$ なら $w_1(\zeta)\leqq f(\zeta_0)-\varepsilon<f(\zeta)$ で，$\zeta\in\partial D\cap U^c$ なら $w_1(\zeta)\leqq -M-\varepsilon<f(\zeta)$ より，$w_1\in B(f)$ となり，D で $w_1(z)\leqq u(z)$ となる．D で $w_1(z)\leqq u(z)\leqq w(z)$ となり，$z\in D$，$z\to\zeta_0$ のとき $w_1(z)\to w_1(\zeta_0)=f(\zeta_0)-\varepsilon$，$w(z)\to w(\zeta_0)=f(\zeta_0)+\varepsilon$ である．$\varepsilon>0$ は任意だから，$z\in D, z\to\zeta_0$ のとき $u(z)\to f(\zeta_0)$ をうる．($\lim_{z\to z_0}f(z)=\alpha$ の定義（19頁）とコーシーの収束条件（定理V.1.1)．)

補題 5.8.13　ζ_0 を有界領域 D の境界点とし，ζ_0 を端点とする線分 l が $(l-\{\zeta_0\})\cap\overline{D}=\emptyset$ にとれるとき，ζ_0 での D のバリアは存在する．

証明　l の端点を ζ_0, ζ_1 とし，1次変換 $z'=e^{i\theta}(z-\zeta_0)/(z-\zeta_1)$ で l を正の実軸に写す．$z''=\sqrt{z'}$ は $0<\arg z''<\pi$ として $\boldsymbol{C}-$(正の実軸）で1価正則である．$\omega(z)=\operatorname{Im} z''=\operatorname{Im}\sqrt{e^{i\theta}(z-\zeta_0)/(z-\zeta_1)}$ が求めるバリアになる．

この補題で l の長さはいくら短くてもよく，D の外から短い針でちょっとつつけるような D の境界点はバリアをもつというわけである．D の境界が有限個の正則ジョルダン閉曲線でできているときなどは，D のすべての境界点で D のバリアが存在する．

ディリクレ問題は領域Dによっては∂D上に連続関数を与えても解をもたないことは，次の定理が一例を与える．($D=\{0<|z|<r\}$，$|z|=r$で$f=0$，$z=0$で$f=1$としてみよ．)

定理 5.8.14 (調和関数に対するリーマンの除去可能特異点定理) $u(z)$が$\{0<|z|<r\}$で調和で有界とする．このとき，$\lim_{z\to 0} u(z)=\alpha$が存在し，$u(0)=\alpha$とおくと$u(z)$は$\{|z|<r\}$で調和関数になる．

証明 $0<r'<r$として，$|z|=r'$にuをおいてポアソン積分P_uを作る．$u-P_u$は$\{0<|z|<r'\}$で調和，$\{0<|z|\leqq r'\}$で連続，有界，$|z|=r'$上では0である．$0<|z|\leqq r'$で$|u-P_u|\leqq M$にMをとる．

$v_\varepsilon(z)=\dfrac{M\log(|z|/r')}{\log(\varepsilon/r')}$とおく．$\log|z|$は$\log z$の実部として調和だから，$v_\varepsilon(z)$は$\{\varepsilon\leqq|z|\leqq r'\}$で調和関数で$|z|=r'$では0，$|z|=\varepsilon$では$M$となる．境界上でそうだから最大値の原理より，$\{\varepsilon\leqq|z|\leqq r'\}$で$-v_\varepsilon\leqq u-P_u\leqq v_\varepsilon$となる．$0<|z|<r'$に$z$をとり固定し，$\varepsilon\to+0$とすると，$v_\varepsilon(z)\to 0$となり$u(z)-P_u(z)=0$をうる．ゆえに，$0<|z|<r'$で$u(z)=P_u(z)$で，$P_u(z)$は$\{|z|<r'\}$で調和である．

注 「領域Dの境界の各点に警官が立っている．Dの点zに酔っ払いがおり，ふらふら動いたあげくにDの境界点ξに達すると罰金$f(\xi)$円をとりたてられる．酔っ払いが払う罰金の期待値はいくらか」．この問題の解を$u(z)$とすると，(∂Dと$f(\xi)$の適当な条件の下で) $u(z)$がディリクレ問題の解になることが知ら

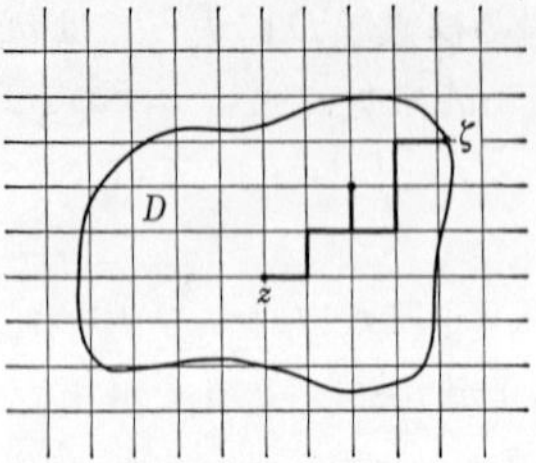

れている[1]．（つまり，$u(z)$ は調和で ∂D での境界値が $f(\zeta)$.）実用的には，D を細かく碁盤の目に切り，正四面体のサイコロでもふって[2] 1なら右，2なら上，3なら左，4なら下ときめて，z から出発し境界に達するまでサイコロの目により1つずつ上下左右に動き，境界に達すればその $f(\zeta)$ を記録する．再び，z から出発して同じことをくり返し，できるだけ多くの回数の実験を行い，期待値 $u(z)$ を実験的に求めるのである（**モンテ・カルロ法**という）．孤立境界点に境界値を与えてもディリクレ問題がとけない（定理5.8.14）のは，孤立境界点に警官が立っていてもそれにぶつかる確率は0だから，期待値に影響を与えないからだと，確率論的に解釈できる．

---

1)　ペトロフスキー（渡辺毅訳）：偏微分方程式論（東京図書），または，一松信：数値計算（至文堂）を参照せよ．

2)　電子計算機では，乱数を作りその乱数を用いる．

第6章　1次変換

この章では非常に特別な形をした関数（1次変換）を扱う．何か問題をとくときに，1次変換をしてときやすい形に写すことはしばしば行われる．そればかりか，1変数関数論においては本質的重要性をもっている（6.7節）．

6.1　1次変換

この章では，

$$S(z)=\frac{az+b}{cz+d},\quad (ad-bc\neq 0)$$

という形の関数を考える．この関数を1次変換といい，その全体を $\mathrm{Aut}(\boldsymbol{P})$[1] とかく．リーマン球面 $\boldsymbol{P}$ を $\boldsymbol{P}$ の上へ1対1正則に写す関数の全体になっている（5.2節参照，とくに問1）．$\mathrm{Aut}(\boldsymbol{P})$ は，$S, T\in\mathrm{Aut}(\boldsymbol{P})$ に対し合成 $S\circ T(z)=S(T(z))$ を乗法とみて群をつくる．複素数の2次正方行列で逆行列をもつものの全体の作る群を $GL(2,\boldsymbol{C})$ とかき，$GL(2,\boldsymbol{C})$ から $\mathrm{Aut}(\boldsymbol{P})$ の上への写像 Φ を

$$\Phi:\begin{pmatrix} a & b \\ c & d \end{pmatrix}\mapsto S(z)=\frac{az+b}{cz+d}$$

で定義すると，これは準同形写像である．群という言葉になじみのうすい読者のためにいっておくと，以上のことは

1)　automorphism.　自己同形（91頁，問2およびその前後を参照）．

次の問題の内容が成立するというだけのことである．

問1　(i)　$S, T, U \in \mathrm{Aut}(\boldsymbol{P}) \Rightarrow (S \circ T) \circ U = S \circ (T \circ U)$,

(ii)　$S \in \mathrm{Aut}(\boldsymbol{P}) \Rightarrow S^{-1} \in \mathrm{Aut}(\boldsymbol{P})$[1],

(iii)　恒等写像 $I(z) = z$ は $\mathrm{Aut}(\boldsymbol{P})$ の元,

(iv)　$\mathrm{Aut}(\boldsymbol{P})$ の元の合成，逆写像の計算には行列の計算を用いてよい．すなわち，$A, B \in GL(2, \boldsymbol{C})$ に対し $\Phi(AB) = \Phi(A) \circ \Phi(B), \Phi(A^{-1}) = \Phi(A)^{-1}$.

問2　$S(z) = (2z+1)/(z+1), T(z) = (3z+1)/(2z+1), U(z) = (z-3)/(z+2)$ のとき，(i)　$S \circ T(z)$, (ii)　$T \circ S(z)$, (iii)　$U^{-1}(z)$, (iv)　$(S \circ T) \circ U(z)$ を求めよ．

6.2　非調和比

1次変換の性質を調べるのに，非調和比という1次変換で不変な量を導入してそれを手掛りにしたい．1次変換

$$S(z) = \frac{az+b}{cz+d}, \quad (ad-bc \neq 0)$$

は $\boldsymbol{P}$ から $\boldsymbol{P}$ の上への1対1写像であり，$c \neq 0$ なら $S(\infty) = a/c, S(-d/c) = \infty$，$c = 0$ なら $S(\infty) = \infty$ となることを注意しておく．

補題 6.2.1　z_1, z_2, z_3 を $\boldsymbol{P}$ の相異なる3点とすると，$S \in \mathrm{Aut}(\boldsymbol{P})$ で，$S(z_1) = 1$, $S(z_2) = 0$, $S(z_3) = \infty$ をみたすものがある．

証明　z_1, z_2, z_3 が無限遠点 ∞ と異なれば，$S(z) = \{(z-z_2)/(z-z_3)\} \cdot \{(z_1-z_3)/(z_1-z_2)\}$ でよい．z_i が無限遠点のときには，この式で z_i を ∞ にとばせばよい．つまり，

1)　S^{-1} は S の逆写像．

$z_1=\infty$ なら $S(z)=(z-z_2)/(z-z_3)$, $z_2=\infty$ なら $S(z)=(z_1-z_3)/(z-z_3)$, $z_3=\infty$ なら $S(z)=(z-z_2)/(z_1-z_2)$ が求めるものである.

注意 この章では無限遠点を別扱いにしなければならないことが多い. しかし, この証明のように, ∞ でない場合を考えその点を ∞ に収束させて ∞ の場合がえられるだろう. いちいちこの例外をことわらず, 省略することがある.

補題 6.2.2 $1, 0, \infty$ を動かさない $S\in\mathrm{Aut}(\boldsymbol{P})$ は恒等写像 I である.

証明 $S(z)=(az+b)/(cz+d)$ で, $S(1)=1$, $S(0)=0$, $S(\infty)=\infty$ とせよ. 容易に, $S(z)=z$ をうる.

定理 6.2.3 (3 点を 3 点に写す 1 次変換の存在と一意性) $\{z_1, z_2, z_3\}$, $\{w_1, w_2, w_3\}$ をそれぞれ $\boldsymbol{P}$ の相異なる 3 点とする. このとき, $S\in\mathrm{Aut}(\boldsymbol{P})$ で $S(z_i)=w_i$ $(i=1,2,3)$ をみたすものは存在し, ただ1つ.

証明 **存在** 補題 6.2.1 により, $T\in\mathrm{Aut}(\boldsymbol{P})$ は $T(z_1)=1$, $T(z_2)=0$, $T(z_3)=\infty$ をみたし, $U\in\mathrm{Aut}(\boldsymbol{P})$ を $U(w_1)=1$, $U(w_2)=0$, $U(w_3)=\infty$ をみたすものとする. $S=U^{-1}\circ T$ が求めるものである.

一意性 $S(z_i)=w_i$ $(i=1,2,3)$, $S_1(z_i)=w_i$ $(i=1,2,3)$ としよう. 同じ U を使って, $U\circ S_1\circ S^{-1}\circ U^{-1}$ を考えると $1, 0, \infty$ を動かさず, 前補題より $U\circ S_1\circ S^{-1}\circ U^{-1}=I$ となる. 左から U^{-1}, 右から $U\circ S$ をかけて $S_1=S$ をうる.

問 1 i を 0 に, ∞ を 2 に, 0 を 1 に写す 1 次変換を求めよ.

問 2 $\{z_1, z_2\}$, $\{w_1, w_2\}$ をそれぞれ $\boldsymbol{P}$ の相異なる 2 点とすると,

$S(z_i)=w_i$ $(i=1,2)$ をみたす1次変換 S は無数にある．$\{z_1, z_2, z_3, z_4\}$, $\{w_1, w_2, w_3, w_4\}$ をそれぞれ $\boldsymbol{P}$ の相異なる4点とすると，$S(z_i)=w_i$ $(i=1,2,3,4)$ をみたす1次変換 S は存在するとは限らない．

定義 6.2.4 z_1, z_2, z_3, z_4 を $\boldsymbol{P}$ の相異なる4点とするとき，z_2 を1に，z_3 を0に，z_4 を ∞ に写す1次変換 S をとり，S による z_1 の像 $S(z_1)$ を z_1, z_2, z_3, z_4 の**非調和比**といい，(z_1, z_2, z_3, z_4) とかく．

前定理によりこの S は一意的で，補題6.2.1を用いてかき下すと

$$(z_1, z_2, z_3, z_4) = \frac{z_1-z_3}{z_1-z_4}\cdot\frac{z_2-z_4}{z_2-z_3}$$

である．(z_1, z_2, z_3, z_4 の中に ∞ があるときは，この式でその z_i を $z_i\to\infty$ とする．)

問3 次の式を証明せよ．

(i) $(\bar{z}_1, \bar{z}_2, \bar{z}_3, \bar{z}_4)=\overline{(z_1, z_2, z_3, z_4)}$,

(ii) $c\neq 0$ なら，$(cz_1, cz_2, cz_3, cz_4)=(z_1, z_2, z_3, z_4)$.

定理 6.2.5（非調和比は1次変換で不変） 任意の $T\in \mathrm{Aut}(\boldsymbol{P})$ と任意の相異なる4点に対し，

$$(z_1, z_2, z_3, z_4) = (T(z_1), T(z_2), T(z_3), T(z_4)).$$

証明 z_2 を1, z_3 を0, z_4 を ∞ に写す1次変換を S, $T(z_2)$ を1, $T(z_3)$ を0, $T(z_4)$ を ∞ に写す1次変換を U としよう．$U\circ T$ は z_2 を1, z_3 を0, z_4 を ∞ に写すから $U\circ T=S$ である．ゆえに，$S(z_1)=U(T(z_1))$ で，非調和比の定義からこれは $(z_1, z_2, z_3, z_4)=(T(z_1), T(z_2), T(z_3),$

$T(z_4)$) と同じである.

問4　a を α に, b を β に, c を γ に写す1次変換は, 等式 $(z,a,b,c)=(w,\alpha,\beta,\gamma)$ を w についてとくことにより求まる. この方法で, 1を2に, 2を i に, 3を -1 に写す1次変換を求めよ.

問5　$\{z_1,z_2,z_3,z_4\}$, $\{w_1,w_2,w_3,w_4\}$ をそれぞれ $\boldsymbol{P}$ の相異なる4点とするとき, $S(z_i)=w_i$ $(i=1,2,3,4)$ をみたす $S\in\mathrm{Aut}(\boldsymbol{P})$ が存在するための必要十分条件を非調和比を用いてかけ.

6.3　円円対応

非調和比の不変性を用いて1次変換の性質を調べよう. 1次変換は複素平面 $\boldsymbol{C}$ ではなくてリーマン球面 $\boldsymbol{P}$ で考察するべきであり, $\boldsymbol{C}$ 上の円周は $\boldsymbol{P}$ 上の円周に, $\boldsymbol{C}$ 上の直線は $\boldsymbol{P}$ 上の ∞ を通る円周に対応する. それで, これからは直線は円周の特別なものとみなし, **円周といえば直線も含むものとする**.

補題 6.3.1　$\boldsymbol{P}$ 上の相異なる4点 z_1,z_2,z_3,z_4 が同一円周上にある $\Longleftrightarrow$ (z_1,z_2,z_3,z_4) が実数.

定理 6.3.2 (1次変換による円円対応)　円周 C の1次変換 S による像 $S(C)$ はまた円周である.

証明　補題を仮定すれば定理の証明は容易である. 円周 C 上に3点 z_1,z_2,z_3 をとると, $S(z_1),S(z_2),S(z_3)$ は1つの円周 C' を定める. z を C 上の任意の点とすると, (z,z_1,z_2,z_3) は補題より実数で, それは非調和比の不変性から $(S(z),S(z_1),S(z_2),S(z_3))$ に等しく, $S(z)$ は C' 上にあることが補題からまたわかる. ゆえに $S(C)\subset C'$ となり,

S^{-1} も1次変換だから $S(C)=C'$ がいえる．

補題の証明 まず，4点 z_i が中心 a，半径 r の円周上にあるとしよう．$z_i-a=r^2/(\bar{z}_i-\bar{a})$ $(i=1,2,3,4)$ をみたす．

$$(z_1,z_2,z_3,z_4) \underset{(イ)}{=} (z_1-a, z_2-a, z_3-a, z_4-a)$$
$$= \overline{\left(\frac{r^2}{\bar{z}_1-\bar{a}}, \frac{r^2}{\bar{z}_2-\bar{a}}, \frac{r^2}{\bar{z}_3-\bar{a}}, \frac{r^2}{\bar{z}_4-\bar{a}}\right)}$$
$$= \overline{\left(\frac{r^2}{z_1-a}, \frac{r^2}{z_2-a}, \frac{r^2}{z_3-a}, \frac{r^2}{z_4-a}\right)}$$
$$\underset{(ロ)}{=} \overline{(z_1,z_2,z_3,z_4)}$$

となる．ここで，(イ) は1次変換 $z\mapsto z-a$ を，(ロ) は $z\mapsto(r^2/z)+a$ をほどこし非調和比の不変性を使った．これで (z_1,z_2,z_3,z_4) が実数になることがわかった．

次に，4点 z_i が直線 $z=a+tb$ $(b\neq 0$, t は実数) 上にあるとしよう．$z_i=a+t_ib$ (t_i は実数) とする．$(z_1,z_2,z_3,z_4)=(z_1-a, z_2-a, z_3-a, z_4-a)=(t_1b, t_2b, t_3b, t_4b)=(t_1,t_2,t_3,t_4)$ で，これは実数になる．

次に，(z_1,z_2,z_3,z_4) が実数と仮定する．まず，z_2, z_3, z_4 が中心 a，半径 r の円周上にある場合を考える．前半と同じ計算をして (z_1,z_2,z_3,z_4) が実数に注意すれば，$(z_1,z_2,z_3,z_4)=(r^2/(\bar{z}_1-\bar{a})+a, z_2, z_3, z_4)$ がえられ，$z_1=r^2/(\bar{z}_1-\bar{a})+a$，すなわち z_1 が同じ円周上にあることがわかる．

z_2, z_3, z_4 が直線上にあるときは，$z_i=a+t_ib$ $(b\neq 0$，t_i は実数，$i=2,3,4)$ とかくと，$(z_1,z_2,z_3,z_4)=((z_1-a)/b, t_2, t_3, t_4)$ となり，これと t_i が実数だから

$$((z_1-a)/b, t_2, t_3, t_4) = \overline{((z_1-a)/b, t_2, t_3, t_4)}$$

$$= (\overline{(z_1-a)/b}, t_2, t_3, t_4)$$

となり，$(z_1-a)/b=t_1$ が実数になる．$z_1=a+t_1b$ で，z_1 も同じ直線上にある．

幾何学的説明[1] 実数ということは偏角が0かπということである．

$$\arg(z_1, z_2, z_3, z_4) = \arg\frac{z_1-z_3}{z_1-z_4} - \arg\frac{z_2-z_3}{z_2-z_4}$$

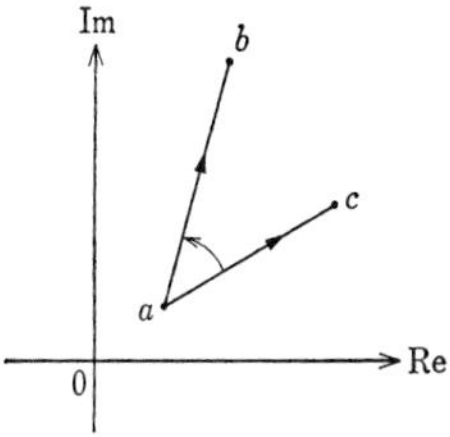

で，複素数 $b-a$ は a から b に向かうベクトルをあらわし $\arg(b-a)$ はそれの実軸とのなす角であり，$\arg(b-a)/(c-a)=\arg(b-a)-\arg(c-a)$ は線分 $\overrightarrow{ac}$ から線分 $\overrightarrow{ab}$ へのなす角をあらわすことに注意せよ．(偏角の多価性 (2π の整数倍の差) とか，点の位置関係は適当に解釈する．図示による‘証明’はこの点のあいまいさがつきまとう．) ゆえに，$\arg(z_1, z_2, z_3, z_4)=0$ または π は，次頁の図で $\theta-\varphi=0$ または π を意味し，‘円周角の一定’あるいは‘円の内接四角形の対頂角の和は π’ということを意味している．

1次変換 S により円周 C は円周 $S(C)$ に写るが，そのとき，C の‘内部’，‘外部’はそれぞれ $S(C)$ の‘内部’，‘外部’に写る．これは‘正しい’が，さて，リーマン球面上に円周 C があるとき C の内部とは何か？（例えば C が赤道なら．）円周 C 上に3点 z_2, z_3, z_4 を（順序をこの順につけて）とると C に向きが定まる．C の補集合は2つの連結成分にわかれ，$\mathrm{Im}(z_1, z_2, z_3, z_4)$ は z_1 がどちらの成分に属するかで正か負になる．(z_1 が C 上にあれば0である．) z_1 が C の向きの左側の成分に属すれば負，右側なら正となるこ

1) 直観的にかく．お話として読んでほしい．

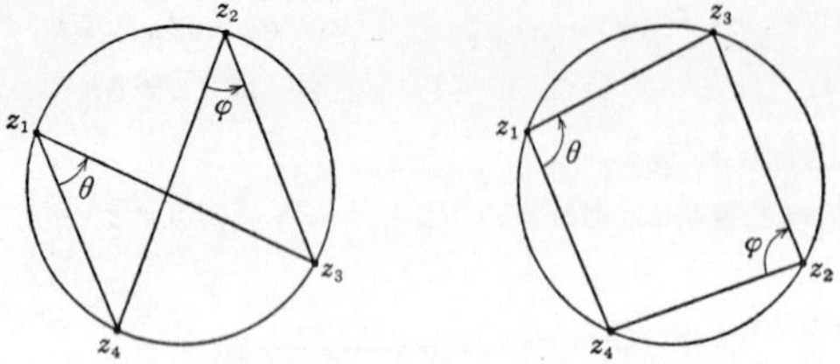

とは，上の図からわかる．(z_1 を円の内外へ少し動かして θ の増減をみよ．$\theta-\varphi=\arg(z_1, z_2, z_3, z_4)$ である．) 円周 C 上に 3 点 z_2, z_3, z_4 を順にとり向きをつけ，$\{z_1 ; \operatorname{Im}(z_1, z_2, z_3, z_4)<0\}$ をかりに C の内側というと，円周 $S(C)$ を $S(z_2), S(z_3), S(z_4)$ により向きをつけると，1 次変換 S によって C の内側は $S(C)$ の内側に写ることが，非調和比の不変性からわかる．

6.4 対称点保存

次のように定義すれば，その次の定理は非調和比の不変性からほとんど明らかであろう．

定義 6.4.1 点 z, z^* が円周 $\boldsymbol{C}$ に関し対称 $\Longleftrightarrow$ C 上に相異なる 3 点 z_1, z_2, z_3 があり，$(z, z_1, z_2, z_3)=\overline{(z^*, z_1, z_2, z_3)}$.

定理 6.4.2 (対称点保存) S を 1 次変換，z と z^* は円周 C に関し対称 $\Longrightarrow$ $S(z)$ と $S(z^*)$ は $S(C)$ に関し対称．

しかし，これでは対称の意味がはっきりしないので，次の補題を示す．上の定義では，$(z, z_1, z_2, z_3)=\overline{(z^*, z_1, z_2, z_3)}$ をみたす C 上の 3 点 z_1, z_2, z_3 が 1 組あればよいようにかいたが，そのときには C 上の任意の相異なる 3 点の組に対しても同じ等式が成り立つこともわかるだろう．

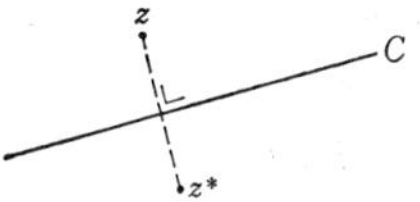

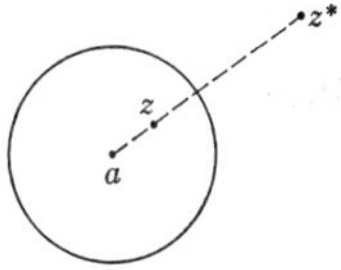

$|z-a|\cdot|z^*-a|=r^2$

補題 6.4.3 点 z, z^* が円周 C に関し対称 $\Longleftrightarrow$

（i） C が直線のとき：C は線分 $\overrightarrow{zz^*}$ の垂直二等分線.

（ii） C が中心 a, 半径 r の円周のとき：z と z^* は a からでる半直線上にあり, $|z-a|\cdot|z^*-a|=r^2$.（とくに z が中心 a なら $z^*=\infty$.）

証明 まず, (i)(ii) の条件を式にかく. 直線 C を $z=a+bt$ (t は実数) とかく. $|b|=1$ として $b=e^{i\theta}$ としてよい. a が原点になるように平行移動し, 次に $-\theta$ だけ原点を中心に回転する. つまり, $z\mapsto\zeta=e^{-i\theta}(z-a)$ とすると, 直線 C は実軸になる. ζ 平面で, z, z^* の像 $e^{-i\theta}(z-a)$, $e^{-i\theta}(z^*-a)$ が実軸に関し (i) の意味で対称なのは $e^{-i\theta}(z-a)=\overline{e^{-i\theta}(z^*-a)}$ となることである. これをかきなおすと $(z-a)/b=\overline{((z^*-a)/b)}$ となる. 次に円の場合, z, z^* が a からでる半直線上にあるというのは $z^*-a=k(z-a)$ $(k>0)$ とかける.

$$|z-a||z^*-a|=|z-a|^2\cdot\frac{|z^*-a|}{|z-a|}$$

$$=|z-a|^2\frac{(z^*-a)}{(z-a)}=(\bar{z}-\bar{a})(z^*-a)$$

となり, (ii) の条件は $(\bar{z}-\bar{a})(z^*-a)=r^2$ とかける. 逆

に，この式が（ii）と同じであることもいえる．

補題の証明をする．まず，C が直線 $z=a+bt$ のとき．

$z_i=a+bt_i$（t_i は実数，$i=1,2,3$）とする．$(z, z_1, z_2, z_3)=(z-a, z_1-a, z_2-a, z_3-a)=(z-a, bt_1, bt_2, bt_3)=((z-a)/b, t_1, t_2, t_3)$ となる．同様に $(z^*, z_1, z_2, z_3)=((z^*-a)/b, t_1, t_2, t_3)$ で，$(z, z_1, z_2, z_3)=\overline{(z^*, z_1, z_2, z_3)}$ は t_i が実数だから $(z-a)/b=\overline{((z^*-a)/b)}$ と同値，すなわち（i）と同値である．

次に，C が円 $|z-a|=r$ のとき．$z_i-a=r^2/(\bar{z}_i-\bar{a})$（$i=1,2,3$）である．

$$
\begin{aligned}
(z, z_1, z_2, z_3) &= (z-a, z_1-a, z_2-a, z_3-a) \\
&= (z-a, r^2/(\bar{z}_1-\bar{a}), r^2/(\bar{z}_2-\bar{a}), r^2/(\bar{z}_3-\bar{a})) \\
&= \overline{(\bar{z}-\bar{a}, r^2/(z_1-a), r^2/(z_2-a), r^2/(z_3-a))} \\
&\underset{(イ)}{=} \overline{\left(\frac{r^2}{\bar{z}-\bar{a}}+a, z_1, z_2, z_3\right)}
\end{aligned}
$$

となる．（（イ）では，1次変換 $z \mapsto r^2/z+a$ を用いた．）ゆえに，対称の定義の式は $z^*=r^2/(\bar{z}-\bar{a})+a$，すなわち（ii）と同値である．（$z$ が中心 a なら z^* は無限遠点 ∞ になることも，上の式変形からわかる．）

6.5 単位円，上半平面の自己等角写像

正則関数は等角写像であるから（定理 1.6.1），**1次変換は等角写像**である．まず，単位円 $\varDelta=\{|z|<1\}$ を $\varDelta$ の上に写す1次変換 S を求めよう．$a\in\varDelta$ が原点に写るとすると，単位円周 $\partial\varDelta$ に関する a の対称点は $1/\bar{a}$ だから，$1/\bar{a}$

が無限遠点に写る．ゆえに，$S(z)=c(z-a)/(\bar{a}z-1)$ となる（c は定数）．$|z|=1$ なら $|S(z)|=1$ だから，

$$1=\frac{|c||z-a|}{|\bar{a}z-1|}=\frac{|c||z-a|}{|\bar{z}||\bar{a}z-1|}=\frac{|c||z-a|}{|\bar{a}-\bar{z}|}$$
$$=|c|$$

がわかる．

$$(6.5.1)\quad S(z)=e^{i\theta}\frac{z-a}{\bar{a}z-1},\quad (|a|<1,\ 0\leqq\theta<2\pi)$$

が求めるものである．

問 1 (6.5.1) の S が単位円 Δ を Δ の上に 1 対 1 に写すことを直接に確かめよ．

次に，上半平面 $H=\{z\,;\,\mathrm{Im}\,z>0\}$ を単位円 Δ の上に写す 1 次変換 T を求めよう．$a\in H$ が $0\in\Delta$ に写るとすると，a の ∂H に関する対称点 $\bar{a}$ が ∞ に写ることになり，$T(z)=c(z-a)/(z-\bar{a})$ がわかる．$z\in\partial H$，つまり z が実数のとき $|T(z)|=1$ より，$1=|c||z-a|/|z-\bar{a}|=|c|$ をうる．ゆえに，

$$(6.5.2)\quad T(z)=e^{i\theta}\frac{z-a}{z-\bar{a}},\quad (\mathrm{Im}\,a>0,\ 0\leqq\theta<2\pi)$$

が求めるものである．

問 2 (6.5.2) の T が H を Δ の上に 1 対 1 に写すことを直接に確かめよ．

問 3 単位円 Δ を上半平面 H の上に写す 1 次変換を求めよ．

次に，上半平面 H を H に写す 1 次変換 S を求めよう．実軸上の 3 点 α_i が実軸上の 3 点 β_i に写るから，$(z,\alpha_1,\alpha_2,$

$\alpha_3)=(S(z),\beta_1,\beta_2,\beta_3)$ となり，これを $S(z)$ についてとくと，$S(z)=(az+b)/(cz+d)$ $(a,b,c,d$ は実数）の形になることがわかる．逆に，a,b,c,d が実数なら z が実数のとき $S(z)$ も実数になる．$\mathrm{Im}\,S(z)=(ad-bc)(\mathrm{Im}\,z/|cz+d|^2)$ となり，

$$(6.5.3)\quad S(z)=\frac{az+b}{cz+d},\quad (a,b,c,d \text{ は実数，} ad-bc>0)$$

が H を H に写す．分母分子を定数倍して $ad-bc=1$ にできる．

以上のようにして，Δ や H を相互に写す1次変換を求めたが，次節で証明するように正則関数による写像（等角写像）がそれだけであることがわかり，次の定理をうる．

定理 6.5.1 （i） 単位円 Δ を Δ の上へ1対1に写す正則関数 $f(z)$ は

$$f(z)=e^{i\theta}\frac{z-a}{\bar{a}z-1},\quad (|a|<1,\ 0\leqq\theta<2\pi)$$

の形をしており，それに限る．

（ii） 上半平面 H を H の上へ1対1に写す正則関数 $f(z)$ は

$$f(z)=\frac{az+b}{cz+d},\quad (a,b,c,d \text{ は実数，} ad-bc=1)$$

の形をしており，それに限る．

（iii） 上半平面 H を単位円 Δ の上へ1対1に写す正則関数 $f(z)$ は

$$f(z) = e^{i\theta}\frac{z-a}{z-\bar{a}},\quad (\mathrm{Im}\, a>0,\ 0\leqq\theta<2\pi)$$

の形をしており，それに限る．

問 4　円の外 $\{|z-2|>2\}$ を上半平面へ写す 1 次変換を 1 つ求めよ．

問 5　$\{z\,;\,0<\arg z<\pi/3\}$ を単位円の上へ 1 対 1 に写す等角写像を求めよ．（ヒント：まず 3 乗してみる．）

問 6　半円 $\{z\,;\,|z|<1, \mathrm{Im}\, z>0\}$ を単位円の上へ 1 対 1 に写す等角写像を求めよ．（ヒント：$|z|=1$ と実軸との交点を 1 次変換で ∞ に写してみよ．）

問 7　1/4 円 $\{z\,;\,|z|<1, \mathrm{Im}\, z>0, \mathrm{Re}\, z>0\}$ を単位円の上へ 1 対 1 に写す等角写像を求めよ．（ヒント：まず 2 乗せよ．）

6.6　シュヴァルツの補題と写像の一意性

定理 6.5.1 の一意性を証明するために，次章でも重要な役割を果たす補題を述べる．

補題 6.6.1（シュヴァルツ）　$f(z)$ は $\Delta=\{|z|<1\}$ で正則，$|f(z)|<1$ とする．（つまり，Δ から Δ への正則写像．）さらに，$f(0)=0$ をみたすなら，任意の $z\in\Delta$ で $|f(z)|\leqq|z|$ が成立する．

さらにこのとき，$|f(z_0)|=|z_0|$ をみたす点 $z_0\in\Delta, z_0\neq 0$ が存在すれば，$f(z)=cz, |c|=1$ である．

証明　$f(0)=0$ より，$\varphi(z)=f(z)/z$ は $\varphi(0)=f'(0)$ とおけば原点も含めて Δ で正則である．$0<r<1$ に r をとり，$|z|\leqq r$ で最大値の原理（系 2.2.2）を用いると，

$$\sup_{|z|\leqq r}|\varphi(z)| = \sup_{|z|=r}\left|\frac{f(z)}{z}\right| = \frac{1}{r}\sup_{|z|=r}|f(z)| \leqq \frac{1}{r}$$

が成り立つ．$|z|\leqq r$ のとき，$|f(z)/z|\leqq 1/r$ がわかったが，$r\to 1$ として，$|z|<1$ で $|f(z)/z|\leqq 1$，ゆえに $|f(z)|\leqq |z|$ がわかる．

1 点 $z_0\in\varDelta$，$z_0\neq 0$ で $|f(z_0)|=|z_0|$ となると，$|\varphi(z)|=|f(z)/z|$ は z_0 で最大値をとり，ゆえに定数関数 c になり，$|c|=1$ である．

系 6.6.2　$f(z)$ は $|z|<1$ で正則，$|f(z)|<1$ をみたし，$f(0)=0$ とする．このとき，$|f'(0)|\leqq 1$ である．ここで，$|f'(0)|=1$ が成立するのは，$f(z)=cz, |c|=1$ のときに限る．

証明　補題の証明中の $\varphi(z)$ に，$z=0$ で最大値の原理を適用すればよい．

定理 6.5.1 の一意性の証明　(i)　φ を単位円 $\varDelta$ を $\varDelta$ の上へ 1 対 1 正則に写す写像とする．このとき，φ は (6.5.1) の形の 1 次変換であることを示す．

φ は上への写像だから $\varphi(a)=0$ をみたす $a\in\varDelta$ がある．a を 0 に写し $\varDelta$ を $\varDelta$ の上に写す 1 次変換 $\zeta=S(z)=(z-a)/(\bar{a}z-1)$ をとる．$\varphi\circ S^{-1}(\zeta)$ は $\varDelta$ を $\varDelta$ の上へ 1 対 1 に写し $\varphi\circ S^{-1}(0)=0$ であり，ゆえに，$(\varphi\circ S^{-1})^{-1}(w)$ も同様である．この両者にシュヴァルツの補題を用いて，$|\varphi\circ S^{-1}(\zeta)|\leqq|\zeta|, |(\varphi\circ S^{-1})^{-1}(w)|\leqq|w|$ をうる．第 2 の不等式で $w=\varphi\circ S^{-1}(\zeta)$ とおくと，$|\zeta|\leqq|\varphi\circ S^{-1}(\zeta)|$ となり，第 1 の不等式は等号で成立し，ゆえに，$\varphi\circ S^{-1}(\zeta)=c\zeta, |c|=1$

がわかる．$\zeta=S(z)$ とおくと，$\varphi(z)=cS(z)=c(z-a)/(\bar{a}z-1)$ となる．

（ii） φ は上半平面 H を H の上へ 1 対 1 正則に写すとしよう．φ はこのとき (6.5.3) の形の 1 次変換になることを示す．

まず $\varphi(i)=i$ と仮定する．$S(z)=(z-i)/(z+i)$ により，上半平面 H は単位円 Δ に写り，i は 0 に写る．$S\circ\varphi\circ S^{-1}$, $(S\circ\varphi\circ S^{-1})^{-1}$ にシュヴァルツの補題を用いて，$|S\circ\varphi\circ S^{-1}(\zeta)|\leqq|\zeta|$, $|(S\circ\varphi\circ S^{-1})^{-1}(w)|\leqq|w|$ が成り立ち，$w=S\circ\varphi\circ S^{-1}(\zeta)$ を第 2 の不等式に代入し，結局 $|S\circ\varphi\circ S^{-1}(\zeta)|=|\zeta|$ がわかり，$S\circ\varphi\circ S^{-1}(\zeta)=c\zeta, |c|=1$ をうる．$\zeta=S(z)$ とおき，$S\circ\varphi(z)=cS(z)$ となる．$\dfrac{\varphi(z)-i}{\varphi(z)+i}=c\dfrac{z-i}{z+i}$ から，$\varphi(z)=\dfrac{i(1+c)z-(1-c)}{(1-c)z+i(1+c)}$ となり，$c=1$ ならば $\varphi(z)=z, c\neq1$ なら $|c|=1$ に注意し分母分子に $1-\bar{c}$ をかけて $\varphi(z)=\{(-2\operatorname{Im}c)z-|1-c|^2\}/\{|1-c|^2z-2\operatorname{Im}c\}$ となり φ は (6.5.3) の形である．

$\varphi(i)=\alpha+\beta i\neq i$ のとき，$\beta>0$ だから $T(z)=(z-\alpha)/\beta$ は H を H に $\alpha+\beta i$ を i に写す．$\tilde{\varphi}=T\circ\varphi$ は H を H の上へ 1 対 1 正則に写し $\tilde{\varphi}(i)=i$ だから (6.5.3) の形で，$\varphi=T^{-1}\circ\tilde{\varphi}$ もまたそうなる．

注意 φ が 1 次変換になることは，(i) を使えば明らかである．$\varphi(a)=b$ $(a\in H)$ として，$S(z)=(z-a)/(z-\bar{a})$，$R(w)=(w-b)/(w-\bar{b})$ とおき，$R\circ\varphi\circ S^{-1}=U$ を考えると Δ を Δ の上に 1 対 1 に写し，(i) より 1 次変換になる．$\varphi=R^{-1}\circ U\circ S$ だから φ もそうなる．

(iii) よりもっと一般なリーマンの写像定理（定理 5.7.1）の一意性の証明をしよう．D を単連結領域，f, g は D を単位円 $\varDelta$ の上へ1対1に写す正則関数で，$z_0 \in D$ で $f(z_0)=g(z_0)=0, f'(z_0)>0, g'(z_0)>0$ をみたすものとする．このとき，$f=g$ を示す．

$f \circ g^{-1}, g \circ f^{-1}$ にシュヴァルツの補題の系 6.6.2 を適用する．$|(f \circ g^{-1})'(0)| \leqq 1, |(g \circ f^{-1})'(0)| \leqq 1$ となるが，$g \circ f^{-1}=(f \circ g^{-1})^{-1}$ と逆関数の微分法より $(g \circ f^{-1})'(0)=1/(f \circ g^{-1})'(0)$ となり，結局 $|(f \circ g^{-1})'(0)|=1$ となり，系 6.6.2 より $f \circ g^{-1}(w)=cw, |c|=1$ をうる．合成関数と逆関数の微分法より，$c=(f \circ g^{-1})'(0)=f'(z_0)/g'(z_0)$ となり，仮定より $c>0$ ゆえに $c=1$ がわかる．$f \circ g^{-1}(w)=w$，ゆえに $f=g$ をうる．

問　上半平面 H を単位円 $\varDelta$ の上に1対1正則に写す関数は (6.5.2) の形の1次変換に限る．

6.7 1次変換の重要性

1次変換は性質がよくわかり簡単だから有用であるが，実は本質的な意味をもっていることを証明なしにかいておく．気軽に読んでほしい．（くわしくは，文献〔9〕,〔10〕を参照.）

第1の事実．任意の領域（リーマン面でもよい）D に対し，普遍被覆面 $\widetilde{D}$ が存在する．（普遍被覆面とは単連結リーマン面 $\widetilde{D}$ で，$\widetilde{D}$ から D の上への正則写像 φ でちょっとした条件（定義 7.3.1 参照）をみたすもの.）

第2の事実．単連結リーマン面は，リーマン球面 $\boldsymbol{P}$ か，全平面 $\boldsymbol{C}$ か，単位円 $\varDelta=\{|z|<1\}$ のいずれかと解析的同形である（ケー

べの一意化定理).

第3の事実. $\varphi : \widetilde{D} \to D$ を普遍被覆面とし, $\widetilde{D}$ の解析的自己同形群を $\mathrm{Aut}(\widetilde{D})$ とかく. $\Gamma = \{\sigma \in \mathrm{Aut}(\widetilde{D}) ; \varphi \circ \sigma = \varphi\}$ は $\mathrm{Aut}(\widetilde{D})$ の部分群で真に不連続で不動点なし[1]とよばれる条件をみたす. $\widetilde{D}$ 上の正則(有理形)関数 $\tilde{f}$ で, 任意の $\sigma \in \Gamma, w \in \widetilde{D}$ に対し $\tilde{f}(\sigma(w)) = \tilde{f}(w)$ をみたすものを, Γ に関する**保形関数**という. このとき, D 上の正則(有理形)関数 f に対し $\tilde{f} = f \circ \varphi$ は Γ に関し保形関数になるし, 逆に Γ に関する保形関数 $\tilde{f}$ に対し D での正則(有理形)関数 f があり $\tilde{f} = f \circ \varphi$ とかける.

第4の事実. 単連結リーマン面 $\widetilde{D}$ の解析的自己同形群 $\mathrm{Aut}(\widetilde{D})$ の真に不連続で不動点なしの部分群 Γ をとる. $w, w' \in \widetilde{D}$ に対し $w' = \sigma(w)$ となる $\sigma \in \Gamma$ が存在するとき, w, w' を Γ 同値とよび, その同値類の集合を $D = \widetilde{D}/\Gamma$ とかく. D はリーマン面となり, 自然な写像 $\varphi : \widetilde{D} \to D$ は普遍被覆面になる.

以上のことから, $\mathrm{Aut}(\boldsymbol{P}), \mathrm{Aut}(\boldsymbol{C}), \mathrm{Aut}(\Delta)$ の真に不連続で不動点なしの部分群 Γ をすべて求めることが, すべてのリーマン面を求めることになるし, その Γ に関する保形関数がすべての正則(有理形)関数になる. $\mathrm{Aut}(\boldsymbol{P})$ は1次変換群であるし, $\mathrm{Aut}(\boldsymbol{C})$ は $z \mapsto az + b$ $(a \neq 0)$ の形の1次変換の全体, $\mathrm{Aut}(\Delta)$ は $z \mapsto e^{i\theta}(z-a)/(\bar{a}z-1)$ $(0 \leqq \theta < 2\pi, |a| < 1)$ の形の1次変換の全体であり, いずれにしても1次変換の作る群である. 1変数の正則(有理形)関数論は, 1次変換群の(真に不連続で不動点なしの)部分群とその保形関数の研究であるといえる.

実は, 普遍被覆面が $\boldsymbol{P}$ か $\boldsymbol{C}$ になるのは, $\boldsymbol{P}$ と $\boldsymbol{C}$ と $\boldsymbol{C} - \{0\}$ とトーラスだけで, その他はすべて単位円 Δ になることがわかる.

1) $\widetilde{D}$ の任意のコンパクト集合 K に対し, $\{\sigma \in \Gamma ; \sigma(K) \cap K \neq \emptyset\}$ が有限集合になるとき, Γ は真に不連続という. 恒等写像でない任意の $\sigma \in \Gamma$ と任意の $w \in \widetilde{D}$ に対し $\sigma(w) \neq w$ となるとき, Γ は不動点なしという.

次章でこの場合を双曲型と名づけ研究するが，少数の例外を除きほとんどすべての領域（リーマン面）が双曲型なのである．

多変数関数論では，（2次元以上の）単連結複素多様体はいろいろあってケーベの一意化定理のようにはいかない．また，単連結複素多様体の解析的自己同形群も複雑で，例えば2次元ユークリッド空間 $\boldsymbol{C}^2$ の $\mathrm{Aut}(\boldsymbol{C}^2)$ も大きすぎてよくわからない．

問1 $\sigma\in\mathrm{Aut}(\boldsymbol{P})$ が恒等写像でないときは，$\sigma(z)=z$ となる $z\in\boldsymbol{P}$ が必ず存在する．（1つか2つのどちらかである．）

問2 $\sigma\in\mathrm{Aut}(\boldsymbol{C})$ が恒等写像でないとき，$\sigma(z)=z$ となる $z\in\boldsymbol{C}$ が存在しないのは $\sigma(z)=z+b$ （$b\neq0$） とかけるときである．

問3 $\mathrm{Aut}(\boldsymbol{C})$ の部分群 Γ が $\sigma_n: z\mapsto z+b_n$ （$b_n\neq0, \lim_{n\to\infty} b_n=0$） を含むならば，$\Gamma$ は真に不連続ではない．

注 問1から $\mathrm{Aut}(\boldsymbol{P})$ の真に不連続で不動点なしの部分群は{恒等写像}だけで，$\boldsymbol{P}$ を普遍被覆面とするリーマン面は $\boldsymbol{P}$ だけである．問1，問2と定理8.1.1から，$\mathrm{Aut}(\boldsymbol{C})$ の真に不連続で不動点なしの部分群は，{恒等写像}と，$\omega\neq0$ があり $\Gamma_1=\{z\mapsto z+n\omega\,;\,n=0,\pm1,\pm2,\cdots\}$ と，177頁で定義する $\Gamma_2=\Gamma(\omega_1,\omega_2)$ の3種類である．$\boldsymbol{C}/\Gamma_1$ は平行な帯となり，定数をかけ次に e^z で写すと $\boldsymbol{C}-\{0\}$ に写る．$\boldsymbol{C}/\Gamma_2$ はトーラスで，それは第8章で研究する．

第7章　ポアンカレ計量

この章では，単位円（＝上半平面）にポアンカレ計量とよばれる計量をいれ，それから双曲型領域に正則写像が「距離」を縮小する写像となるような「距離」を定義する．それを用いて，関数論全体の中で重要な位置をしめるピカールの大定理を証明し，さらに正規族について論ずる．（なお，その途中で，複素平面から2点を抜いた残りが双曲型領域であることを用いるが，その証明は8.8節に残される．）最後の節の円環領域は，複素多様体のモジュラス，解析的自己同形群などについて，最も簡単な実例を提供するもので，覚えておいて損はしない．

7.1　ベルグマン計量

この節は読まなくてもよい．ただ次節においてポアンカレ計量を頭ごなしに定義するので，その弁解をする．

Dを複素平面の領域とし，

$$L_h{}^2(D)=\left\{f(z)\,;D\text{で正則，}\iint_D|f(z)|^2dxdy<+\infty\right\}$$

とおく．$f,g\in L_h{}^2(D)$に対し，

$$(f,g)=\iint_D f(z)\overline{g(z)}dxdy$$

と定義する．$L_h{}^2(D)$は普通の関数の和と定数倍の演算で線形空間（複素数体上の）となり，(f,g)は内積を定義する．$\|f\|=\sqrt{(f,f)}$とおく．次の定理が成り立ち，$L_h{}^2(D)$は完備で，ヒルベルト空間になる．

定理 7.1.1　$\{f_n\}_{n=1,2,\cdots}\subset L_h{}^2(D)$．任意の$\varepsilon>0$に対し番号$n$

が定まり，$n<p<q$ なら $\|f_p-f_q\|<\varepsilon$ をみたすとする．このとき，$f\in L_h^2(D)$ が存在し，$\lim_{n\to\infty}\|f_n-f\|=0$.

証明は方針だけかいて読者にまかす．まず，$f(z)$ が $\Delta_r=\{z\,;\,|z-z_0|\leqq r\}$ で正則ならば，$|f(z_0)|^2\leqq\dfrac{1}{\pi r^2}\displaystyle\iint_{\Delta_r}|f(z)|^2dxdy$ を示す．($f(z)^2$ にコーシーの積分公式を使う.) 次にこれを用いて，D 内のコンパクト集合上で $\{f_n\}$ が一様収束の条件（定理V.3.1）をみたすことを示し，f_n がある f に D でコンパクト一様収束することをみる．$f\in L_h^2(D)$ で，$\|f_n-f\|\to 0$ はみやすい．

問1* $L_h^2(\boldsymbol{C})=\{0\}$.

問2* $\Delta=\{z\,;\,|z|<1\},\Delta^*=\{z\,;\,0<|z|<1\}\Rightarrow L_h^2(\Delta)=L_h^2(\Delta^*)$
（リーマンの除去可能特異点定理（3.2.3(i)）の拡張）.

$L_h^2(D)$ はたかだか可算個の完備な正規直交系 $\{\varphi_n(z)\}$ をもつことが示される．$K(z)=\sum_{n=1}^{\infty}|\varphi_n(z)|^2$ は D でコンパクト一様収束し，D で実解析的関数となる．$B(z)=\partial^2\log K(z)/\partial z\partial\bar{z}$ を D のベルグマン計量という．D が有界領域の場合などは $L_h^2(D)$ は十分たくさんの関数を含み，いたるところ $B(z)>0$ となる．このとき，曲線 C の「長さ」を $\int_C\sqrt{B(z)}|dz|$ と定義し，2点 p,q の「距離」をそれを結ぶ曲線の「長さ」の下限と定義する．次節で D が単位円のときには証明をするが，D の解析的自己同形（D を D の上に1対1正則に写す写像）により，この「距離」は不変である．つまり，このベルグマン「距離」は D の解析的自己同形群で不変な距離であり，この群とこの「距離」で領域 D の幾何学が成立する．

次節で単位円 Δ の幾何学を行うために，Δ のベルグマン計量を計算しておく．$1,z,z^2,\cdots$ は $L_h^2(\Delta)$ の元で，線形独立であり，任意の $L_h^2(\Delta)$ の元はこの線形結合の極限としてかける．(証明を読者は試みよ．$f_n\to f$ とは $\|f_n-f\|\to 0$ のことに注意.) これを正規直交化すると，$\sqrt{1/\pi}$，$(\sqrt{2/\pi})z,\cdots,(\sqrt{(n+1)/\pi})z^n,\cdots$ となる．$K(z)=\sum_{n=0}^{\infty}((n+1)/\pi)|z|^{2n}=(1/\pi)(1/(1-|z|^2)^2)$ となり，

$B(z)=\partial^2\log K(z)/\partial z\partial\bar{z}=2/(1-|z|^2)^2$ となる.

7.2 単位円の非ユークリッド幾何学

単位円 $\{|z|<1\}$ を $\varDelta$ とかく. $\varDelta$ 内の正則曲線 C の「長さ」$l(C)$ を $l(C)=\int_C |dz|/(1-|z|^2)$ と定義する[1]. $|dz|/(1-|z|^2)$ を単位円の**ポアンカレ計量**という.

補題 7.2.1 $\varphi:\varDelta\to\varDelta$ を上への 1 対 1 正則写像とする. このとき, $\varDelta$ 内の正則曲線 C に対し, $l(C)=l(\varphi(C))$.

証明 定理 6.5.1 より $w=\varphi(z)=e^{i\theta}(z-a)/(\bar{a}z-1)$ とかける ($|a|<1, 0\leqq\theta<2\pi$). 曲線 C を $z=z(t)$ ($\alpha\leqq t\leqq\beta$) とすると, 曲線 $\varphi(C)$ は $w=w(t)=e^{i\theta}(z(t)-a)/(\bar{a}z(t)-1)$ ($\alpha\leqq t\leqq\beta$) とかける.

$$\left|\frac{dw}{dz}\right|=\left|e^{i\theta}\frac{(\bar{a}z-1)-(z-a)\bar{a}}{(\bar{a}z-1)^2}\right|=\frac{1-|a|^2}{|\bar{a}z-1|^2},$$

$$\begin{aligned}1-|w|^2&=1-\frac{|z-a|^2}{|\bar{a}z-1|^2}\\&=\frac{|\bar{a}z-1|^2-|z-a|^2}{|\bar{a}z-1|^2}=\frac{(1-|z|^2)(1-|a|^2)}{|\bar{a}z-1|^2}\end{aligned}$$

となる.

$$l(\varphi(C))=\int_{\varphi(C)}\frac{|dw|}{1-|w|^2}=\int_\alpha^\beta\frac{1}{1-|w(t)|^2}\left|\frac{dw}{dt}\right|dt$$

---

1) $\int_C |dz|$ が曲線 C の普通の意味での長さである. この節では新しく曲線の長さ, 2 点間の距離, 直線などを定義して, 非ユークリッド幾何を作る. 新しく定義された普通の意味とは異なる (非ユークリッド的) 言葉は「…」をつけてかくことにしよう.

$$= \int_\alpha^\beta \frac{1}{1-|w(t)|^2}\left|\frac{dw}{dz}\right|\left|\frac{dz}{dt}\right|dt$$

$$= \int_\alpha^\beta \frac{|\bar{a}z(t)-1|^2}{(1-|z(t)|^2)(1-|a|^2)} \cdot \frac{1-|a|^2}{|\bar{a}z(t)-1|^2}|z'(t)|dt$$

$$= \int_\alpha^\beta \frac{|z'(t)|}{1-|z(t)|^2}dt = \int_C \frac{|dz|}{1-|z|^2} = l(C).$$

定義 7.2.2 2点 $z_1, z_2 \in \Delta$ に対し，z_1 と z_2 を結ぶ Δ 内の正則曲線をすべて考え，その「長さ」の下限を z_1 と z_2 の「距離」とよび $p(z_1, z_2)$ とかく．(ポアンカレ距離ともいう．)

補題 7.2.3 $z_1, z_2 \in \Delta$ に対し

$$p(z_1, z_2) = \frac{1}{2}\log\frac{1+r}{1-r}, \quad r = \left|\frac{z_1 - z_2}{1-\bar{z}_1 z_2}\right|$$

である．z_1, z_2 を結ぶ曲線 C_0 で $l(C_0) = p(z_1, z_2)$ となるものがただ1つ存在し，それは単位円周 $\partial\Delta$ と直交し z_1, z_2 を通る円周の，z_1 と z_2 の間の部分である．(とくに，z_1, z_2 が単位円の直径の上にのっていれば，z_1, z_2 を結ぶ線分．)

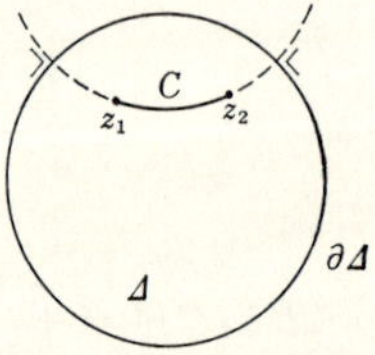

証明 前補題により，Δ を Δ の上に1対1に写す1次変換 $\varphi(z) = e^{i\theta}(z-z_1)/(\bar{z}_1 z - 1)$ をしても曲線の「長さ」はかわらない．θ を $\varphi(z_2) > 0$ となるようにとっておく．結

局，z_1, z_2 が $\varphi(z_1)=0, \varphi(z_2)=r>0$ のときに考えればよい．0 と r を結ぶ Δ 内の正則曲線 C を $z=z(t)=x(t)+iy(t)$ $(\alpha \leqq t \leqq \beta)$ とする．

$$\frac{|z'(t)|}{1-|z(t)|^2}=\frac{\sqrt{x'(t)^2+y'(t)^2}}{1-(x(t)^2+y(t)^2)} \geqq \frac{|x'(t)|}{1-x(t)^2}$$

$$\geqq \frac{x'(t)}{1-x(t)^2}$$

から，

$$l(C)=\int_\alpha^\beta \frac{|z'(t)|}{1-|z(t)|^2}dt$$

$$\geqq \int_\alpha^\beta \frac{x'(t)}{1-x(t)^2}dt$$

$$=\int_0^r \frac{du}{1-u^2}=\frac{1}{2}\log\frac{1+r}{1-r}$$

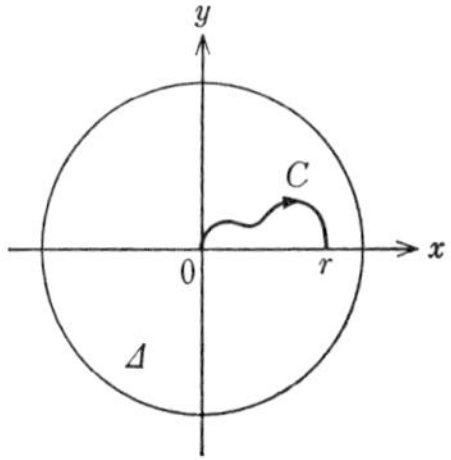

をうる．等号が成り立つのは C が 0 と r を結ぶ線分のとき，そのときだけである．この線分を φ^{-1} でひきもどすと，この線分は z_1 と z_2 を結ぶ円弧となり，はじめの線分は直径上にあり単位円周 $\partial\Delta$ と直交しているから φ^{-1} でもどした円周も $\partial\Delta$ と直交する．

次の補題は，$p(z_1, z_2)$ の定義と前補題による具体的な表示とから明らかであろう．

補題 7.2.4[1)]

（i） $p(z_1, z_2) \geqq 0$, $p(z_1, z_2)=0$ となるのは $z_1=z_2$ のときだけ,

（ii） $p(z_1, z_2)=p(z_2, z_1)$,

（iii） $p(z_1, z_2)+p(z_2, z_3) \geqq p(z_1, z_3)$,

（iv） $z_n \in \Delta$ $(n=1, 2, \cdots)$, $z \in \Delta$ に対し,

$$|z_n - z| \to 0 \Longleftrightarrow p(z_n, z) \to 0,$$

（v） $z_n \in \Delta$ $(n=1, 2, \cdots)$, $|z_n| \to 1$ ならば $p(0, z_n) \to +\infty$（ゆえに，任意の $z \in \Delta$ に対し，$p(z, z_n) \to +\infty$ でもある）.

定理 7.2.5（ピック） $f: \Delta \to \Delta$ を任意の正則写像とする．このとき，任意の $z_1, z_2 \in \Delta$ に対し，$p(f(z_1), f(z_2)) \leqq p(z_1, z_2)$.（**Δ** から **Δ** への正則写像は「距離」を縮小する.）

証明 シュヴァルツの補題（補題 6.6.1）をいいかえるだけである．φ, ψ を Δ から Δ への 1 次変換で φ は 0 を z_1 に，ψ は $f(z_1)$ を 0 に写すものとしよう．合成関数 $\psi \circ f \circ \varphi$ はシュヴァルツの補題の仮定をみたすから，任意の $\zeta \in \Delta$ に対し，$|\psi \circ f \circ \varphi(\zeta)| \leqq |\zeta|$ が成り立つ．ζ として $\varphi^{-1}(z_2)$ をとる．$\varphi^{-1}(z)=(z-z_1)/(\bar{z}_1 z-1)$ より，$\zeta=\varphi^{-1}(z_2)=(z_2-z_1)/(\bar{z}_1 z_2-1)$ である．$\psi(w)=(w-f(z_1))$

$$\begin{array}{ccccccc} \Delta & \xrightarrow{\varphi} & \Delta & \xrightarrow{f} & \Delta & \xrightarrow{\psi} & \Delta \\ \Cup & & \Cup & & \Cup & & \Cup \\ 0 & & z_1 & & f(z_1) & & 0 \end{array}$$

---

1) 距離空間・位相を知っている読者へ：(i), (ii), (iii) は Δ がこの「距離」p で距離空間になること，(iv) はこの「距離」からきまる Δ の位相が Δ の複素平面の領域としての位相と一致すること，(v) はこの距離空間が完備であることを示している．

$/(\overline{f(z_1)}w-1)$ より，$\psi\circ f\circ\varphi(\zeta)=\psi\circ f(z_2)=(f(z_2)-f(z_1))/(\overline{f(z_1)}f(z_2)-1)$ となり，

$|f(z_2)-f(z_1)|/|\overline{f(z_1)}f(z_2)-1|\leqq|z_2-z_1|/|\bar{z}_1z_2-1|$

をうる．関数 $(1/2)\log\{(1+r)/(1-r)\}$ は $0\leqq r<1$ で単調増加関数だから，$p(f(z_1),f(z_2))\leqq p(z_1,z_2)$ をうる．

系 7.2.6 $f:\Delta\to\Delta$ を正則写像，C を Δ 内の正則曲線とすると

$$l(C)\geqq l(f(C)).$$

証明 $\psi\circ f\circ\varphi$ にシュヴァルツの補題の系 6.6.2 を適用する．$|(\psi\circ f\circ\varphi)'(0)|\leqq1$ を計算して，$(1/(1-|f(z_1)|^2))\cdot|f'(z_1)|\cdot(1-|z_1|^2)\leqq1$ をうる．ここで，z_1 は Δ の任意の点で，この不等式は Δ で成立する．C を $z=z(t)$ とすると，$f(C)$ は $w=w(t)=f(z(t))$ で，

$$l(f(C))=\int_{f(C)}\frac{|dw|}{1-|w|^2}=\int_C\frac{|f'(z)|}{1-|f(z)|^2}|dz|$$

$$\leqq\int_C\frac{|dz|}{1-|z|^2}=l(C)$$

となる．

注[1] 単位円 Δ を「平面」，Δ の点を「点」，単位円周 $\partial\Delta$ に直交する円周 C をとり $C\cap\Delta$ を「直線」(直線も円周とみて，Δ の直径も「直線」とみる)，Δ を Δ の上に 1 対 1 に写す正則写像（1 次変換）を「運動」とみると，平面幾何学の公理が 1 つを除いてすべて成り立つ．例えば，**公理：2 点を通る「直線」はただ 1 つあると**

1) この注については例えば，佐々木重夫：幾何入門（岩波全書）などを参照せよ．

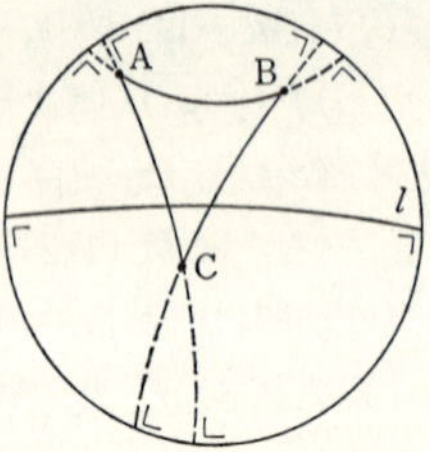

か，公理：「平面」は1「直線」lによって，同じ側にある2点A，Bを結ぶ「線分」上にはlの点がなく，異なる側にある2点A，Cを結ぶ「線分」上にはlの点が必ずあるように，2つの側にわかれる 等々が成り立つ．成り立たないのは，「直線」l上にない点Pをとると，Pを通りlに平行な「直線」がただ1本存在するという，ユークリッドの第5の公準とか平行線の公理とかよばれるもので，この幾何学では「直線」l上にない点を通りlに「平行」な「直線」は無数にある．(ただし，「平行」な2「直線」とは，交点をもたない2「直線」のこと．) この単位円Δの幾何学は，ユークリッドの平行線の公理が，公理であって他の公理から証明される定理ではないことを示し，非ユークリッド幾何学の簡単な例になる．

上半平面$H=\{z=x+iy\,;\,y>0\}$は1次変換$w=(z-i)/(z+i)$により単位円$\{|w|<1\}$の上に1対1に写る．これで，そっくり単位円の非ユークリッド幾何学を写して，上半平面Hでも同様に非ユークリッド幾何学ができる．単位円のポアンカレ計量は$|dw|/(1-|w|^2)$だから，$w=(z-i)/(z+i)$より，

$$\begin{aligned}1-|w|^2 &= 1-|(z-i)/(z+i)|^2\\ &= \{|z+i|^2-|z-i|^2\}/|z+i|^2\\ &= -2i(z-\bar{z})/|z+i|^2 = 4y/|z+i|^2,\end{aligned}$$

$$\left|\frac{dw}{dz}\right| = \left|\frac{z+i-z+i}{(z+i)^2}\right| = \frac{2}{|z+i|^2},$$

$$\therefore \quad \frac{|dw|}{1-|w|^2} = \frac{|z+i|^2}{4y}\cdot\frac{2}{|z+i|^2}|dz| = \frac{1}{2y}|dz|$$

となる．ゆえに，上半平面 H 内の正則曲線 C の「長さ」を $l(C)=\int_C |dz|/2y$ と定義すればよい．H での「直線」は，実軸上に直径をもつ円周の H 内の部分，または実軸に直交する直線の H 内の部分となる．（これは，1次変換 $w=(z-i)/(z+i)$ は等角写像で円を円に写すからわかる．）

問　上半平面 H の2点 z_1, z_2 の「距離」は，

$$p_H(z_1, z_2) = \frac{1}{2}\log\frac{1+r}{1-r}, \qquad r = \left|\frac{z_1-z_2}{z_1-\bar{z}_2}\right|$$

であることを示せ．（上半平面のポアンカレ距離という．）

7.3 単位円を普遍被覆面とする領域

$\tilde{D}, D$ を領域，$\varphi:\tilde{D}\to D$ を上への正則写像とする．$\tilde{D}$ 内の曲線 $\tilde{C}$ に対し $\varphi(\tilde{C})$ は D 内の曲線になるが，$\varphi(\tilde{C})$ を $\tilde{C}$ の**おっことし**という．逆に，D 内の曲線 C があり始点を z_0 とし，$\varphi^{-1}(z_0)$ から1点 ζ_0 をとる．もし，ζ_0 を始点とする $\tilde{D}$ 内の曲線 $\tilde{C}$ で $\varphi(\tilde{C})=C$ となるものが存在すれば，$\tilde{C}$ を ζ_0 を始点とする C の**もちあげ**という．D 内の任意の曲線 C と C の始点 z_0 の原像 $\varphi^{-1}(z_0)$ の任意の点 ζ_0 に対し，ζ_0 を始点とする C のもちあげが必ず存在するときに，φ により D の曲線は**つねにもちあげ可能**ということにする．

定義 7.3.1　領域 D の**普遍被覆面**が単位円 Δ であるというのは，上への正則写像 $\varphi:\Delta\to D$ で，いたるところ

$\varphi'(\zeta)\neq 0$ をみたし，φ により D の曲線はつねにもちあげ可能となるようなものが存在することである．簡単のため，このとき D を**双曲型領域**ということにする．また，普遍被覆面 $\varphi:\Delta\to D$ といえば，φ はこれらの条件をみたすこととしよう．

注意　上半平面 H は単位円 Δ と1次変換で1対1に写りあうから，H から D への定義7.3.1の条件をみたす写像 φ を作れば，D が双曲型ということがわかる．

上半平面 H の解析的自己同形群 $\mathrm{Aut}(H)$ は定理6.5.1(ii) で示したように，行列式が1の2次実数正方行列の作る群 $SL(2, \boldsymbol{R})$ と同形である．$\mathrm{Aut}(\Delta)$ より $\mathrm{Aut}(H)$ の方がポピュラーであろう．この節でも6.7節でも単位円 Δ のかわりに上半平面 H を使った方がよかったかもしれない．Δ と H とは必要に応じて変換しあって，ほとんど同一視していると理解してほしい．

例1　$D_r^*=\{0<|z|<r\}$ は双曲型：D_r^* と D_1^* は $z\mapsto(1/r)z$ で写りあうから，$D_1^*=\{0<|z|<1\}$ の場合を考える．$\varphi: H\to D_1^*$ として，$z=e^{i\zeta}$ をとればよい．φ は上への写像で $\varphi'(\zeta)=ie^{i\zeta}\neq 0$ である．$\zeta=\xi+i\eta$ とおくと，$z=e^{i\xi}e^{-\eta}$ で，φ^{-1} は $\xi=\arg z, \eta=-\log|z|$ である．($\arg z$ には 2π の整数倍だけ自由度があり，$0<|z|<1$ より $-\log|z|>0$.) D_1^* 内の曲線 $z=z(t)$ $(\alpha\leqq t\leqq\beta)$ は，$\varphi^{-1}(z(\alpha))$ の点を任意にとる，すなわち，$\arg z(\alpha)$ を1つ任意にきめて θ_0 とすると，補題3.4.2により $z(t)=|z(t)|e^{i\theta(t)}$ $(\theta(\alpha)=\theta_0)$ とかけ，もちあげは $\xi(t)=\theta(t), \eta(t)=-\log|z(t)|$ となる．

例2　円環 $A_r=\{r<|z|<1\}$ は双曲型：$z=f(w)=e^{iw}$ により，平行帯 $S=\{w\,;\,0<\mathrm{Im}\,w<-\log r\}$ は A_r の上に写

り，$f'(w) \neq 0$，さらに A_r 内の曲線は f によりもちあげ可能である．S は $\zeta = g(w) = \exp(-\pi w/\log r)$ により上半平面 H の上に1対1に写る．$\varphi(\zeta) = f \circ g^{-1}(\zeta) = \zeta^{-(i\log r)/\pi}$ が求める $\varphi: H \to A_r$ である．（$\log \zeta$ は $0 < \arg \zeta < \pi$ に枝をとる．）

例3 複素平面 $\boldsymbol{C}$ から異なる2点 a, b を抜いた $\boldsymbol{C}-\{a, b\}$ は双曲型：1次変換 $z \mapsto (z-a)/(b-a)$ により，$\boldsymbol{C}-\{a, b\}$ と $\boldsymbol{C}-\{0, 1\}$ は解析的同形であるから $\boldsymbol{C}-\{0, 1\}$ を考える．次章で説明するように，モジュラー関数 λ というものがあり，λ は $H \to \boldsymbol{C}-\{0, 1\}$ の写像として定義7.3.1の仮定をみたす（定理8.8.6参照）．

この節では次の2つの定理を証明したい．

定理7.3.2 D は双曲型領域で，$\varphi: \Delta \to D$ を普遍被覆面とする．このとき，D 内の正則曲線 C の φ によるもちあげを任意に2つとり $\widetilde{C}_1, \widetilde{C}_2$ とすると $l(\widetilde{C}_1) = l(\widetilde{C}_2)$ である．C の「**長さ**」を $l_D(C) = l(\widetilde{C}_1)$ と定義し，$z_1, z_2 \in D$ の「**距離**」$p_D(z_1, z_2)$ を，z_1 と z_2 を D 内で結ぶ曲線の「長さ」の下限と定義する．このとき，補題7.2.4の (i) (ii) (iii) (iv) (v) が成り立つ．（ただし，(v) は次のようにいいかえる：D の「有界」な無限点列は収束する部分列を含む．）

定理7.3.3 D_1, D_2 を双曲型領域とし，p_{D_1}, p_{D_2} をそれぞれ前定理で導入した「距離」とする．$f: D_1 \to D_2$ を正則写像とすると，任意の $z_1, z_2 \in D$ に対し

$$p_{D_1}(z_1, z_2) \geqq p_{D_2}(f(z_1), f(z_2))$$

が成立する．さらに，D_1 内の正則曲線 C に対し $l_{D_1}(C)$

$\geqq l_{D_2}(f(C))$ も成立.（正則写像は「距離」を縮小する.）

証明のために，まず補題を用意する.

補題 7.3.4　$\varphi:\Delta\to D$ を普遍被覆面，C を D 内の曲線で始点を $z_0, \varphi^{-1}(z_0)\ni\zeta_0$ とする．このとき，ζ_0 を始点とする φ による C のもちあげが仮定により存在するが，それはただ1つである.

証明　2つあり $\widetilde{C}_1, \widetilde{C}_2$ とせよ．C を $z=z(t)$，$\widetilde{C}_i$ を $\zeta=\zeta_i(t)$ $(\alpha\leqq t\leqq\beta)$ とする．$\varphi'(\zeta_0)\neq 0$ より，ζ_0 の近傍 $\widetilde{U}$ と z_0 の近傍 U があり，$\varphi|_{\widetilde{U}}:\widetilde{U}\to U$ は解析的同形（上への1対1写像で，$\varphi|_{\widetilde{U}}$ もその逆写像も正則）である．$\zeta_1(\alpha)=\zeta_2(\alpha)=\zeta_0$ で，$\varphi(\zeta_1(t))=\varphi(\zeta_2(t))=z(t)$ であるから，$\widetilde{U}$ においては $\widetilde{C}_1$ と $\widetilde{C}_2$ は一致する．$t_1=\sup\{\tau\,;\,\alpha\leqq t\leqq\tau$ なら $\zeta_1(t)=\zeta_2(t)\}$ とおくと，$\zeta_i(t)$ は連続だから $\zeta_1(t_1)=\zeta_2(t_1)$ である．$t_1=\beta$ をいいたい．$t_1<\beta$ とせよ．$\varphi'(\zeta_1(t_1))\neq 0$ より $\zeta_1(t_1)$ の近傍 $\widetilde{U}_1$ と $\varphi(\zeta_1(t_1))$ の近傍 U_1 とを $\varphi|_{\widetilde{U}_1}:\widetilde{U}_1\to U_1$ が解析的同形になるようにとれ，同様の考察を行う．t_1 の少し先まで $\zeta_1(t)=\zeta_2(t)$ がいえ t_1 の定義に反す.

補題 7.3.5　$\varphi:\Delta\to D$ を D の普遍被覆面とし，$\psi:\Delta\to D$ を任意の正則写像とする．$w_0\in\Delta$，$\zeta_0\in\varphi^{-1}(\psi(w_0))$ を任意にとるとき，正則写像 $f:\Delta\to\Delta$ で $f(w_0)=\zeta_0, \varphi\circ f=\psi$ をみたすものが存在する.

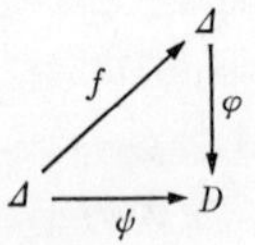

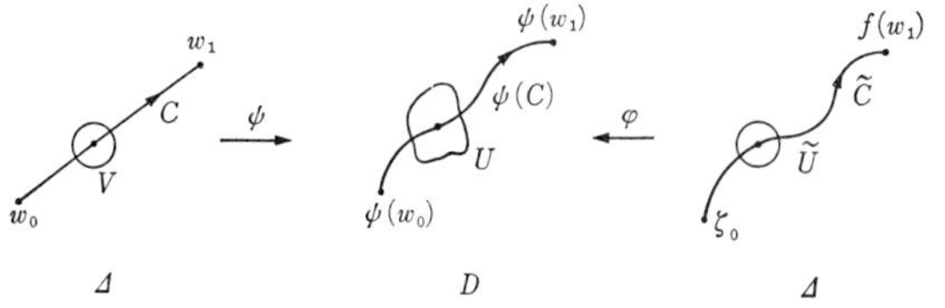

証明　任意の $w_1 \in \Delta$ に対し，w_0 と w_1 を線分 C で結ぶと $C \subset \Delta$ である（Δ は円だから）．D 内の曲線 $\psi(C)$ を ζ_0 を始点として φ によりもちあげ $\widetilde{C}$ とし，$\widetilde{C}$ の終点を $f(w_1)$ とおく．これで写像 $f: \Delta \to \Delta$ がえられ，$f(w_0) = \zeta_0$，$\varphi \circ f = \psi$ は明らかである．f が正則であることを示す．

いたるところ $\varphi' \neq 0$ だから，各 $\zeta \in \widetilde{C}$ に近傍 $\widetilde{U}$ と $\varphi(\zeta) \in \psi(C)$ の近傍 U があり $\varphi|_{\widetilde{U}} : \widetilde{U} \to U$ は解析的同形にできる．ψ は正則（したがって連続）だから，$w \in C$，$\psi(w) = \varphi(\zeta)$ に対し w の円近傍 V を $\psi(V) \subset U$ にとれる．C の各点 w はこのような円近傍 V をもち，曲線はコンパクトだから，このような V の有限個 $V_1, V_2, \cdots, V_n$ で C はおおわれる．V_i に対応する $U, \widetilde{U}$ を $U_i, \widetilde{U}_i$ とする．C の終点 w_1 は V_n にはいるとしておく．w_1 の近傍 W を $W \subset V_n$ で，W の各点と w_0 を結ぶ線分が $\bigcup_{i=1}^{n} V_i$ に含まれるようにとれる．このとき，W において $f|_W$ は $(\varphi|_{\widetilde{U}_n})^{-1} \circ \psi$ に等しく，したがって正則なことがわかる．

定理 7.3.2 の証明　$\varphi : \Delta \to D$ を普遍被覆面，C を D 内の曲線で z_0 が始点，$\varphi^{-1}(z_0) \ni \zeta_i$ をとり ζ_i を始点とする φ による C のもちあげを $\widetilde{C}_i$ とする（$i=1,2$）．補題 7.3.5 を

$\psi=\varphi$ として適用すると，正則写像 $f:\Delta\to\Delta$ で ζ_1 を ζ_2 に写し $\varphi\circ f=\varphi$ をみたすものがある[1]．$f(\widetilde{C}_1)$ は ζ_2 を始点とし，$\varphi(f(\widetilde{C}_1))=C$ より C の φ によるもちあげだから，$f(\widetilde{C}_1)=\widetilde{C}_2$ となる．ゆえに系 7.2.6 より $l(\widetilde{C}_2)\leqq l(\widetilde{C}_1)$ となり，$\widetilde{C}_1$ と $\widetilde{C}_2$ をとりかえて議論すると $l(\widetilde{C}_1)\leqq l(\widetilde{C}_2)$ もわかり $l(\widetilde{C}_1)=l(\widetilde{C}_2)$ をうる．

$z_1\neq z_2\in D$ とする．$\varphi^{-1}(z_1)\ni\zeta_1$ をとり，ζ_1 の近傍 $\widetilde{U}$, z_1 の近傍 U を $\varphi|_{\widetilde{U}}:\widetilde{U}\to U$ が解析的同形で $\overline{U}\not\ni z_2$ にとる．補題 7.2.4 (iv) より $\varepsilon>0$ を小さくとり $\widetilde{U}_\varepsilon=\{\zeta\in\Delta\,;\,p(\zeta,\zeta_1)<\varepsilon\}\subset\widetilde{U}$ にとれる．これから，$p_D(z_1,z_2)\geqq\varepsilon$ がいえる．あと，(ii) (iii) (iv) は容易に示しうる．(v) $\{z_n\}$ が D の「有界」点列とする．すなわち，$z_0\in D$ を任意にとると $k>0$ があり $p_D(z_n,z_0)\leqq k$ $(n=1,2,\cdots)$ となっている．「距離」の定義から，$\varepsilon>0$ を与えると，z_0 と z_n を結ぶ曲線で $l_D(C_n)\leqq k+\varepsilon$ となるものがある．$\zeta_0\in\varphi^{-1}(z_0)$ をとり，ζ_0 を始点とする C_n のもちあげを $\widetilde{C}_n$ とし，$\widetilde{C}_n$ の終点を ζ_n とする．$l(\widetilde{C}_n)=l_D(C_n)$ で $p(\zeta_0,\zeta_n)\leqq k+\varepsilon$ となる．$|\zeta_n|<1$ だから収束する部分列 $\zeta_{n_\nu}\to\zeta$ をもつが，補題 7.2.4 (v) より $|\zeta|<1$ である．φ は連続だから，$z_{n_\nu}=\varphi(\zeta_{n_\nu})\to\varphi(\zeta)$ で，$\{z_n\}$ の部分列 $\{z_{n_\nu}\}$ は収束する．

定理 7.3.3 の証明　$\varphi_i:\Delta\to D_i$ を普遍被覆面としよう．$\psi=f\circ\varphi_1$ として補題 7.3.5 を適用し，$\tilde{f}:\Delta\to\Delta$ を正則で $\varphi_2\circ$

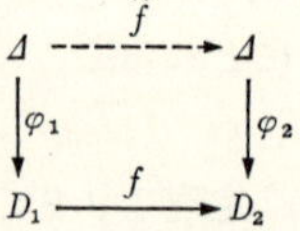

1)　実は，この f は Δ から Δ の上への1対1の写像になることがいえるが略．

$\tilde{f}=f\circ\varphi_1$ をみたすようにとれる．D_1 内の曲線 C の φ_1 によるもちあげを $\tilde{C}$ とすると，$\tilde{f}(\tilde{C})$ は $f(C)$ の φ_2 によるもちあげとなる．系 7.2.6 より $l(\tilde{C})\geqq l(\tilde{f}(\tilde{C}))$ で，これより結論をうる．

7.4 ピカールの大定理

次の定理は，真性特異点を特徴づけるワイエルストラスの定理（定理 3.2.3 (iii)）をさらに精密化したもので，ピカールの大定理[1] とよばれる．

定理 7.4.1 $f(z)$ は $\{0<|z-a|<r\}$ で有理形関数で，$z=a$ は f の真性特異点[2] とする．このとき，たかだか 2 つの例外を除き任意の $\alpha\in\boldsymbol{C}\cup\{\infty\}$ に対し，$\{z\,;\,f(z)=\alpha,\ 0<|z-a|<r\}$ は無限集合である．

証明の前に，この定理の対偶を述べておく．「相異なる $\alpha_1,\alpha_2,\alpha_3\in\boldsymbol{C}\cup\{\infty\}$ があり，$\{z\,;\,f(z)=\alpha_i,\ 0<|z-a|<r\}$ がたかだか有限集合 $(i=1,2,3)$ ならば，f は a で正則かまたは極になる．」このとき，$0<r'<r$ を小さくとると，$\{z\,;\,f(z)=\alpha_i,\ 0<|z-a|<r'\}$ は空集合とできる．定義域，値域を 1 次変換して，$a=0, r'=1, \alpha_1=0, \alpha_2=1, \alpha_3=\infty$ としてよい．結局，次の形で証明すればよい．

---

1) ピカールの小定理：$f(z)$ を全平面 $\boldsymbol{C}$ で正則で定数でないとすれば，たかだか 1 つの複素数 c を除き任意の複素数 $a\ (\neq c)$ に対し方程式 $f(z)-a=0$ は少なくとも 1 つ根をもつ．

2) 極でも除去可能特異点でもないという意味．f を有理形としたから極が a に集積し，a は f の孤立特異点でないかもしれない．そのときも，a を真性特異点とみることにする．

定理 7.4.1′ $f(z)$ は $\Delta^*=\{0<|z|<1\}$ で正則，$f(z)\neq 0,1$ とする．このとき，$z=0$ は f の極か除去可能特異点である．

証明[1] f は $\Delta^*\to \boldsymbol{C}-\{0,1\}=\Omega$ の正則写像で，Δ^*, Ω には「距離」p_{Δ^*}, p_Ω がはいり f は縮小写像である（7.3節例1，例3，定理7.3.3）．曲線 $\gamma_\varepsilon=\{|z|=\varepsilon\}$ の「長さ」を計算しておく．γ_ε は，$z=\varepsilon e^{it}$ $(0\leqq t\leqq 2\pi)$，7.3節例1により $\varphi: H\to\Delta^*$ によるもちあげは $\widetilde{C}_\varepsilon: \zeta=t-i\log\varepsilon$，7.2節末尾の計算により「長さ」は $\int_{\widetilde{C}_\varepsilon}|d\zeta|/2\eta$ $(\zeta=\xi+i\eta)$ である．ゆえに，

$$l_{\Delta^*}(\gamma_\varepsilon)=\int_0^{2\pi}\frac{1}{2(-\log\varepsilon)}dt=-\frac{\pi}{\log\varepsilon}$$

となる．f で写すと，$l_\Omega(f(\gamma_\varepsilon))\leqq l_{\Delta^*}(\gamma_\varepsilon)=-\dfrac{\pi}{\log\varepsilon}$ となり，$\varepsilon\to+0$ で $l_\Omega(f(\gamma_\varepsilon))\to 0$ となる．

点列 $z_n\to 0$ に対し，もし $\{f(z_n)\}_{n=1,2,\cdots}$ が非有界なら無限遠点 ∞ に収束する部分列があるし，有界なら適当な複素数に収束する部分列をもつ．結局 $\{f(z_n)\}$ はある $\alpha\in\boldsymbol{C}\cup\{\infty\}$ に収束する部分列を必ずもつ．証明したいことは $\lim_{z\to 0}f(z)=\alpha$ $(\in\boldsymbol{C}\cup\{\infty\})$ が成立することである．($\alpha\in\boldsymbol{C}$ なら除去可能，$\alpha=\infty$ なら極．）否定すると，点列 $z_n\to 0$, $f(z_n)\to\alpha$ と点列 $z_n'\to 0$, $f(z_n')\to\beta$ で $\alpha\neq\beta$ となるものがあることになる[2]．これから矛盾をみちびこう．

$\alpha=\infty$ なら β を α にとり，$\alpha\neq\infty$ としてよい．α の円近

1) M. H. Kwack: Generalization of the big Picard theorem, Ann. Math., 90 (1969) による．

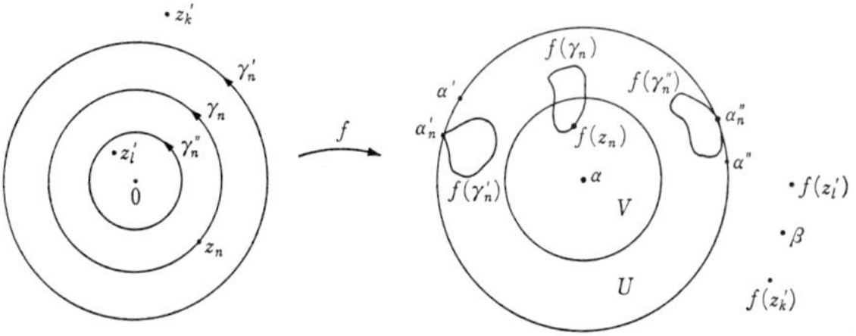

傍 U を，$\overline{U}\not\ni\beta, U-\{\alpha\}\subset\Omega=\boldsymbol{C}-\{0,1\}$ にとる．さらに α の近傍 V を $\overline{V}\subset U$ にとると，$p_\Omega(\partial U,\partial V)>0$ である．円周 $\{z;|z|=|z_n|\}$ を γ_n とおく．$z_n\to 0, f(z_n)\to\alpha$ より，n を大きくすれば，$f(z_n)\in V$ で $l_\Omega(f(\gamma_n))<p_\Omega(\partial U,\partial V)$ とでき，$f(z_n)\in f(\gamma_n)$ だから，$f(\gamma_n)\subset U$ となる．点列 $z_n'\to 0$, $f(z_n')\to\beta$ から，$\{z_n'\}$ の中に $|z_k'|>|z_n|>|z_l'|$ となる z_k', z_l' があるとしてよく，$f(z_k'), f(z_l')$ は U の外にある（β の近くだから）ことに注意する．$f(\gamma_n)\subset U$ より，γ_n の半径を少しふやした円周の像は U にはいるが，半径をずっとふやしていくとその円周 γ_n' の像がはじめて ∂U にぶつかり，$f(\gamma_n')\subset\overline{U}, f(\gamma_n')\not\subset U$ となるように γ_n' がとれる．γ_n の半径をちぢめていくと，同様に，はじめて円周 γ_n'' の像が ∂U にぶつかり $f(\gamma_n'')\subset\overline{U}, f(\gamma_n'')\not\subset U$ となるように γ_n'' がとれる．$f(\gamma_n')\cap\partial U\ni\alpha_n', f(\gamma_n'')\cap\partial U\ni\alpha_n''$ とし，

2）0 に収束する点列をとると，その部分列で $z_n\to 0, f(z_n)\to\alpha$ となるものがある．$\lim_{z\to 0} f(z)\neq\alpha$ だから，$\varepsilon>0$ があり，$z_n'\to 0, |f(z_n')-\alpha|\geqq\varepsilon$ となるものがとれ，$\{z_n'\}$ の部分列をあらためて $\{z_n'\}$ として，$z_n'\to 0, f(z_n')\to\beta$ とできる．

必要なら $\{z_n\}$ の部分列をとり，それを $\{z_n\}$ とあらためて，$\alpha_n' \to \alpha', \alpha_n'' \to \alpha''$ としてよい．$f(z)-f(z_n)$ は γ_n' と γ_n'' で囲まれた円環の中で正則で零点を少なくとも1つもつから偏角の原理より $\int_{\gamma_n'-\gamma_n''} f'(z)/(f(z)-f(z_n))\cdot dz \neq 0$ である．一方，$l_\Omega(f(\gamma_n')) \to 0, l_\Omega(f(\gamma_n'')) \to 0$ より，$f(\gamma_n')$ は α' の近くに，$f(\gamma_n'')$ は α'' の近くにあり $f(z_n)$ は遠くに離れているから，$\int_{f(\gamma_n')} dw/(w-f(z_n))=0, \int_{f(\gamma_n'')} dw/(w-f(z_n))=0$ で，

$$\int_{\gamma_n'-\gamma_n''} \frac{f'(z)}{f(z)-f(z_n)} dz = \int_{f(\gamma_n')-f(\gamma_n'')} \frac{dw}{w-f(z_n)} = 0$$

となり，これは矛盾である．

7.5 正規族

コンパクトというのは重要な概念だが，関数の集合（関数族という）に対しそれに対応する概念を導入する．複素平面 $\mathbf{C}$ の部分集合 K がコンパクトというのは，有界閉集合と同値で，それは任意の K の無限点列が K の点に収束する部分列をもつというのと同値であった．$\mathbf{C} \supset A \supset B$ のとき，B の閉包 $\overline{B}$ と A の共通部分 $A \cap \overline{B}$ を B の A における閉包とよび，$A \cap \overline{B}$ がコンパクトなら B は A において**相対コンパクト**であるという．これは任意の B の無限点列が A の点に収束する部分列をもつというのと同値である．とくに $A=\mathbf{C}$ のとき，B が $\mathbf{C}$ で相対コンパクトというのは B が有界であるというのと同値である．

定義 7.5.1 D, Ω を複素平面 $\mathbf{C}$ の領域とし，D から Ω への連続関数の全体を $C(D,\Omega)$ とかき，$\mathcal{F}$ をその部分集合とする．

$\mathcal{F}$ が**強い意味で正規族**とは，$\mathcal{F}$ の任意の無限部分集合が $C(D,\Omega)$ の元にコンパクト一様収束する部分列をもつときである．

$\mathcal{F}$ が**弱い意味で正規族**とは，$\mathcal{F}$ の任意の無限部分集合が，$C(D,\Omega)$ の元にコンパクト一様収束する部分列をもつか，またはコンパクト一様に発散する部分列をもつときである．ここで，関数列 $\{f_n\}$ が**コンパクト一様に発散**するというのは，任意のコンパクト集合 $K\subset D, K'\subset\Omega$ に対し，番号 n_0 が定まり，$n_0<n$ ならば $f_n(K)\cap K'=\emptyset$ となることである．

関数族 $\mathcal{F}$ が正規族になるための条件を求めたい．まず，有名なアスコリ・アルツェラの定理を紹介する．

定義 7.5.2 $\mathcal{F}\subset C(D,\Omega)$ とし，$\delta(w,w')$ は Ω のユークリッド距離 $d(w,w')=|w-w'|$ か，7.3 節で導入した「距離」$p_\Omega(w,w')$ のどちらか一方とする．（後者のときは，もちろん Ω は双曲型と仮定される．）

$\mathcal{F}$ が距離 δ に関し**同程度連続**というのは，任意の $\varepsilon>0$ と任意の $z\in D$ に対し，z の近傍 V がとれ，V の任意の点 z' と任意の $f\in\mathcal{F}$ に対して $\delta(f(z),f(z'))<\varepsilon$ が成立することである．

定理 7.5.3（アスコリ・アルツェラ） $\mathcal{F}\subset C(D,\Omega)$，$\delta$ は上と同じ．

（i） $\mathcal{F}$ が（イ）δ に関し同程度連続で，（ロ）任意の $z\in D$ に対し $F(z)=\{f(z)\,;\,f\in\mathcal{F}\}$ が Ω で相対コンパクトならば，$\mathcal{F}$ は強い意味で正規族になる．

（ii） Ω の部分集合で距離 δ に関し有界なものは Ω で相対コンパクト，という条件を Ω がみたすとする．このとき，$\mathcal{F}$ が δ に関し同程度連続ならば $\mathcal{F}$ は弱い意味で正規族である．

証明 （i） $\mathcal{F}'\subset\mathcal{F}$ を任意の無限部分集合とする．D に属する有理点（実部，虚部が有理数の複素数）は可算個だから番号をつけ $\{z_1, z_2, \cdots\}$ とする．仮定（ロ）より，$\mathcal{F}'$ から相異なる $f_{11}, f_{12}, \cdots$ をとり，$f_{11}(z_1), f_{12}(z_1), \cdots$ は Ω の点に収束するようにできる．同様にして，$\{f_{1k}\}_{k=1,2,\cdots}$ から無限部分列 $f_{21}, f_{22}, \cdots$ を抜き，$f_{21}(z_2), f_{22}(z_2), \cdots$ は Ω の点に収束するようにできる．また，$\{f_{2k}\}_{k=1,2,\cdots}$ から部分列 $f_{31}, f_{32}, \cdots$ を抜き，$f_{31}(z_3), f_{32}(z_3), \cdots$ が収束するようにする．これをくり返して，関数列 $\{f_{nk}\}_{k=1,2,\cdots}$ を，$\{f_{nk}\}$ は $\{f_{n-1,k}\}$ の部分列で $\lim_{k\to\infty} f_{nk}(z_n)$ は Ω の中に存在するようにできる．$f_1=f_{11}, f_2=f_{22}, \cdots, f_n=f_{nn}, \cdots$ とおく．各 n に対し，$f_n, f_{n+1}, \cdots$ は $\{f_{nk}\}_{k=1,2,\cdots}$ の部分列だから $\lim_{\nu\to\infty} f_\nu(z_n)$ は存在する．$\mathcal{F}'$ の部分列 $\{f_\nu\}$ が D でコンパクト一様収束することを示す．$K\subset D$ を任意のコンパクト集合とし，任意に $\varepsilon>0$ をとる．$\mathcal{F}$ は同程度連続だから，各 $z\in K$ に対し近傍 V をとり，任意の $z'\in V$ と任意の $f\in\mathcal{F}$ に対し

$$\begin{array}{ccccc}
f_{11}, & f_{12}, & f_{13}, & \cdots, & f_{1n}, \ \cdots \\
f_{21}, & f_{22}, & f_{23}, & \cdots, & f_{2n}, \ \cdots \\
f_{31}, & f_{32}, & f_{33}, & \cdots, & f_{3n}, \ \cdots \\
\vdots & \vdots & \vdots & & \vdots \\
f_{n1}, & f_{n2}, & f_{n3}, & \cdots, & f_{nn}, \ \cdots \\
\vdots & \vdots & \vdots & & \vdots
\end{array}$$

$\delta(f(z'), f(z)) < \varepsilon/5$ とできる．K はコンパクトだから，このような V の有限個 $V_1, \cdots, V_m$ で $K \subset \bigcup_{i=1}^{m} V_i$ とできる．（V_i は点 ζ_i の近傍とする．）有理点は稠密だから $z_{n_i} \in V_i$ がある．任意に $z \in K$ をとれ．$z \in V_i$ とする．$\lim_{\nu\to\infty} f_\nu(z_{n_i})$ は収束するから，番号 ν_0 をとり，$\nu_0 < \nu, \mu$ なら $\delta(f_\nu(z_{n_i}), f_\mu(z_{n_i})) < \varepsilon/5$ とできる．このとき，$\nu_0 < \nu, \mu$ なら

$$\begin{aligned}\delta(f_\nu(z), f_\mu(z)) \leqq\ & \delta(f_\nu(z), f_\nu(\zeta_i)) + \delta(f_\nu(\zeta_i), f_\nu(z_{n_i})) \\ & + \delta(f_\nu(z_{n_i}), f_\mu(z_{n_i})) + \delta(f_\mu(z_{n_i}), f_\mu(\zeta_i)) \\ & + \delta(f_\mu(\zeta_i), f_\mu(z)) \\ <\ & 5 \times \varepsilon/5 = \varepsilon\end{aligned}$$

となり，δ について K 上で一様収束に関するコーシーの収束判定条件（定理V.3.1）がいえた．

これで，距離 δ が d のときは証明が終わった．

$\delta = p_\Omega$ のときは，次の方針で証明をする[1]．

(a) $\{w_n\}$ が p_Ω に関する「コーシーの基本列」ならば（すなわち，任意の $\varepsilon > 0$ に対し番号 n_0 が定まり $n_0 < n, m$ なら $p_\Omega(w_n, w_m) < \varepsilon$），$\{w_n\}$ は「有界」で，定理7.3.2(v) により $\{w_n\}$ は収束する．

(b) p_Ω についての一様収束のコーシーの判定条件から，$\{f_n\}$ があるf に（p_Ω について）「コンパクト一様収束する」ことがいえる；任意のコンパクト $K \subset D$ と任意の $\varepsilon > 0$ に対し n_0 がとれ，$n > n_0, z \in K$ なら $p_\Omega(f_n(z), f(z)) < \varepsilon$.

---

1) 詳細は略．d に関してやったことを p_Ω に関しても平行にやらなければならない．位相空間と距離空間について，また関数族のコンパクト開位相とコンパクト一様位相について，一般論を展開すればもっときれいにいく．一松信：多変数解析函数論（培風館）第2章§5など参照．

(c)　このとき，極限関数 f は連続になる．

(d)　$\{f_n\}$ が f にコンパクト一様収束することを示す．コンパクト $K\subset D, \varepsilon>0$ を任意にとる．$f(K)$ はコンパクトだから，$d(f(K), \Omega^c)>0$ で，$\varepsilon<d(f(K), \Omega^c)$ としてよい．$f(K)$ の各点に $\varepsilon/3$-近傍（距離は d）を与え，その有限個で $f(K)$ をおおい，$f(K)\subset\bigcup_{i=1}^{l}U_{\varepsilon/3}(w_i)$ とする．$U_{\varepsilon/3}(w_i)$ と $\partial U_{\varepsilon/2}(w_i)$ との「距離」（p_Ω による最短「距離」）を ε_i とする．$\varepsilon_i>0$ である．（収束概念が d でも p_Ω でも等しいこと（定理 7.3.2(iv)）を使う．）ε_i に対し n_i を，$n>n_i$ なら $z\in K$ に対し $p_\Omega(f_n(z), f(z))<\varepsilon_i/2$ にとる．$n_0=\max_{1\leqq i\leqq l} n_i$ とおく．$n>n_0, z\in K$ としよう．$f(z)\in f(K)$ はある $U_{\varepsilon/3}(w_i)$ に含まれる．$n_i\leqq n_0<n$ より $p_\Omega(f_n(z), f(z))<\varepsilon_i/2$ で，ε_i の定義より $f_n(z)\in U_{\varepsilon/2}(w_i)$ となる．ゆえに，$f_n(z)$ も $f(z)$ も $U_{\varepsilon/2}(w_i)$ にはいるから，$d(f_n(z), f(z))<\varepsilon$ となり証明が終わる．

定理 7.5.3（ii）の証明　$\mathcal{F}$ から任意に無限列 $\{f_n\}$ をとる．$\{f_n\}$ がコンパクト一様に発散していないと仮定しよう．すなわち，コンパクト集合 $K\subset D, K'\subset\Omega$ があり，$f_n(K)\cap K'\neq\emptyset$ となる f_n が無限個あることになる．この無限個からなる部分列をあらためて $\{f_n\}$ とかくことにする．任意の $z_0\in D$ に対し $\{f_n(z_0)\,;\,n=1, 2, \cdots\}$ が距離 δ に関し有界であることを示すと，定理 7.5.3(i) から結論をうる．

z_0 を K につけ加えて $z_0\in K$ とし，さらに K は連結としてよい．$\varepsilon>0$ を与え，同程度連続の定義のように各 $z\in K$ に近傍 V_z を与え，その有限個で $K\subset\bigcup_{i=1}^{l}V_{z_i}$ とする．つまり，任意の $z\in V_{z_i}, f\in\mathcal{F}$ に対し，$\delta(f(z), f(z_i))<\varepsilon$ である．K は連結で l 個の V_{z_i} でおおわれ $f_n(K)\cap K'\neq\emptyset$ だ

から，$f_n(z_0)$ から距離 $2\varepsilon l$ 以内のところに K' の点があり，K' の直径（δ による）を h とすると，K' の定点からの $f_n(z_0)$ までの距離は $2\varepsilon l+h$ 以下になる．ゆえに，$\{f_n(z_0);\ n=1,2,\cdots\}$ は有界である．

定理 7.5.4 領域 D での正則関数の全体を $\mathcal{O}(D)$ とし，$\mathcal{F}\subset\mathcal{O}(D)$ とする．

（i） $\mathcal{F}$ が一様有界，すなわち $M>0$ があり任意の $f\in\mathcal{F}, z\in D$ に対し $|f(z)|\leqq M$ ならば，$\mathcal{F}$ は $\mathcal{F}\subset C(D,\mathbf{C})$ とみて強い意味で正規族である（**モンテルの定理**）．

（ii） 双曲型領域 Ω があり，$f\in\mathcal{F}$ ならば f の値域は Ω に含まれているとする．そのとき，$\mathcal{F}$ は $\mathcal{F}\subset C(D,\Omega)$ とみて弱い意味で正規族である．

証明 （i） ユークリッドの距離 d をとり，定理 7.5.3 (i) を適用する．$\mathcal{F}$ が同程度連続をいえばよい．任意に $z_0\in D$ をとる．$\{|z-z_0|\leqq r\}\subset D$ となるように $r>0$ をとり，$|z-z_0|<r/2$ としよう．コーシーの積分公式より，

$$f(z)-f(z_0)=\frac{1}{2\pi i}\int_{|\zeta-z_0|=r}\frac{f(\zeta)}{\zeta-z}d\zeta-\frac{1}{2\pi i}\int_{|\zeta-z_0|=r}\frac{f(\zeta)}{\zeta-z_0}d\zeta$$

$$=\frac{1}{2\pi i}\int_{|\zeta-z_0|=r}\frac{(z-z_0)f(\zeta)}{(\zeta-z)(\zeta-z_0)}d\zeta$$

をうる．$|\zeta-z_0|=r, |z-z_0|<r/2$ より $|\zeta-z|>r/2$ で，$|f(\zeta)|\leqq M$ から

$$|f(z)-f(z_0)|\leqq\frac{1}{2\pi}\int_{|\zeta-z_0|=r}\frac{|z-z_0|\cdot M}{\frac{r}{2}\cdot r}|d\zeta|$$

$$= \frac{2M}{r}|z-z_0|$$

となる．$\varepsilon>0$ に対し，z_0 の近傍 V として $\delta=\min(r/2, \varepsilon r/2M)$ とおき δ 近傍をとればよい．

（ii） 双曲型だから Ω の「距離」p_Ω をとると，定理 7.5.3 (ii)，定理 7.3.2 (v) より $\mathcal{F}$ の同程度連続をいえばよい．$z_0\in D$ に対し円近傍 $U\subset D$ をとる．U から単位円 Δ の上への解析的同形写像 φ をとり，U の 2 点 z, z' に対し $\rho(z, z')=p(\varphi(z), \varphi(z'))$ とおく．（p は Δ でのポアンカレの「距離」）．$\varepsilon>0$ を与え，$V=\{z\in U ; \rho(z, z_0)<\varepsilon\}$ とおく．V は z_0 の近傍である．（$\{u\in\Delta ; p(u, \varphi(z_0))<\varepsilon\}$ は $\varphi(z_0)$ の Δ での近傍で，V は φ によるその原像だから．）$f\in\mathcal{F}$ とし，定理 7.3.3 を $f\circ\varphi^{-1}$ に適用すると $\rho(z, z')\geqq p_\Omega(f(z), f(z'))$ となり，$z\in V$ なら $p_\Omega(f(z), f(z_0))<\varepsilon$ をうる．

定理 7.5.4 の (ii) はモンテルの定理 (i) の拡張になっていることを説明しよう．$\boldsymbol{C}$ へではなくリーマン球面 $\boldsymbol{P}=\boldsymbol{C}\cup\{\infty\}$ への写像と $f\in\mathcal{F}$ をみて，恒等的に無限遠点という関数も考え，それを ∞ とかくことにする．領域 D での関数列 $\{f_n\}$ が ∞ **にコンパクト一様収束する**というのは，D の任意のコンパクト集合 K と任意の $M>0$ に対し番号 n_0 がとれ，任意の $z\in K$ と $n>n_0$ に対し $|f_n(z)|>M$ とできることである．

系 7.5.5 α, β を相異なる 2 つの複素数，$\mathcal{F}$ を領域 D での正則関数の集合で，$f\in\mathcal{F}$ ならば f の値域は $\boldsymbol{C}-\{\alpha, \beta\}$

に含まれると仮定する．このとき，$\mathcal{F}\subset C(D, \boldsymbol{P})$ とみれば，$\mathcal{F}$ は強い意味で正規族である．

証明 1 次変換をして $\alpha=0, \beta=1$ としてよい．$\boldsymbol{C}-\{0, 1\}$ は双曲型だから，$\mathcal{F}$ は $\boldsymbol{C}-\{0,1\}$ への写像の族として弱い意味で正規族である．このとき，$\{f_n\}$ がコンパクト一様に発散するというのは，$\{f_n\}$ が定数関数 0 か 1 か ∞ かにコンパクト一様に収束することである．だから，$\mathcal{F}$ を $\boldsymbol{P}$ への写像の族とみれば強い意味で正規族である．

注意 この系 7.5.5 で，$\mathcal{F}\subset C(D, \boldsymbol{P})$ とかいたが，$\mathcal{F}\subset C(D, \boldsymbol{C})\cup\{\infty\}$ でよい．領域 D での有理形関数列 $\{f_n\}$ が領域 D でコンパクト一様収束するということも定義できるがここでは省略する．（読者は試みてほしい．少なくとも，正則関数列とくらべてどこに問題があるかは考えよ．）

7.6 円環領域

$0<r<R$ として，領域 $A=\{z\,;\,r<|z|<R\}$ を**円環領域**といい，$m=\log(R/r)$ を円環領域 A の**モジュラス**という．写像 $z\mapsto z/R$ により A は $\{z\,;\,r/R<|z|<1\}$ の上へ 1 対 1 に写るので，$A_r=\{z\,;\,r<|z|<1\}$ について考えよう．A_r のモジュラス m は，$m=-\log r$ である．

7.3 節例 2 で示したように，A_r は双曲型で普遍被覆面 $\varphi: H\ni\zeta\mapsto z\in A_r$ は，$\zeta=e^{(\pi/m)w}, z=e^{iw}$ により与えられる．$z=\rho e^{i\theta}, w=u+iv, \zeta=Re^{i\Theta}$ とおいて計算すると，

$$\rho=e^{-v},\ \ \theta=u\ \ (\mathrm{mod}\ 2\pi)\ ;\ \ R=e^{(\pi/m)u},\ \ \Theta=\frac{\pi}{m}v$$

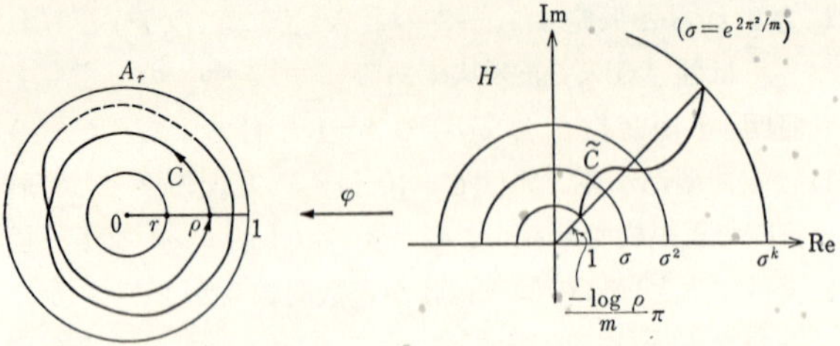

となり，

$$\varphi^{-1}(\rho e^{i\theta}) = e^{(\pi/m)(\theta+2n\pi)}e^{i(-\log\rho/m)\pi}, \quad (n=0, \pm 1, \pm 2, \cdots)$$

である．今，$\rho\in A_r, r<\rho<1$ から出発して原点のまわりを k 回まわって ρ にもどる閉曲線を C として，その φ によるもちあげを考える．始点を $\theta=n=0$ として $e^{i(-\log\rho/m)\pi}$ にとろう．C を $z=\rho(t)e^{i\theta(t)}$ $(0\leqq t\leqq 1)$ とすると，$\rho(0)=\rho(1)=\rho$ で，$\theta(0)=0$ とすると $\theta(1)=2k\pi$ となる．C のもちあげ $\widetilde{C}$ は

$$\zeta(t) = e^{(\pi/m)\theta(t)}e^{i(-\log\rho(t)/m)\pi}, \quad (0\leqq t\leqq 1)$$

となり，終点は $e^{2k\pi^2/m}e^{i(-\log\rho/m)\pi}$ である．ρ も動かして，

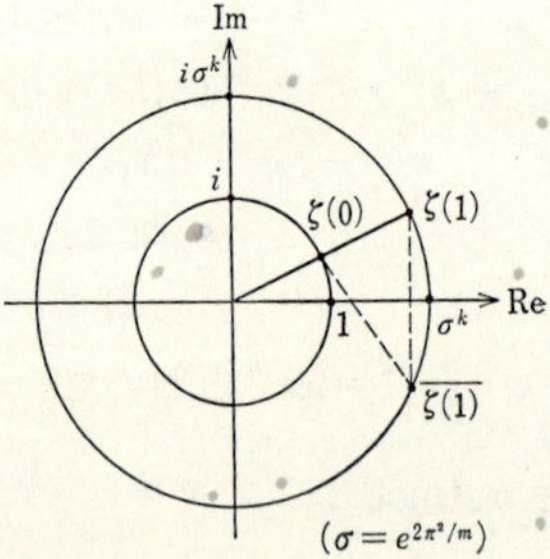

A_r の中で原点のまわりを k 回まわる曲線の中で「長さ」が最小のものを求めたい．7.2 節の終りの説明と問から，$\zeta(0)$ と $\zeta(1)$ を結ぶ最短の曲線は「直線」で，その「長さ」は $(1/2)\log\{(1+a)/(1-a)\}$, $a=|(\zeta(0)-\zeta(1))/(\zeta(0)-\overline{\zeta(1)})|$ である．ρ を 1 から r まで動かすと $m=-\log r$ だから，$\zeta(0)=e^{i(-\log\rho/m)\pi}$ は単位円周 $|\zeta|=1$ 上を 1 から -1 まで動く．このとき，前頁の図より a は 1 から減少して，$\zeta(0)=i$ のとき最小，それから増加してまた $a=1$ になる．ゆえに，求める最短の曲線は「直線」$\widetilde{C}:\zeta(t)=ie^{(2k\pi^2/m)t}$ $(0\leqq t\leqq 1)$ のときで，その「長さ」は $k\pi^2/m$ で，対応する曲線 C は，$z(t)=\sqrt{r}e^{2k\pi it}$ $(0\leqq t\leqq 1)$ となる．

2 つの円環領域 $A_r, A_{r'}$ があり，$f: A_r\to A_{r'}$ を正則写像とする．A_r の中で z が原点のまわりを 1 回まわるときに，$f(z)$ が原点のまわりを何回まわるか，その回数を f の**写像度**といい，$\deg f$ とかく．式でかくと，

$$\deg f = \frac{1}{2\pi i}\int_{f(|z|=\rho)}\frac{dw}{w}$$

$$= \frac{1}{2\pi i}\int_{|z|=\rho}\frac{f'(z)}{f(z)}dz, \quad (r<\rho<1)$$

である．($\deg f$ は整数で負のこともある．) これで次の定理が証明できる．

定理 7.6.1 $f: A_r=\{r<|z|<1\}\to A_{r'}=\{r'<|w|<1\}$ を正則写像とし，モジュラスを $m=-\log r, m'=-\log r'$ とおき，$d=\deg f$ とおく．このとき，

(i) $|d|\leqq m'/m$ が成り立つ，

（ii） $d=m'/m \Longleftrightarrow f(z)=cz^d$ （$|c|=1$）.

系 7.6.2 $\{r<|z|<R\}$ から $\{r'<|z|<R'\}$ の上への 1 対 1 正則写像が存在する $\Longleftrightarrow \log(R/r)=\log(R'/r')$（つまり，モジュラスが等しい.）

系 7.6.3 A_r から A_r の上への 1 対 1 正則写像（すなわち，A_r の解析的自己同形）f は，$f(z)=cz$（$|c|=1$）か，または $f(z)=cr/z$（$|c|=1$）に限る.

定理 7.6.1 の証明 円周 $|z|=\sqrt{r}$ を C とすると，$f(C)$ は $\deg f=d$ より $A_{r'}$ の中で原点のまわりを d 回まわる閉曲線である．定理 7.3.3 を適用し，

$$\pi^2/m = l_{A_r}(C) \geqq l_{A_{r'}}(f(C)) \geqq |d|\cdot\pi^2/m'$$

をうる．ゆえに，$|d|\leqq m'/m$ である．

$d=m'/m$ としよう．$l_{A_{r'}}(f(C))=d\pi^2/m'$ となり，$f(C)$ は円周 $|w|=\sqrt{r'}$ を d 回まわる閉曲線である．$f(z)$ に $e^{i\theta}$ をかけ，$f(\sqrt{r})=\sqrt{r'}$ にしておく．$d=m'/m=-\log r'/-\log r$ より，$r'=r^d$ である．$g(z)=z^d$ とすると，これは A_r を $A_{r'}$ に写し，$g(C)$ は円周 $|w|=\sqrt{r'}$ を d 回まわる閉曲線になる．$l_{A_r}(C)=l_{A_{r'}}(f(C))=l_{A_{r'}}(g(C))$ であり，これと定理 7.3.3 より C の一部分 C' についても $l_{A_r}(C')=l_{A_{r'}}(f(C'))=l_{A_{r'}}(g(C'))$ が成り立たねばならない．ゆえに，C 上で $f(z)=g(z)$ となり，一致の定理より $f=g$ が成立する．

系 7.6.2 の証明 $\{r<|z|<R\}$ は $z\mapsto z/R$ により $\{r/R<|z|<1\}$ に写るから，$R=R'=1$ のときを考えればよい．$f: A_r\to A_{r'}$ を上への 1 対 1 正則写像とすると，円周 $|z|=$

ρ の f による像は $A_{r'}$ 内のジョルダン閉曲線で原点を内部に含み $(1/2\pi i)\int_{f(|z|=\rho)} dw/w = \pm 1$ である．ゆえに，$|\deg f| = 1$ で，$1 \leqq m'/m$ をうる．f^{-1} に対し同様にして $1 \leqq m/m'$ がわかり，$m = m'$ である．

系 7.6.3 の証明 $f: A_r \to A_r$ が解析的自己同形なら $\deg f = \pm 1$ で，$\deg f = 1$ なら $1 = \deg f = m'/m$ で，$f(z) = cz$ $(|c|=1)$ をうる．$\deg f = -1$ のときは，定理 7.6.1 (ii) の証明と同様の議論を行う（略）．

問 1 領域（複素多様体）D は，相異なる任意の 2 点 $z_1, z_2 \in D$ に対しつねに，D の解析的自己同形 φ で $\varphi(z_1) = z_2$ をみたすものが存在するときに，等質（homogeneous）であるという．単位円 Δ は等質であるが，円環領域 A_r は等質でないことを示せ．（読者への挑戦：等質な領域は単連結であることがわかっている．このことの初等的（この本の知識ぐらいでの）証明を求めよ．）

問 2 $\{0 < |z| < 1\}$ は等質でないことを示せ．

問 3* 領域 D_1 から D_2 への写像 $w = f(z)$ を実変数でかき，$u = u(x, y), v = v(x, y)$ とする．f が D_1 から D_2 の上への 1 対 1 の写像で，u, v が C^∞ 級の関数で，ヤコビ行列式がいたるところ 0 でないときに，f は D_1 から D_2 への微分位相同形写像といい，このような f が存在するときに D_1 と D_2 は微分位相同形であるという．

（i） 単位円と全平面は微分位相同形である，

（ii） 2 つの任意の円環領域 $A_r, A_{r'}$ は微分位相同形である．

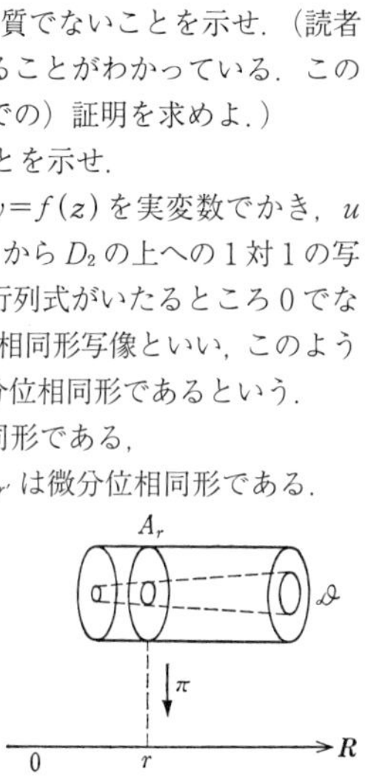

注 問 3 とリーマンの写像定理から，平面上のすべての単連結領域は微分位相同形であるが，解析的同形で分類すれば単位円と同形になるか全平面（と同形）になるか 2 つ

の場合だけである．一方，系 7.6.2 から $r \neq r'$ なら A_r と $A_{r'}$ は解析的に同形ではない．$\mathcal{D}=\{(r,z)\,|\,r>0, r<|z|<1\}$ とおき，$\pi:\mathcal{D}\to\boldsymbol{R}^+$ を $\pi(r,z)=r$ とおく．各 $r>0$ に対し $\pi^{-1}(r)=A_r$ となり，r が動くとともに $\pi^{-1}(r)$ は微分位相幾何学の立場からは同じだけれど，関数論的には異なる（解析構造が異なるという）ものが「連続的」に並んでいることになる．解析構造の変形 (deformation) というものの一例である．

注 1 平面領域 D に対し $\boldsymbol{P}-D$ が 2 つの連結成分にわかれるとき，D を 2 重連結領域という（下記の問 5 参照）．**2 重連結領域** D は，$\boldsymbol{C}-\{0\}$, $\{0<|z|<1\}$, $A_r=\{r<|z|<1\}$ $(r>0)$ のいずれかに解析的同形になる（証明略）[1]．

注 2 モジュラス m, m' の円環領域 A, A' に対し，A から A' の上への 1 対 1 の K 擬等角写像が存在すれば，$K \geqq \rho=\max(m/m', m'/m)$ が証明できる．また，$K=\rho$ の K 擬等角写像（極値的擬等角写像という）の存在も示せる[1]．

問 4* 平面領域 D が単連結 $\Longleftrightarrow$ $\boldsymbol{P}-D$ が連結（ただし，$\boldsymbol{P}$ はリーマン球面）．

注意 $\boldsymbol{C}-D$ が連結でなくても D が単連結ということはある．

問 5 D を 2 重連結領域とし，$\boldsymbol{P}-D$ の連結成分を Δ_1, Δ_2 とする．(i) Δ_1, Δ_2 がともに 1 点だけならば，D は $\boldsymbol{C}-\{0\}$ と解析的同形，(ii) Δ_1 が 1 点だけからなり，Δ_2 が 2 点以上を含むならば，D は $\{0<|z|<1\}$ と解析的同形．

問 6 $\boldsymbol{C}-\{0\}$, $\{0<|z|<1\}$, $\{r<|z|<1\}$ $(r>0)$ は，微分位相同形であるが，解析的には同形でない．

問 7 $\boldsymbol{C}-\{0\}$, $\{0<|z|<1\}$ の解析的自己同形写像をそれぞれ求めよ．

---

1) 吹田信之：近代函数論 II 等角写像の理論（森北），Ahlfors: Lectures on quasiconformal mappings（Van Nostrand）などをみてほしい．

第8章　楕円関数・モジュラー関数

この章では，まず周期関数の基本的性質を調べ，基本周期 ω, ω' をもつ2重周期関数の全体の集合の構造を調べる（定理8.3.5）．8.4節（加法定理）はとばして，モジュラー関数へ進んでもよい．8.8節で複素平面から2点を抜いた領域が双曲型であることが示され（7.3節例3），ピカールの大定理（定理7.4.1）の証明が完成する．楕円関数とモジュラー関数の関係については章末に注をつけておいた．

8.1　周期関数

$f(z)$ を全平面 $\boldsymbol{C}$ で有理形関数とする．$f(z+\omega)=f(z)$ がすべての z[1] に対し成立するとき，複素数 ω を $f(z)$ の**周期**という．$f(z)$ の周期の全体を $P(f)$ とかこう．

定理8.1.1　$f(z)$ が定数でないならば，次の3つの場合しかおこりえない．

（i）　$P(f)=\{0\}$,

（ii）　ある $\omega\neq 0$ が存在し，$P(f)=\{n\omega\ ;\ n$ は整数$\}$,

（iii）　$0, \omega_1, \omega_2$ が一直線上に並ばないような ω_1, ω_2 が存

1）　z が f の極ならば $z+\omega$ も f の極という意味で，f の極でも $f(z+\omega)=f(z)$ が成り立っていると解釈する．今後，関数の極においては，適当な解釈を読者はしなければならないことがあろう．

在し，$P(f)=\{m\omega_1+n\omega_2\,;\,m, n$ は整数$\}$.

証明　ω が周期ならば $-\omega$ も周期で，ω_1, ω_2 が周期ならば $\omega_1+\omega_2$ も周期だから，$P(f)$ は加法について群をなすことがわかる．

$P(f)$ は複素平面 $\boldsymbol{C}$ の中には集積点をもたないことを示す：$P(f)\ni\omega_n\neq\alpha$ $(n=1, 2, \cdots)$, $\omega_n\to\alpha$ とせよ．$f(z+\omega_n)=f(z)$ より $f(z+\alpha)=f(z)$ で，α も周期になる．$\omega_n-\alpha$ を ω_n として，$P(f)\ni\omega_n, \omega_n\neq 0, \omega_n\to 0$ としてよい．$f(z)$ の正則な点 z_0 をとると，$f(z_0+\omega_n)=f(z_0), z_0+\omega_n\neq z_0, z_0+\omega_n\to z_0$ より，一致の定理から $f(z)$ は定数 $f(z_0)$ になる．これは，f の仮定に反する．

$P(f)$ が (i), (ii) でないと仮定しよう．$\inf\{|\omega|\,;\,\omega\in P(f), \omega\neq 0\}=r_1$ とおくと，$P(f)$ が集積点をもたないことから，$r_1>0$ で $|\omega_1|=r_1, \omega_1\in P(f)$ という ω_1 が存在する．$P_1=\{m\omega_1\,;\,m$ は整数$\}$ は $P(f)$ の部分集合であるが，いまは (ii) でないとしているから真部分集合である．$\inf\{|\omega|\,;\,\omega\in P(f)-P_1\}=r_2$ とおくと，$P(f)$ が集積点なしより $|\omega_2|=r_2, \omega_2\in P(f)-P_1$ がとれる．

まず，ω_2 は 0 と ω_1 を結ぶ直線上にはない：もしそうならば，実数 k を $\omega_2=k\omega_1$ にとれる．$k=m+\varepsilon, m$ は整数で $0\leqq\varepsilon<1$ とかくと，$\omega_2\notin P_1$ より $\varepsilon\neq 0$ である．$\omega_2-m\omega_1=\varepsilon\omega_1$ は $P(f)$ にはいり $0<\varepsilon|\omega_1|<|\omega_1|$ で，これは $|\omega_1|=r_1$ に反する．

任意に $\omega\in P(f)$ をとる．$0, \omega_1, \omega_2$ は一直線上にないから[1]，実数 k, l をとり $\omega=k\omega_1+l\omega_2$ とかける．$k=m+\varepsilon, l$

$=n+\delta$（m, n は整数で，$-1/2 \leqq \varepsilon < 1/2,\ -1/2 \leqq \delta < 1/2$）とかく．$\omega - m\omega_1 - n\omega_2 = \varepsilon\omega_1 + \delta\omega_2 \in P(f)$ である．$\delta=0$ なら $|\varepsilon\omega_1| \leqq (1/2)|\omega_1|$ より ω_1 のとり方から $\varepsilon=0$ となる．同様にして $\varepsilon=0$ なら $\delta=0$ である．$\varepsilon \neq 0, \delta \neq 0$ なら，$\varepsilon\omega_1 + \delta\omega_2$ は直線 $\overrightarrow{0\omega_1}$ 上にはなく，

$$|\varepsilon\omega_1+\delta\omega_2| < |\varepsilon||\omega_1|+|\delta||\omega_2| \leqq \frac{1}{2}(|\omega_1|+|\omega_2|) \leqq |\omega_2|$$

となり，これは ω_2 のとり方に反する．ゆえに $\varepsilon=\delta=0$ で，$\omega = m\omega_1 + n\omega_2$ となる．証明終わり．

(ii) の場合 $f(z)$ は1重周期関数という．$e^z, \sin z$ などはその例である．(iii) の場合 $f(z)$ は**2重周期関数**（または，**楕円関数**）といい，ω_1, ω_2 を**基本周期**という．この定理は，1変数有理形関数は2重周期までで，3重周期などというのはありえないことを示している．2重周期関数が現実に存在することを8.3節で示すが，次節では存在すると仮定してその性質を調べよう．

8.2 2重周期関数（楕円関数）

この節では，$\omega_1, \omega_2 \neq 0$ を与え $\mathrm{Im}(\omega_2/\omega_1) > 0$ としておく．（これは，0と ω_1 を結ぶ直線の（0から ω_1 へ向って）左側の半平面に ω_2 があるという意味である．）整数の全体を $\boldsymbol{Z}$ とかく．

$$\Gamma = \Gamma(\omega_1, \omega_2) = \{m\omega_1 + n\omega_2\ ;\ m, n \in \boldsymbol{Z}\}$$

1) これは ω_1, ω_2 を平面上の位置ベクトルとみて線形独立ということ．

とおき，ω_1, ω_2 の生成する**格子群**という．

$$E=E(\Gamma)=\left\{f\ ;\ \begin{matrix} f \text{ は } \omega_1,\ \omega_2 \text{ を周期にもつ} \\ \text{全平面 } \boldsymbol{C} \text{ での有理形関数} \end{matrix}\right\}$$

とおく．ω_1, ω_2 が f の周期なら任意の $\omega\in\Gamma$ も f の周期である．定数値関数 c も E にはいり，その意味で $\boldsymbol{C}\subset E$ とみなす．次の定理は明らかであろう．

定理 8.2.1 $E(\Gamma)$ は体をなす．(つまり，$f, g\in E$ ならば，$f\pm g, f\cdot g\in E$ であり，g が定数値関数 0 でないなら $f/g\in E$ となる．) さらに，$f\in E(\Gamma)$ なら $f'\in E(\Gamma)$．

複素平面で Γ の点，すなわち，$m\omega_1+n\omega_2$ $(m, n\in\boldsymbol{Z})$ という形の点を（ω_1, ω_2 できまる）**格子点**という．$a\in\boldsymbol{C}$ に対し，a と $a+\omega_1, a+\omega_2$ できまる平行四辺形を (a) と略記し，**周期平行四辺形 $(\boldsymbol{a})$** という．ただし，(a) は次頁の図の実線の部分は含み，点線の部分は含まず，a は含むが，$a+\omega_1, a+\omega_2, a+\omega_1+\omega_2$ は含まないと約束する．式でかけば $(a)=\{z\ ;\ z=a+\varepsilon\omega_1+\delta\omega_2, 0\leqq\varepsilon<1, 0\leqq\delta<1\}$．$a-b\in\Gamma$ のとき，$a\equiv b\ (\Gamma)$ とかき，a と b は **$\boldsymbol{\Gamma}$ 同値**であるという[1]．$f\in E(\Gamma), a\equiv b\ (\Gamma)$ ならば，$f(a)=f(b)$ である[2]．なぜなら $a-b=\omega$ は Γ の元で f の周期だから．

補題 8.2.2 周期平行四辺形 (a) をとる．このとき，任

1) この関係は同値関係である．すなわち，(イ) $a\equiv a\ (\Gamma)$，(ロ) $a\equiv b\ (\Gamma)$ なら $b\equiv a\ (\Gamma)$，(ハ) $a\equiv b, b\equiv c\ (\Gamma)$ なら $a\equiv c\ (\Gamma)$ をみたす．

2) これも，a が極のときは b も極という意味．a が f の極で $\sum_{\nu=1}^{k} c_\nu/(z-a)^\nu$ が主要部ならば，b も極で $\sum_{\nu=1}^{k} c_\nu/(z-b)^\nu$ が f の b での主要部になる．証明は略．

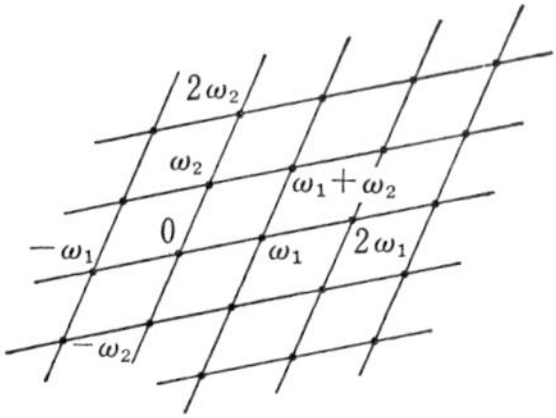

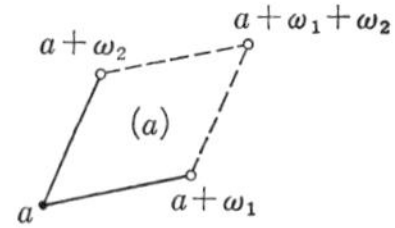

意の $z\in\boldsymbol{C}$ に対し z と Γ 同値な (a) の点がただ1つ存在する．

証明 $z-a=k\omega_1+l\omega_2$ (k,l は実数) とかける．$k=m+\varepsilon, l=n+\delta$ ($m,n\in\boldsymbol{Z}, 0\leqq\varepsilon<1, 0\leqq\delta<1$) とかくと，$z-a-(\varepsilon\omega_1+\delta\omega_2)=m\omega_1+n\omega_2\in\Gamma$ である．ゆえに $z\equiv a+\varepsilon\omega_1+\delta\omega_2\ (\Gamma)$ で，$a+\varepsilon\omega_1+\delta\omega_2\in(a)$ である．(a) の相異なる2点は Γ 同値ではありえない．

定義 8.2.3 楕円関数 $f\in E(\Gamma)$ の**位数**とは，周期平行四辺形 (a) の中にある f の極の個数である．(ただし，k 位の極は極が k 個とかぞえる.)

問 この定義が，周期平行四辺形のとり方によらないことを確かめよ．

次の定理はリュービルによるものである．

定理 8.2.4 $f(z)$ は n 位の楕円関数で，(a) を任意の周期平行四辺形とする．このとき，

（i）　$n=0 \Rightarrow f=$定数（全平面で正則な楕円関数は定数だけ），

（ii）　(a) 内にある f の極での留数の和は 0，

（iii）　$n \neq 1$（1位の楕円関数は存在しない），

（iv）　任意の $\alpha \in \mathbf{C} \cup \{\infty\}$ に対し，$\{z \in (a) ; f(z)=\alpha\}$ は n 個（ただし，重根は重複度だけかぞえる），

（v）　(a) 内にある f の極を $a_1, a_2, \cdots, a_n$ とし，任意の α に対し $\{z \in (a) ; f(z)=\alpha\}$ を $b_1, b_2, \cdots, b_n$ とする．このとき，$\sum_{\nu=1}^{n} a_\nu \equiv \sum_{\nu=1}^{n} b_\nu \ (\Gamma)$.

証明　（i）　補題 8.2.2 より，(a) で f が正則ならば全平面で正則になる．さらに，f は (a) では有界だから全平面で有界となり，リュービルの定理（定理 5.1.1）により定数となる．

（ii）　周期平行四辺形 (a) の周上に f の極があれば，a を少しずらして a' をとり，(a') の周 C 上には極がなく，(a) に属する極はすべて (a') に属するようにできる．(a') の辺を順に C_1, C_2, C_3, C_4 とする．f の周期性より，C_1 と C_3，C_2 と C_4 の上では f の値が等しく線分の向きが逆だか

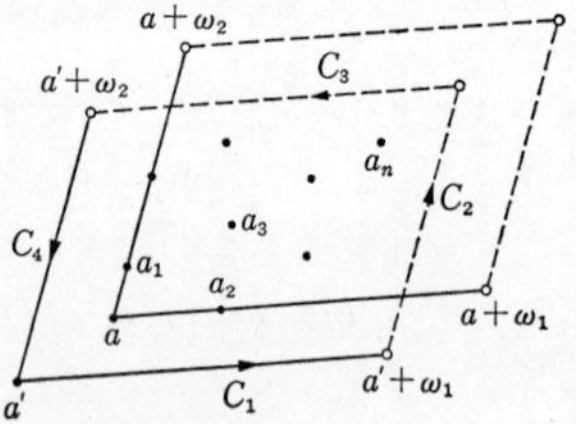

ら $\int_{C_i} f(z)dz = -\int_{C_{i+2}} f(z)dz$ $(i=1,2)$ となり，全部を加えて $\int_C f(z)dz=0$ をうる．留数の原理より $\dfrac{1}{2\pi i}\int_C f(z)dz$ は留数の和である．

（iii） 楕円関数 $f(z)$ の位数が 1 ということは (a) の中に極が 1 個，しかもそれは 1 位の極ということである．すると (a) 内の留数の和は 0 ではありえない．

（iv） $\alpha \in \boldsymbol{C}$ を与え，（ii）の証明のときの (a') を，さらに (a') の周上に $\{z\,;\,f(z)=\alpha\}$ の点がなく，$\{z\in(a)\,;\,f(z)=\alpha\}=\{z\in(a')\,;\,f(z)=\alpha\}$ をもみたすようにとる．$f'(z)/(f(z)-\alpha)$ も ω_1, ω_2 を周期とする楕円関数だから，(a') の周 C にそって積分すると（ii）と同様にして $(1/2\pi i)\cdot\int_C f'(z)/(f(z)-\alpha)\cdot dz=0$ となる．偏角の原理より，これは (a') 内にある $f(z)-\alpha$ の零点の個数から極の個数をひいたものである．

（v） （iv）と同じように (a') をとる．定理 3.4.1 のあとの問 1 より，

$$\frac{1}{2\pi i}\int_C \frac{zf'(z)}{f(z)-\alpha}dz = \sum_{\nu=1}^{n} b_\nu - \sum_{\nu=1}^{n} a_\nu$$

である．C_1 を $z(t)$ $(0\leqq t\leqq 1)$ とすると，$-C_3$ は $z(t)+\omega_2$ $(0\leqq t\leqq 1)$ となる．

$$\int_{C_1+C_3}\frac{zf'(z)}{f(z)-\alpha}dz = \int_0^1 \frac{z(t)f'(z(t))}{f(z(t))-\alpha}z'(t)dt$$

$$-\int_0^1 \frac{(z(t)+\omega_2)f'(z(t)+\omega_2)}{f(z(t)+\omega_2)-\alpha}z'(t)dt$$

となり，ω_2 は f および f' の周期であることに注意すると

$$\int_{C_1+C_3}\frac{zf'(z)}{f(z)-\alpha}dz=-\int_0^1\frac{\omega_2 f'(z(t))}{f(z(t))-\alpha}z'(t)dt$$

$$=-\omega_2\int_{C_1}\frac{f'(z)}{f(z)-\alpha}dz$$

となり，これは z が C_1 を動くときの関数 $f(z)-\alpha$ の偏角の増加量×$(-i\omega_2)$ だが，$f(a')=f(a'+\omega_1)$ より C_1 は $f(z)-\alpha$ により閉曲線に写り，偏角の増加量は 2π×整数となる．

同様にして，$\int_{C_2+C_4}=2\pi i\times$整数$\times\omega_1$ がわかり，$\sum b_\nu-\sum a_\nu=m\omega_1+n\omega_2$（$m,n$ は整数）をうる．

8.3 ワイエルストラスのペー関数 $\wp(z)$

この節でも，$\omega_1,\omega_2\in\boldsymbol{C},\mathrm{Im}(\omega_2/\omega_1)>0$ を固定し，$\Gamma=\Gamma(\omega_1,\omega_2)$，$E=E(\Gamma)$ は前節と同じとする．具体的に $E(\Gamma)$ の構造を調べるのが目的である．前節では抽象的に $f\in E(\Gamma)$ の性質を論じただけで，まだ $\boldsymbol{C}\subsetneqq E(\Gamma)$，つまり定数でない楕円関数の存在さえわかっていない．

補題 8.3.1 $\alpha>2$ ならば $\sum'_{\omega\in\Gamma}1/|\omega|^\alpha$ は収束する．

注意 $\sum'_{\omega\in\Gamma}$ は $\sum_{\omega\in\Gamma-(0)}$ の意味である．$\sum_{\omega\in\Gamma}$ は，ω を Γ の上全部に走らせて加えることであるが，Γ に 0 がはいっており $\omega=0$ なら $1/|\omega|^\alpha$ は困ってしまう．以後，$\sum'(\quad)$ とかくと $(\quad)$ の中が困ってしまう自明な例外を除いて加えるという意味と約束する．

証明 $A_k=\{m\omega_1+n\omega_2\,;\,(m,n)\in\boldsymbol{Z}\times\boldsymbol{Z},\ |m|\leqq k,\ |n|\leqq k\}$ とおく．A_k の元は $(2k+1)^2$ 個あり，A_k-A_{k-1} の個数は $(2k+1)^2-(2k-1)^2=8k$ である．頂点 $\omega_1+\omega_2,\ -\omega_1+\omega_2,$

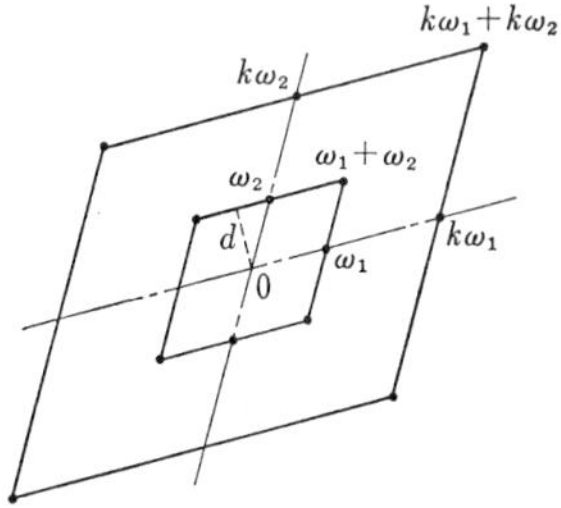

$-\omega_1-\omega_2, \omega_1-\omega_2$ の平行四辺形の周への原点 0 からの最短距離を d とする．頂点 $k\omega_1+k\omega_2, -k\omega_1+k\omega_2, -k\omega_1-k\omega_2, k\omega_1-k\omega_2$ の平行四辺形の周へのそれは kd になる．

$$\sum_{\omega\in A_k-A_{k-1}}\frac{1}{|\omega|^\alpha}<\sum_{\omega\in A_k-A_{k-1}}\frac{1}{(kd)^\alpha}$$

$$=8k\frac{1}{(kd)^\alpha}=\frac{8}{d^\alpha}\cdot\frac{1}{k^{\alpha-1}}$$

で，$\sum'_{\omega\in\Gamma}=\sum_{k=1}^{\infty}\left(\sum_{\omega\in A_k-A_{k-1}}\right)$ だから，$\alpha>2$ なら収束する．証明終わり．

ミッタグ・レフラーの定理（定理 5.3.1）により，各 $\omega\in\Gamma$ を 1 位の極とし主要部が $1/(z-\omega)$ の有理形関数 $\zeta(z)$ が存在する（ワイエルストラスの ζ 関数という）．その証明をたどり，具体的に $\zeta(z)$ を求めよう．

定理 8.3.2 $\zeta(z)=\dfrac{1}{z}+\sum'_{\omega\in\Gamma}\left(\dfrac{1}{z-\omega}+\dfrac{1}{\omega}+\dfrac{z}{\omega^2}\right)$

は全平面で有理形，極は Γ の点でそれは留数 1 の 1 位の極である．

証明 (定理5.3.1の証明を復習せよ.) $R>0$ を任意にとり $|z|<R$ で考える. $|z|<|\omega|$ で

$$\frac{1}{z-\omega}=-\frac{1}{\omega}\cdot\frac{1}{1-\dfrac{z}{\omega}}=-\frac{1}{\omega}-\frac{z}{\omega^2}-\frac{z^2}{\omega^3}-\cdots,$$

$$\frac{1}{z-\omega}+\frac{1}{\omega}+\frac{z}{\omega^2}=\frac{z^2}{\omega^2(z-\omega)}$$

となる. $|z|<R, |\omega|>2R$ とすると, $|z-\omega|\geqq|\omega|-|z|>|\omega|/2$ で,

$$\left|\frac{1}{z-\omega}+\frac{1}{\omega}+\frac{z}{\omega^2}\right|=\left|\frac{z^2}{\omega^2(z-\omega)}\right|<\frac{2R^2}{|\omega|^3}$$

となる. $|z|<R$ のとき,

$$\sum_{|\omega|>2R,\,\omega\in\Gamma}\left(\frac{1}{z-\omega}+\frac{1}{\omega}+\frac{z}{\omega^2}\right)$$

は正規収束し正則関数となる.

定理 8.3.3

$$\wp(z)=-\zeta'(z)=\frac{1}{z^2}+\sum_{\omega\in\Gamma}{}'\left\{\frac{1}{(z-\omega)^2}-\frac{1}{\omega^2}\right\}$$

とおく.

(i) $\wp(z)\in E(\Gamma)$, すなわち $\wp(z)$ は周期 ω_1, ω_2 の楕円関数である. $\wp(z)$ の極は Γ の点で, $\wp(z)$ は偶関数となり, 位数は2である. $\wp(z)=\wp(z')$ となるのは $z\equiv z'\ (\Gamma)$ か $z\equiv -z'\ (\Gamma)$ のとき, そのときに限る.

(ii) $\wp'(z)\in E(\Gamma)$. $\wp'(z)$ は3位の楕円関数で奇関数である. $\wp'$ の極は Γ の点, $\wp'$ の零点は $\omega_1/2, \omega_2/2$, $(\omega_1$

$+\omega_2)/2$ と Γ 同値な点である．

証明 $\wp(z)$ を微分して，

$$\wp'(z) = -\frac{2}{z^3} - \sum_{\omega\in\Gamma}{}' \frac{2}{(z-\omega)^3} = -2\sum_{\omega\in\Gamma} \frac{1}{(z-\omega)^3}$$

となる．任意に $\omega_0 \in \Gamma$ をとる．$\{\omega-\omega_0\,;\,\omega\in\Gamma\}=\Gamma$ に注意すると，

$$\wp'(z+\omega_0) = -2\sum_{\omega\in\Gamma}\frac{1}{(z+\omega_0-\omega)^3}$$

$$= -2\sum_{\omega\in\Gamma}\frac{1}{(z-\omega)^3} = \wp'(z)$$

となり，$\wp'(z)\in E(\Gamma)$ がわかる．

$(\wp(z+\omega_0)-\wp(z))'=0$ より，$\wp(z+\omega_0)-\wp(z)=c$（c は定数）をうる．$\{-\omega\,;\,\omega\in\Gamma\}=\Gamma$ より，

$$\wp(-z) = \frac{1}{z^2} + \sum_{\omega\in\Gamma}{}'\left\{\frac{1}{(z+\omega)^2} - \frac{1}{\omega^2}\right\}$$

$$= \frac{1}{z^2} + \sum_{\omega\in\Gamma}{}'\left\{\frac{1}{(z-\omega)^2} - \frac{1}{\omega^2}\right\} = \wp(z)$$

より，$\wp(z)$ は偶関数である．ゆえに，

$$\wp\left(-\frac{\omega_0}{2}\right) = \wp\left(\frac{\omega_0}{2}\right) = \wp\left(-\frac{\omega_0}{2}+\omega_0\right)$$

$$= \wp\left(-\frac{\omega_0}{2}\right)+c$$

となり，$c=0$ をうる．ゆえに，$\wp(z+\omega_0)=\wp(z)$ で $\wp(z)\in E(\Gamma)$ である．$\wp(z)$ の定義式より，$\wp(z)$ の極は Γ の点で，それは 2 位の極であることがわかる．周期平行四辺

形(0)の中にある極は0だけでそれは2位の極，ゆえに$\wp(z)$の位数は2である．定理8.2.4（v）を適用すると，任意の$\alpha\in\boldsymbol{C}$に対し，$\{z\in(0)\,;\,\wp(z)=\alpha\}=\{b_1, b_2\}$とおくと，$b_1+b_2\equiv 0+0\ (\Gamma)$となる．補題8.2.2より，$\wp(z)=\wp(z')$ならば，$z, z'$に$\Gamma$同値な点を(0)の中にとれば，$z\equiv z'\ (\Gamma)$か，$z+z'\equiv 0\ (\Gamma)$かのどちらかが成り立つ．

$\wp'(z)$が奇関数で位数3になることは上記のことから明らかであろう．$a\in(0)$で$\wp'(z)=0$とすると，$\{z\in(0)\,;\,\wp(z)=\wp(a)\}$は重根となり，$a+a\equiv 0\ (\Gamma)$となる．$a=\varepsilon\omega_1+\delta\omega_2$（$0\leqq\varepsilon<1, 0\leqq\delta<1$）で$2a\in\Gamma$となるのは，$(1/2)\omega_1$，$(1/2)\omega_2$，$(\omega_1+\omega_2)/2$の3点だけである．$\wp'$は3位だから，$\{z\in(0)\,;\,\wp'(z)=0\}$は3個で，もしこれが重根をもつと$\wp'(z)=\wp''(z)=0$となり$\wp(z)=\wp(a)$が3重根になり$\wp$が2位ということに反する．ゆえに，$(1/2)\omega_1, (1/2)\omega_2, (\omega_1+\omega_2)/2$はたしかに$\wp'(z)$の零点（1位の零点）である．

定理 8.3.4 （i） $\wp(\omega_1/2)=e_1$，$\wp((\omega_1+\omega_2)/2)=e_2$，$\wp(\omega_2/2)=e_3$とおくと，$e_1, e_2, e_3$は相異なり，

$$\wp'(z)^2 = 4(\wp(z)-e_1)(\wp(z)-e_2)(\wp(z)-e_3).$$

（ii） $g_2=60\sum_{\omega\in\Gamma}{}' 1/\omega^4$，$g_3=140\sum_{\omega\in\Gamma}{}' 1/\omega^6$とおくと，

$$\wp'(z)^2 = 4\wp(z)^3-g_2\wp(z)-g_3.$$

証明 （i） $\wp'(\omega_1/2)=0$より$\omega_1/2$でe_1という値を重複してとり，$\wp(z)$は位数2だから(0)内の$\omega_1/2$以外の点ではe_1という値はとらない．e_2, e_3についても同様で，ゆ

えに e_1, e_2, e_3 は相異なる.

$f(z)=(\wp(z)-e_1)(\wp(z)-e_2)(\wp(z)-e_3)$ とおく. $f(z)\in E(\Gamma)$ で, 周期平行四辺形 (0) 内に零点は $\omega_1/2$, $(\omega_1+\omega_2)/2$, $\omega_2/2$ の 3 点でおのおのは 2 位の零点である. f の極は (0) 内に原点だけで, それは 6 位の極である. $\wp'(z)^2/f(z)$ は $E(\Gamma)$ の元で, (0) 内の極が打ち消しあってなくなり, 定理 8.2.4 (i) より定数 c となる. すなわち, $\wp'(z)^2=cf(z)$ である. 原点の近傍でローラン展開すると,

$$\wp(z) = \frac{1}{z^2}+\cdots, \qquad \wp'(z) = -\frac{2}{z^3}+\cdots.$$

ゆえに,

$$\wp'(z)^2 = \frac{4}{z^6}+\cdots, \qquad f(z) = \frac{1}{z^6}+\cdots$$

で, 両辺を比較して $c=4$ をうる.

(ii) 原点の近傍でローラン展開を行う.

$$\zeta(z) = \frac{1}{z}+\sum_{\omega\in\Gamma}'\left(\frac{1}{z-\omega}+\frac{1}{\omega}+\frac{z}{\omega^2}\right)$$

$$= \frac{1}{z}-\sum{}'\left(\frac{z^2}{\omega^3}+\frac{z^3}{\omega^4}+\cdots\right) = \frac{1}{z}-G_3z^2-G_4z^3-\cdots$$

である. ここで, $G_n=\sum_{\omega\in\Gamma}' 1/\omega^n$ とおいた. n が奇数ならば $G_n=0$ である：なぜなら $1/\omega^n$ と $1/(-\omega)^n$ とが打ち消しあうから. 結局,

$$\zeta(z) = 1/z-G_4z^3-G_6z^5-\cdots,$$
$$\wp(z) = -\zeta'(z) = 1/z^2+3G_4z^2+5G_6z^4+\cdots,$$

$$\wp'(z) = -2/z^3+6G_4z+20G_6z^3+\cdots,$$
$$\wp'(z)^2 = 4/z^6-24G_4/z^2-80G_6+\cdots,$$
$$\wp(z)^3 = 1/z^6+9G_4/z^2+15G_6+\cdots,$$
$$\therefore\quad \wp'(z)^2-4\wp(z)^3 = -60G_4/z^2-140G_6+\cdots,$$
$$\therefore\quad \wp'(z)^2-4\wp(z)^3+60G_4\wp(z) = -140G_6+\cdots$$

となる．$\wp'^2-4\wp^3+60G_4\wp$ は $E(\Gamma)$ の元で，極は Γ の点しかありえず，(0) で考えて原点でのローラン展開が $-140G_6+\cdots$ と負べきの項をもたないから，0 は極ではない．ゆえに Γ の点はみな正則点になり定理 8.2.4 (i) より定数となる．ゆえに，

$$\wp'(z)^2-4\wp(z)^3+60G_4\wp(z) = -140G_6.$$

定理 8.3.5 楕円関数 $f\in E(\Gamma)$ はすべて，有理関数 $P(X), Q(X)$ をとり

$$f(z) = P(\wp(z))+\wp'(z)Q(\wp(z))$$

とあらわせる．逆に，この形の f は $E(\Gamma)$ の元である[1]．

証明 (イ) $f(z)$ が偶関数のとき．f の位数を n とする．$A=\{z\in(0)\,;\,f(z)=\alpha\}$ が相異なる n 個になるように α をとる．($f'(z)=0$ となる z に対する値 $f(z)$ をさければよい．) $A=\{z_1, z_2, \cdots, z_n\}$ としよう．偶関数だから $f(z_1)=\alpha$ なら $f(-z_1)=\alpha$ である．$z_1\not\equiv -z_1\ (\Gamma)$ をいう．

$z_1\equiv -z_1\ (\Gamma)$ ならば任意の h に対し $z_1+h\equiv -z_1+h\ (\Gamma)$ である．$f'\in E(\Gamma)$ で $f(z)$ が偶関数だから $f'(z)$

1) 代数を知っている読者へ：$E(\Gamma)=\boldsymbol{C}(\wp, \wp')$ である．つまり楕円関数体 $E(\Gamma)$ は，複素数体に $\wp(z)$ をつけ加えた超越拡大体 $\boldsymbol{C}(\wp)$ を考え，それの 2 次代数拡大体 $\boldsymbol{C}(\wp, \wp')$ に等しい．

は奇関数になり,

$$f'(z_1+h) = f'(-z_1+h) = -f'(z_1-h)$$

となる. $h\to 0$ として, $f'(z_1)=0$ となり, α のとり方に反する.

$-z_1$ に Γ 同値な点が $\{z_2, z_3, \cdots, z_n\}$ の中にあるはずで, それを z_2 とする. z_3 に対しても同様にして, $f(z_3)=f(-z_3)=\alpha, z_3\not\equiv -z_3\,(\Gamma)$ となり, $-z_3\equiv z_4\,(\Gamma)$ としてよい. 結局, n は偶数で, $-z_{2\nu-1}\equiv z_{2\nu}\,(\Gamma)$ $(\nu=1, 2, \cdots, k\,;\, n=2k)$ とできる.

$\beta\neq\alpha$ を α と同様にとり, $\{z\in(0)\,;\, f(z)=\beta\}=\{z_1', z_2', \cdots, z_n'\}$ は相異なり $-z_{2\nu-1}'\equiv z_{2\nu}'\,(\Gamma)$ $(\nu=1, 2, \cdots, k)$ とする.

$$F(z) = \frac{f(z)-\alpha}{f(z)-\beta},$$

$$G(z) = \frac{(\wp(z)-\wp(z_1))(\wp(z)-\wp(z_3))\cdots(\wp(z)-\wp(z_{2k-1}))}{(\wp(z)-\wp(z_1'))(\wp(z)-\wp(z_3'))\cdots(\wp(z)-\wp(z_{2k-1}'))}$$

とおく. $F(z)/G(z)\in E(\Gamma)$ である. $\{z\in(0)\,;\,\wp(z)=\wp(z_{2\nu-1})\}=\{z_{2\nu-1}, z_{2\nu}\}$ に注意すると, $F(z)/G(z)$ は (0) 内に極をもたず, ゆえに定数 c になる. $F(z)=cG(z)$ をとくと, $f(z)$ は $\wp(z)$ の分数式であらわせる.

(ロ) $f(z)$ が奇関数のとき. $f(z)/\wp'(z)$ は $E(\Gamma)$ にはいり偶関数だから, (イ) より有理関数 $Q(X)$ があり, $f(z)/\wp'(z)=Q(\wp(z))$ とかける.

(ハ) 一般のとき. $f(z)=(1/2)\{f(z)+f(-z)\}+$

$(1/2)\{f(z)-f(-z)\}$ とかく．$f(z)+f(-z)\in E(\Gamma)$ でこれは偶関数，$f(z)-f(-z)\in E(\Gamma)$ でこれは奇関数である．(イ), (ロ) から結論をうる．

8.4　楕円関数の加法定理

この節では，8.3節の記号を説明なしにそのまま使う．この節は具体的な関数計算の典型でありよい演習問題である．だから証明は方針だけにとどめ詳細は読者にまかせる．また，読むことを省略して次節へ進んでもよい．

全平面 $\boldsymbol{C}$ で正則な関数を**整関数**という．まず，$\zeta(z)$, $\wp(z)$ を整関数の商でかく．

定理 8.4.1　$\sigma(z)=z\prod'_{\omega\in\Gamma}\left(1-\dfrac{z}{\omega}\right)\exp\left(\dfrac{z}{\omega}+\dfrac{1}{2}\left(\dfrac{z}{\omega}\right)^2\right)$ とおく（ワイエルストラスの σ 関数）．($\prod'_{\omega\in\Gamma}$ は $\omega\neq 0$ の $\omega\in\Gamma$ に対しすべて積をとるという意味.) この無限積は全平面でコンパクト一様絶対収束し，$\sigma(z)$ は整関数になり零点は Γ の点のみで，そこは1位の零点である．さらに，

$$\zeta(z)=\frac{\sigma'(z)}{\sigma(z)},\qquad \wp(z)=\frac{\sigma'(z)^2-\sigma(z)\sigma''(z)}{\sigma(z)^2}$$

が成立する．

証明　無限積については付録 V.5 をみよ．

$$\left|\log\left\{\left(1-\frac{z}{\omega}\right)\exp\left(\frac{z}{\omega}+\frac{1}{2}\left(\frac{z}{\omega}\right)^2\right)\right\}\right|$$

$$=\left|\log\left(1-\frac{z}{\omega}\right)+\frac{z}{\omega}+\frac{1}{2}\left(\frac{z}{\omega}\right)^2\right|$$

$$=\left|-\frac{1}{3}\left(\frac{z}{\omega}\right)^3-\frac{1}{4}\left(\frac{z}{\omega}\right)^4-\cdots\right|$$

となり，定理 8.3.2 の証明と同様にして，$\sigma(z)$ の性質がわかる．

$\zeta(z)-1/z=\sum'(1/(z-\omega)+1/\omega+z/\omega^2)$ は $z=0$ の近傍で正則だからそこで原始関数を求め，

$$\int_0^z\left(\zeta(u)-\frac{1}{u}\right)du=\sum_{\omega\in\Gamma}'\left\{\mathrm{Log}\left(1-\frac{z}{\omega}\right)+\frac{z}{\omega}+\frac{1}{2}\left(\frac{z}{\omega}\right)^2\right\}$$

$$=\mathrm{Log}\prod_{\omega\in\Gamma}'\left(1-\frac{z}{\omega}\right)\exp\left(\frac{z}{\omega}+\frac{1}{2}\left(\frac{z}{\omega}\right)^2\right)$$

$$=\mathrm{Log}\frac{\sigma(z)}{z}$$

となる．（原点の近傍での計算で，Log 1=0 に対数の枝をとり Log とかいた．）両辺を微分して $\zeta(z)=\sigma'(z)/\sigma(z)$ が原点の近傍でわかり，一致の定理から全平面で成り立つ．$\wp(z)=-\zeta'(z)$ より $\wp(z)$ の表示式は明らかである．

定理 8.4.2 $\zeta(z+\omega_1)-\zeta(z)=\eta_1, \zeta(z+\omega_2)-\zeta(z)=\eta_2$ は定数である．そして，$\eta_1\omega_2-\eta_2\omega_1=2\pi i$．（ルジャンドルの等式）

証明 $\zeta'(z+\omega_1)-\zeta'(z)=-\wp(z+\omega_1)+\wp(z)=0$ より $\zeta(z+\omega_1)-\zeta(z)$ は定数である．周期平行四辺形 (a) を周上に Γ の点がないようにとると，(a) 内には Γ の点がただ 1 つあり，$\zeta(z)$ はそこで 1 位の極で留数は 1 である．

$$2\pi i=\int_{\partial(a)}\zeta(z)dz=\int_a^{a+\omega_1}(\zeta(z)-\zeta(z+\omega_2))dz$$

$$+\int_a^{a+\omega_2}(\zeta(z+\omega_1)-\zeta(z))dz = -\eta_2\omega_1+\eta_1\omega_2$$

である．

定理 8.4.3　$\omega=m\omega_1+n\omega_2, \eta=m\eta_1+n\eta_2$ $(m, n$ は整数$)$ とおくと，

$$\sigma(z+\omega) = \pm e^{\eta(z+\omega/2)}\sigma(z).$$

ただし，符号 $\pm$ は $\omega/2\in\Gamma$ なら $+$，$\omega/2\notin\Gamma$ なら $-$ である．

証明　$\zeta(z+\omega)=\zeta(z)+\eta$ となる．$\zeta(z)=\sigma'(z)/\sigma(z)$ より，$\sigma'(z+\omega)/\sigma(z+\omega)=(\sigma'(z)/\sigma(z))+\eta$ である．ゆえに，$\sigma(z+\omega)=ce^{\eta z}\sigma(z)$ （c は定数）がわかる．$\sigma(z)$ は定義式から奇関数なので，$z=-\omega/2$ を代入して，$\sigma(\omega/2)=-ce^{-\eta\omega/2}\sigma(\omega/2)$ となる．$\omega/2\notin\Gamma$ なら $\sigma(\omega/2)\neq 0$ で，$c=-e^{\eta\omega/2}$ をうる．$\omega/2\in\Gamma$ のとき，$\omega/2$ は $\sigma(z)$ の 1 位の零点だから，$\sigma'(\omega/2)\neq 0$ である．

$$\sigma'(z+\omega) = c\eta e^{\eta z}\sigma(z)+ce^{\eta z}\sigma'(z)$$

に $z=-\omega/2$ を代入し，$\sigma'(z)$ は偶関数に注意すると，$\sigma'(\omega/2)=ce^{-\eta\omega/2}\sigma'(\omega/2)$ となり，$c=e^{\eta\omega/2}$ をうる．

5.6 節問 1 のように，有理形関数は正則関数の商であらわされることがわかっている．楕円関数のときには，次のように具体的にその形が求まる．

定理 8.4.4　$f(z)$ を r 位の楕円関数とすると，

$$f(z) = c\frac{\sigma(z-a_1)\sigma(z-a_2)\cdots\sigma(z-a_r)}{\sigma(z-b_1)\sigma(z-b_2)\cdots\sigma(z-b_r)}$$

と整関数の商でかける．ここで，c は定数，$\{a_1, a_2, \cdots, a_r\}$

は $f(z)$ の零点，$\{b_1, b_2, \cdots, b_r\}$ は $f(z)$ の極で $a_1+a_2+\cdots+a_r=b_1+b_2+\cdots+b_r$ にとってある．(例えば，周期平行四辺形 (0) から f の零点をとり $a_1, \cdots, a_r$ (重複度だけ同じものをならべる)，(0) から f の極を同様に $b_1, \cdots, b_{r-1}, b_r'$ ととり，$\sum a_\nu=\sum b_\nu$ になるように $b_r=b_r'+\omega$ $(\omega\in\Gamma)$ としておけばよい (定理 8.2.4 (v) 参照).

証明　右辺の式を $g(z)$ とすると定理 8.4.3 と $\sum a_\nu=\sum b_\nu$ より $g(z+\omega)=g(z)$ で $g\in E(\Gamma)$ となる．f/g は $E(\Gamma)$ の元で，零点も極もなくなり定数である．

定理 8.4.5　$\wp(z)-\wp(u) = -\dfrac{\sigma(z+u)\sigma(z-u)}{\sigma(z)^2\sigma(u)^2}.$

証明　$2u\notin\Gamma$ として，$\wp(z)-\wp(u)$ に前定理を適用する．零点は u と $-u$，極は 0, 0 だから，$\wp(z)-\wp(u)=c\cdot\sigma(z+u)\sigma(z-u)/\sigma(z)^2$ である．$z=0$ での各関数のローラン (テイラー) 展開は，$\wp(z)=1/z^2+\cdots, \sigma(z)=z+\cdots, \sigma(z-u)=\sigma(-u)+\cdots=-\sigma(u)+\cdots, \sigma(z+u)=\sigma(u)+\cdots$ だから，両辺の $1/z^2$ の係数をくらべて $1=c(-\sigma(u)^2)$ となる．$2u\in\Gamma$ でも，$z\notin\Gamma, u\notin\Gamma$ なら定理の式は正しいことがいえる．

定理 8.4.6　($\zeta(z)$ の加法定理)

$$\zeta(z+u) = \zeta(z)+\zeta(u)+\frac{1}{2}\cdot\frac{\wp'(z)-\wp'(u)}{\wp(z)-\wp(u)}.$$

($\zeta(z+u)$ が $\zeta(z), \zeta(u), \zeta'(z), \zeta'(u), \zeta''(z), \zeta''(u)$ の式で具体的にあらわせた.)

証明　前定理の式を z について対数微分して，

$$\frac{\wp'(z)}{\wp(z)-\wp(u)} = \zeta(z+u)+\zeta(z-u)-2\zeta(z),$$

u について対数微分すると

$$-\frac{\wp'(u)}{\wp(z)-\wp(u)} = \zeta(z+u)-\zeta(z-u)-2\zeta(u)$$

となり，この2式を加えて2でわればよい．

定理 8.4.7（$\wp(z)$ の加法定理）

$$\wp(z+u) = -\wp(z)-\wp(u)+\frac{1}{4}\left(\frac{\wp'(z)-\wp'(u)}{\wp(z)-\wp(u)}\right)^2.$$

系 8.4.8

$$\wp(2z) = -2\wp(z)+\frac{1}{4}\left(\frac{\wp''(z)}{\wp'(z)}\right)^2$$

$$= -2\wp(z)+\frac{1}{4}\cdot\frac{\left(6\wp(z)-\frac{g_2}{2}\right)^2}{4\wp(z)^3-g_2\wp(z)-g_3}.$$

証明　定理 8.4.6 の式を z で微分し整理すると，

$$\wp(z+u) = \wp(z)-\frac{1}{2}\left\{\frac{\wp''(z)}{\wp(z)-\wp(u)} - \frac{\wp'(z)(\wp'(z)-\wp'(u))}{(\wp(z)-\wp(u))^2}\right\}$$

となる．z と u とをとりかえた式を作り両者を加えて，

$$2\wp(z+u) = \wp(z)+\wp(u)-\frac{1}{2}\frac{\wp''(z)-\wp''(u)}{\wp(z)-\wp(u)} + \frac{1}{2}\left(\frac{\wp'(z)-\wp'(u)}{\wp(z)-\wp(u)}\right)^2$$

をうる．$\wp'^2=4\wp^3-g_2\wp-g_3$（定理 8.3.4 (ii)）より両辺を微分して，$2\wp'\wp''=12\wp^2\wp'-g_2\wp'$ となり，$\wp''=6\wp^2-g_2/2$ である．これを代入して定理の式をうる．

系は定理の式で $u\to z$ としてみればよい．

注　関数 $f(z)$ に対し，3 変数の多項式 $P(X,Y,Z)\neq 0$ があり，恒等的に $P(f(z+u),f(z),f(u))=0$ が成立するとき，$f(z)$ は代数的加法定理をみたすという．定理 8.4.7 と $\wp'^2=4\wp^3-g_2\wp-g_3$ より，$\wp(z)$ は代数的加法定理をみたすことがわかった．任意の楕円関数 $f\in E(\Gamma)$ は代数的加法定理をもつことが示せる．逆に，全平面で 1 価有理形関数で代数的加法定理をみたすものは，指数関数の有理式か楕円関数に限ることがわかっている（ワイエルストラス）．

8.5 モジュラー関数 $J(\tau)$

いままでは ω_1,ω_2 を固定して $\wp(z)$ などを考えてきた．$\wp(z)$ も正確には $\wp(z;\omega_1,\omega_2)$ とでもかくべきであろう．$\wp(z;\omega_1,\omega_2)$ の極の全体が $\Gamma(\omega_1,\omega_2)$ だから，（Γ の元が $\wp$ の周期であることは示したが）そのほかには $\wp$ の周期がないことがわかる．別に ω_1',ω_2'；$\mathrm{Im}(\omega_2'/\omega_1')>0$ を与えたときに，$\wp(z;\omega_1,\omega_2)=\wp(z;\omega_1',\omega_2')$ となるのは $\Gamma(\omega_1,\omega_2)=\Gamma(\omega_1',\omega_2')$ のとき，そのときだけである．

補題 8.5.1　ω_1,ω_2；ω_1',ω_2' を $\mathrm{Im}(\omega_2/\omega_1)>0, \mathrm{Im}(\omega_2'/\omega_1')>0$ に与えたときに，

$\Gamma(\omega_1,\omega_2)=\Gamma(\omega_1',\omega_2')\Longleftrightarrow$ 行列式 1 の整数行列 $\begin{pmatrix}a&b\\c&d\end{pmatrix}$ が存在し，$\begin{pmatrix}\omega_2'\\\omega_1'\end{pmatrix}=\begin{pmatrix}a&b\\c&d\end{pmatrix}\begin{pmatrix}\omega_2\\\omega_1\end{pmatrix}$.

証明　⇐の証明．$a, b, c, d \in \boldsymbol{Z}$ より，$\omega_1', \omega_2' \in \Gamma(\omega_1, \omega_2)$ で $\Gamma(\omega_1', \omega_2') \subset \Gamma(\omega_1, \omega_2)$ となる．行列式 $ad-bc=1$ より，$\begin{pmatrix} a & b \\ c & d \end{pmatrix}^{-1} = \begin{pmatrix} d & -b \\ -c & a \end{pmatrix}$ となり，$\begin{pmatrix} \omega_2 \\ \omega_1 \end{pmatrix} = \begin{pmatrix} d & -b \\ -c & a \end{pmatrix}\begin{pmatrix} \omega_2' \\ \omega_1' \end{pmatrix}$ がいえ，$\omega_1, \omega_2 \in \Gamma(\omega_1', \omega_2')$ もわかる．

⇒の証明．$\omega_1', \omega_2' \in \Gamma(\omega_1, \omega_2)$ より $\omega_2' = a\omega_2 + b\omega_1$, $\omega_1' = c\omega_2 + d\omega_1$ $(a, b, c, d \in \boldsymbol{Z})$ とかける．逆にして，$\omega_2 = a'\omega_2' + b'\omega_1'$, $\omega_1 = c'\omega_2' + d'\omega_1'$ $(a', b', c', d' \in \boldsymbol{Z})$ ともかける．

$$\begin{pmatrix} \omega_2 \\ \omega_1 \end{pmatrix} = \begin{pmatrix} a' & b' \\ c' & d' \end{pmatrix}\begin{pmatrix} \omega_2' \\ \omega_1' \end{pmatrix} = \begin{pmatrix} a' & b' \\ c' & d' \end{pmatrix}\begin{pmatrix} a & b \\ c & d \end{pmatrix}\begin{pmatrix} \omega_2 \\ \omega_1 \end{pmatrix}$$

となり，ω_1, ω_2 が平面ベクトルとして線形独立よりこの2次正方行列の積は単位行列になることがわかる．a, b, c, d は整数で，逆行列も整数行列だから，行列式 $ad-bc=\pm 1$ がいえる．

$$\mathrm{Im}\frac{\omega_2'}{\omega_1'} = \mathrm{Im}\frac{a\omega_2 + b\omega_1}{c\omega_2 + d\omega_1} = \frac{ad-bc}{|c(\omega_2/\omega_1)+d|^2}\mathrm{Im}\frac{\omega_2}{\omega_1}$$

で，$\mathrm{Im}(\omega_2'/\omega_1')>0$, $\mathrm{Im}(\omega_2/\omega_1)>0$ から $ad-bc>0$ がわかる．

問　前補題と同じ仮定下に，

(i)　$\boldsymbol{C}$ の解析的自己同形 $z \mapsto \alpha z$ が存在し $\alpha^2 \wp(\alpha z\,;\,\omega_1, \omega_2) = \wp(z\,;\,\omega_1', \omega_2')$,

$\Longleftrightarrow$ (ii)　$\alpha \neq 0$ と行列式1の整数行列 $\begin{pmatrix} a & b \\ c & d \end{pmatrix}$ があり，$\alpha\begin{pmatrix} \omega_2' \\ \omega_1' \end{pmatrix} = \begin{pmatrix} a & b \\ c & d \end{pmatrix}\begin{pmatrix} \omega_2 \\ \omega_1 \end{pmatrix}$,

$\Longleftrightarrow$ (iii)　$\tau = \omega_2/\omega_1$, $\tau' = \omega_2'/\omega_1'$ とおいたとき，$ad-bc=1$ をみたす整数 a, b, c, d があり，$\tau' = \dfrac{a\tau+b}{c\tau+d}$.

$$SL(2,\boldsymbol{Z})=\left\{\begin{pmatrix}a & b\\ c & d\end{pmatrix};a,b,c,d\in\boldsymbol{Z},ad-bc=1\right\}$$

とおく．これは行列の乗法に関し群を作る．$\tau=\omega_2/\omega_1$ とおき，

$$\begin{aligned}g_2(\omega_1,\omega_2)&=60\sum_{\omega\in\Gamma(\omega_1,\omega_2)}{}'\frac{1}{\omega^4}=60\sum_{m,n=-\infty}^{+\infty}{}'\frac{1}{(m\omega_1+n\omega_2)^4}\\&=\frac{60}{\omega_1{}^4}\sum{}'\frac{1}{(m+n\tau)^4},\\g_3(\omega_1,\omega_2)&=140\sum_{\omega\in\Gamma(\omega_1,\omega_2)}{}'\frac{1}{\omega^6}\\&=140\sum_{m,n=-\infty}^{+\infty}{}'\frac{1}{(m\omega_1+n\omega_2)^6}\\&=\frac{140}{\omega_1{}^6}\sum{}'\frac{1}{(m+n\tau)^6},\\J(\tau)&=\frac{g_2(1,\tau)^3}{g_2(1,\tau)^3-27g_3(1,\tau)^2}\\&\left(=\frac{g_2(\omega_1,\omega_2)^3}{g_2(\omega_1,\omega_2)^3-27g_3(\omega_1,\omega_2)^2}\right)\end{aligned}$$

と定義する．$\sigma=\begin{pmatrix}a & b\\ c & d\end{pmatrix}\in SL(2,\boldsymbol{Z})$ に対し，$\sigma(\tau)=(a\tau+b)/(c\tau+d)$ と定義すると，σ は上半平面 $H=\{\tau;\operatorname{Im}\tau>0\}$ を H の上へ1対1正則に写す（定理6.5.1 (ii)）．つまり，$SL(2,\boldsymbol{Z})$ は H の解析的自己同形群 $\operatorname{Aut}(H)$ の部分群とみなせる．$\tau,\tau'\in H$ に対し，$\tau'=\sigma(\tau)$ となる $\sigma\in SL(2,\boldsymbol{Z})$ が存在するとき，$\tau\equiv\tau'$ とかき，τ と τ' は（$SL(2,\boldsymbol{Z})$ に関し）同値であるという[1]．

定理 8.5.2 (i) $J(\tau)$ は上半平面 H で正則関数である,

(ii) 任意の $\sigma\in SL(2,\boldsymbol{Z})$ に対し $J(\sigma(\tau))=J(\tau)$,

(iii) $\tau,\tau'\in H$ に対し, $J(\tau)=J(\tau')\Longleftrightarrow\tau\equiv\tau'$.

証明 (iii) の証明は $J(\tau)$ の性質をくわしく調べてからえられるので, あとにまわす.

(i) まず $g_2(1,\tau)$ が H で正則になることをいう. $1/(m+n\tau)^4$ は正則だから級数の収束を調べればよい. H 内の任意のコンパクト集合は $K=\{\tau\,;\,-a\leqq\mathrm{Re}\,\tau\leqq a,\ b\leqq\mathrm{Im}\,\tau\leqq c\}$ (a,c は大きく b は小さい正数) に含まれるから K で考える. 補題 8.3.1 の証明を復習してほしい. $\omega_1=1$, $\omega_2=\tau$ としてそこの記号をそのまま使う. τ が K の中を動くとき正数 $\rho>0$ があり, d は下から ρ でおさえられる. $\sum_{\omega\in A_k-A_{k-1}}1/|\omega|^4\leqq(8/\rho^4)(1/k^3)$ となり, $\sum_{k=1}^{\infty}1/k^3<+\infty$ より, K において正規収束がいえた. これで $g_2(1,\tau)$ は H で正則で, $g_3(1,\tau)$ の正則性も同様である.

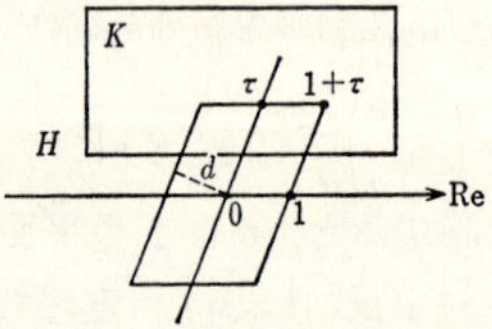

上半平面 H で $g_2(1,\tau)^3-27g_3(1,\tau)^2\neq0$ をいえば (i) の

1) $\tau\equiv\tau$, $\tau\equiv\tau'$ なら $\tau'\equiv\tau$, $\tau\equiv\tau'$ かつ $\tau'\equiv\tau''$ なら $\tau\equiv\tau''$ の3条件は成立し, 同値関係である. これは $SL(2,\boldsymbol{Z})$ が群をなすということのいいかえにすぎない.

証明は終わるが，これは定理 8.3.4 (i)，(ii) と次の補題から明らかである．

補題 8.5.3 方程式 $4x^3-g_2x-g_3=0$ の 3 根が相異なる $\Longleftrightarrow g_2{}^3-27g_3{}^2\neq 0$.

証明 きれいで一般的な証明は，行列式の本で多項式の終結式・判別式の部分をみてほしい．初等的な証明を一応かいておく．3 根を e_1, e_2, e_3 とすると根と係数の関係より，

$$e_1+e_2+e_3=0,\ \ e_1e_2+e_2e_3+e_3e_1=-g_2/4,\ \ e_1e_2e_3=g_3/4$$

である．

$$\begin{aligned} e_1{}^2e_2{}^2+e_2{}^2e_3{}^2+e_3{}^2e_1{}^2 &= (e_1e_2+e_2e_3+e_3e_1)^2 \\ &\quad -2e_1e_2e_3(e_1+e_2+e_3) \\ &= g_2{}^2/16, \end{aligned}$$

$$a^3+b^3+c^3-3abc=(a+b+c)(a^2+b^2+c^2-ab-bc-ca)$$

より，

$$e_1{}^3+e_2{}^3+e_3{}^3=(e_1+e_2+e_3)(\cdots)+3e_1e_2e_3=3g_3/4,$$

$$\begin{aligned} e_1{}^3e_2{}^3+e_2{}^3e_3{}^3+e_3{}^3e_1{}^3 &= (e_1e_2+e_2e_3+e_3e_1)\{e_1{}^2e_2{}^2+e_2{}^2e_3{}^2 \\ &\quad +e_3{}^2e_1{}^2-e_1e_2e_3(e_1+e_2+e_3)\} \\ &\quad +3e_1{}^2e_2{}^2e_3{}^2 \\ &= (-g_2/4)(g_2{}^2/16)+3(g_3/4)^2 \\ &= (-g_2{}^3/64)+(3g_3{}^2/16) \end{aligned}$$

となる．$(e_1-e_2)^2=(e_1+e_2)^2-4e_1e_2=e_3{}^2-4e_1e_2$ などより，

$$\begin{aligned} &(e_1-e_2)^2(e_2-e_3)^2(e_3-e_1)^2 \\ &\quad =(e_3{}^2-4e_1e_2)(e_1{}^2-4e_2e_3)(e_2{}^2-4e_1e_3) \\ &\quad =-63e_1{}^2e_2{}^2e_3{}^2-4(e_1{}^3e_2{}^3+e_2{}^3e_3{}^3+e_3{}^3e_1{}^3) \\ &\qquad +16e_1e_2e_3(e_1{}^3+e_2{}^3+e_3{}^3) \end{aligned}$$

$$
\begin{aligned}
&= -63g_3{}^2/16-4\{(-g_2{}^3/64)+(3g_3{}^2/16)\} \\
&\quad +16(g_3/4)(3g_3/4) \\
&= (g_2{}^3-27g_3{}^2)/16
\end{aligned}
$$

となり，$g_2{}^3-27g_3{}^2=16(e_1-e_2)^2(e_2-e_3)^2(e_3-e_1)^2$ をうる．これから補題は明らか．

定理 8.5.2 (ii) の証明 $\sigma=\begin{pmatrix} a & b \\ c & d \end{pmatrix}\in SL(2,\boldsymbol{Z})$ より，整数の対の全体 $\boldsymbol{Z}\times\boldsymbol{Z}$ から $\boldsymbol{Z}\times\boldsymbol{Z}$ への写像 $(n,m)\mapsto(n,m)\begin{pmatrix} a & b \\ c & d \end{pmatrix}$ は1対1上への写像である．つまり，(n,m) が $\boldsymbol{Z}\times\boldsymbol{Z}$ の上を全部走れば，$(na+mc, nb+md)$ も $\boldsymbol{Z}\times\boldsymbol{Z}$ を全部走る．ゆえに，

$$
\begin{aligned}
g_2\left(1, \frac{a\tau+b}{c\tau+d}\right) &= 60\sum_{m,n=-\infty}^{+\infty}{}' \frac{1}{\left(m+n\dfrac{a\tau+b}{c\tau+d}\right)^4} \\
&= (c\tau+d)^4\cdot 60\sum_{m,n=-\infty}^{+\infty}{}' \frac{1}{((md+nb)+(mc+na)\tau)^4} \\
&= (c\tau+d)^4 g_2(1,\tau)
\end{aligned}
$$

となり，同様にして $g_3(1,(a\tau+b)/(c\tau+d))=(c\tau+d)^6\cdot g_3(1,\tau)$ をうる．$J(\tau)$ の式に代入して，$J(\sigma(\tau))=J(\tau)$ がわかる．

8.6 $\boldsymbol{J}(\tau)$ のフーリエ級数展開

$\begin{pmatrix} 1 & 1 \\ 0 & 1 \end{pmatrix}\in SL(2,\boldsymbol{Z})$ より，$J(\tau+1)=J(\tau)$ である．ゆえに，$\zeta=e^{2\pi i\tau}$ とおくと，$J(\tau)$ は ζ の正則関数になる．つまり，$\tau=(1/2\pi i)\log\zeta=(1/2\pi i)\mathrm{Log}|\zeta|+(1/2\pi)\arg\zeta$ で，ζ

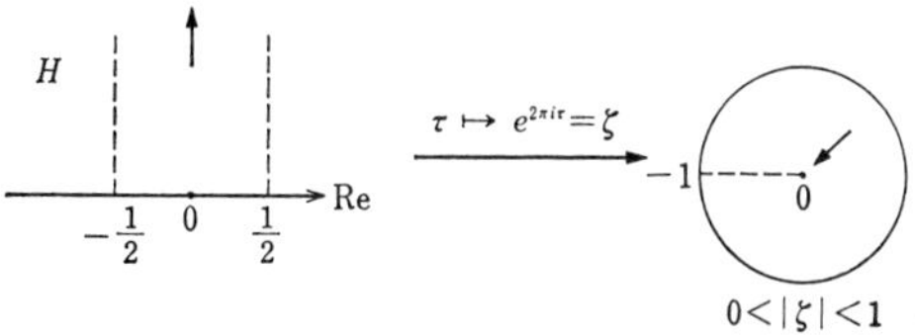

に対して τ の無限個が対応するが，その差は整数なのでどれをとっても $J(\tau)$ の値は同じである．上半平面 H は $\{0<|\zeta|<1\}$ に写り，$J(\tau)$ は ζ の関数として $\{0<|\zeta|<1\}$ で正則になる．ゆえに原点を中心としてローラン展開でき，$\sum_{n=-\infty}^{+\infty} a_n\zeta^n = \sum_{n=-\infty}^{+\infty} a_n e^{2\pi i n\tau}$ という形の級数がえられる．これを $J(\tau)$ のフーリエ級数というが，具体的に計算を行いたい．次の補題の証明はあとにまわす．

補題 8.6.1　(i)　全平面で

$$\pi \cot \pi z = \frac{1}{z} + \sum_{n=-\infty}^{+\infty}{}' \left(\frac{1}{z-n} + \frac{1}{n} \right),$$

(ii)　$\displaystyle\sum_{n=1}^{\infty} \frac{1}{n^4} = \frac{\pi^4}{90}, \qquad \sum_{n=1}^{\infty} \frac{1}{n^6} = \frac{\pi^4}{945}.$

さて，$\zeta=e^{2\pi i\tau}$ を用いて，

$$\begin{aligned}\cot \pi\tau &= \frac{\cos \pi\tau}{\sin \pi\tau} = \frac{e^{\pi i\tau}+e^{-\pi i\tau}}{2} \cdot \frac{2i}{e^{\pi i\tau}-e^{-\pi i\tau}} \\ &= i\frac{\zeta+1}{\zeta-1} = -i(1+2\zeta+2\zeta^2+2\zeta^3+\cdots), \\ &\quad (0<|\zeta|<1)\end{aligned}$$

である．補題 8.6.1 (i) より

$$\frac{1}{\tau}+\sum_{n=-\infty}^{+\infty}{}'\left(\frac{1}{\tau-n}+\frac{1}{n}\right)=-\pi i(1+2\zeta+2\zeta^2+2\zeta^3+\cdots)$$

となる．この式をτについて5回微分し（右辺は$d/d\tau=(d\zeta/d\tau)(d/d\zeta)=2\pi i\zeta(d/d\zeta)$を用いよ），3回目，5回目をかいておく．

$$-6\sum_{n=-\infty}^{+\infty}\frac{1}{(\tau-n)^4}=-16\pi^4(\zeta+8\zeta^2+\cdots),$$

$$-120\sum_{n=-\infty}^{+\infty}\frac{1}{(\tau-n)^6}=64\pi^6(\zeta+32\zeta^2+\cdots).$$

（$\sum'$の記号については補題8.3.1のあとの注意を参照せよ．$1/\tau$の微分は$n=0$のときとして$\sum'$にくりこみ，$\sum'$を$\sum$にかえた．）なお，$\sum_{n=-\infty}^{+\infty}1/(\tau-n)^4=\sum_{n=-\infty}^{+\infty}1/(\tau+n)^4$である．これと同じ原理を用い，$\sum_{m,n=-\infty}^{+\infty}{}'$を$n=0, n>0, n<0$のときにわけ，

$$\begin{aligned}
g_2(1,\tau)&=60\sum_{m,n=-\infty}^{+\infty}{}'\frac{1}{(m+n\tau)^4}\\
&=60\left\{\sum_{m=-\infty}^{+\infty}{}'\frac{1}{m^4}+\sum_{n=1}^{\infty}\sum_{m=-\infty}^{+\infty}\frac{1}{(m+n\tau)^4}\right.\\
&\qquad\left.+\sum_{n=1}^{\infty}\sum_{m=-\infty}^{+\infty}\frac{1}{(m-n\tau)^4}\right\}\\
&=60\left\{\sum_{m=-\infty}^{+\infty}{}'\frac{1}{m^4}+\sum_{n=1}^{\infty}\sum_{m=-\infty}^{+\infty}\frac{1}{(-m+n\tau)^4}\right.\\
&\qquad\left.+\sum_{n=1}^{\infty}\sum_{m=-\infty}^{+\infty}\frac{1}{(m-n\tau)^4}\right\}\\
&=60\left\{2\sum_{m=1}^{\infty}\frac{1}{m^4}+2\sum_{n=1}^{\infty}\sum_{m=-\infty}^{+\infty}\frac{1}{(n\tau-m)^4}\right\}
\end{aligned}$$

$$= 60\left\{2\cdot\frac{\pi^4}{90}+2\sum_{n=1}^{\infty}\frac{-16\pi^4}{-6}(\zeta^n+8\zeta^{2n}+\cdots)\right\}$$
$$= \pi^4\{4/3+320\zeta+\cdots\}$$

をうる．($\zeta=e^{2\pi i\tau}$ だから，τ が $n\tau$ になれば ζ は ζ^n になることを用いた．)

同様にして，

$$g_3(1,\tau) = 140\sum_{m,n=-\infty}^{\infty}{}' \frac{1}{(m+n\tau)^6}$$
$$= 140\left\{2\sum_{m=1}^{\infty}\frac{1}{m^6}+2\sum_{n=1}^{\infty}\sum_{m=-\infty}^{+\infty}\frac{1}{(n\tau-m)^6}\right\}$$
$$= 140\left\{2\cdot\frac{\pi^6}{945}\right.$$
$$\left.+2\sum_{n=1}^{\infty}\frac{64\pi^6}{-120}(\zeta^n+32\zeta^{2n}+\cdots)\right\}$$
$$= \pi^6\left(\frac{8}{27}-\frac{448}{3}\zeta+\cdots\right)$$

となり，

$$g_2(1,\tau)^3-27g_3(1,\tau)^2 = \pi^{12}(4096\zeta+\cdots),$$
$$J(\tau) = \frac{(4/3+320\zeta+\cdots)^3}{(4096\zeta+\cdots)} = \frac{1}{1728}\cdot\frac{1}{\zeta}+a_0+a_1\zeta+\cdots$$

がわかる．ゆえに，$\zeta=0$ は $J(\tau)$ の 1 位の極である．$\zeta=e^{2\pi i\tau}$ より $\zeta\to 0$ は $\mathrm{Im}\,\tau\to+\infty$ のことで，結局，次の定理をうる．

定理 8.6.2 $\lim_{\mathrm{Im}\,\tau\to+\infty} J(\tau)=\infty$.

補題 8.6.1 の証明 (i) $|z|\leqq r<|n|/2$ のとき

$$\left|\frac{1}{z-n}+\frac{1}{n}\right|=\left|\frac{z}{n(z-n)}\right|\leqq\frac{|z|}{|n|(|n|-|z|)}<\frac{2r}{n^2}$$

が成り立つ．これから，ミッタグ・レフラーの定理（5.3.1）の証明と同様にして，$1/z+\sum_{n=-\infty}^{+\infty}{}'(1/(z-n)+1/n)$ が全平面で有理形関数で，各 $n\in\boldsymbol{Z}$ が極，$z=n$ での主要部が $1/(z-n)$ になることが示される．$\pi\cot\pi z$ も同様の関数なので，

$$f(z)=\pi\cot\pi z-\frac{1}{z}-\sum_{n=-\infty}^{+\infty}{}'\left(\frac{1}{z-n}+\frac{1}{n}\right)$$

は全平面で正則関数である．$\lim_{z\to0}(\pi\cot\pi z-1/z)=0$ なので $f(0)=0$ である．

$f(z+1)=f(z)$ をいう．$\pi\cot\pi(z+1)=\pi\cot\pi z$ は明らかである．

$$\begin{aligned}f(z+1)-f(z)&=\sum_{n=-\infty}^{+\infty}\left(\frac{1}{z+1-n}-\frac{1}{z-n}\right)\\&=\lim_{N\to+\infty}\sum_{n=-N}^{N}\left(\frac{1}{z+1-n}-\frac{1}{z-n}\right)\\&=\lim_{N\to+\infty}\left(\frac{1}{z+1+N}-\frac{1}{z-N}\right)=0.\end{aligned}$$

$D=\{z=x+yi\,;\,0\leqq x\leqq1,|y|\geqq2\}$ のとき $f(z)$ が有界であることを示す．（これがいえると $f(z)$ は $\{0\leqq x\leqq1,|y|<+\infty\}$ で有界となり，1 が周期だから全平面で有界がわかり，リュービルの定理で定数となる．$f(0)=0$ より $f(z)=0$ となり証明が終わる．）$z\in D$ として，

$$|\cot \pi z| = \left|\frac{e^{\pi iz}+e^{-\pi iz}}{e^{\pi iz}-e^{-\pi iz}}\right| \leqq \frac{|e^{\pi iz}|+|e^{-\pi iz}|}{||e^{\pi iz}|-|e^{-\pi iz}||} = \frac{e^{-\pi y}+e^{\pi y}}{|e^{-\pi y}-e^{\pi y}|}$$

$$\leqq \max_{t \geqq e^{2\pi}} \frac{t+\dfrac{1}{t}}{t-\dfrac{1}{t}} = \frac{e^{2\pi}+e^{-2\pi}}{e^{2\pi}-e^{-2\pi}},$$

$$|1/z| \leqq 1/2,$$

$$\left|\sum_{n=-\infty}^{+\infty}{}' \frac{1}{z-n}+\frac{1}{n}\right| = \left|\sum_{n=1}^{+\infty} \frac{2z}{z^2-n^2}\right| \leqq 2|z|\sum_{n=1}^{+\infty} \frac{1}{|z^2-n^2|}$$

$$= 2|z|\sum_{n=1}^{+\infty} \frac{1}{|x^2-y^2-n^2+2ixy|}$$

$$\leqq 2(1+|y|)\sum_{n=1}^{+\infty} \frac{1}{|x^2-y^2-n^2|}$$

$$\leqq 2(1+|y|)\sum_{n=1}^{+\infty} \frac{1}{n^2+y^2-1} \leqq 2(1+|y|)\int_0^{+\infty} \frac{dt}{t^2+y^2-1}$$

$$= 2(1+|y|)\cdot\frac{1}{\sqrt{y^2-1}}\cdot\frac{\pi}{2} = \sqrt{\frac{|y|+1}{|y|-1}}\cdot\pi$$

$$= \sqrt{1+\frac{2}{|y|-1}}\cdot\pi \leqq \sqrt{3}\pi.$$

以上で $f(z)$ は D で有界になる.

（ii） $\displaystyle\sum_{n=1}^{+\infty} 1/n^{2k}$ を求めるために，$\pi\cot\pi z$ を 2 通りに $z=0$ の近傍でローラン展開する.

$$\frac{1}{z^2-n^2} = -\frac{1}{n^2}\cdot\frac{1}{1-(z^2/n^2)}$$

$$= -\frac{1}{n^2}\left(1+\frac{z^2}{n^2}+\frac{z^4}{n^4}+\frac{z^6}{n^6}+\cdots\right),$$

$$\pi\cot\pi z=\frac{1}{z}+\sum_{n=-\infty}^{+\infty}{}'\left(\frac{1}{z-n}+\frac{1}{n}\right)=\frac{1}{z}+\sum_{n=1}^{+\infty}\frac{2z}{z^2-n^2}$$
$$=\frac{1}{z}+2z\sum_{n=1}^{+\infty}\left(-\frac{1}{n^2}-\frac{z^2}{n^4}-\frac{z^4}{n^6}-\cdots\right)$$

となる．一方，

$$\cot z=i\frac{e^{iz}+e^{-iz}}{e^{iz}-e^{-iz}}=i\frac{e^{2iz}+1}{e^{2iz}-1}=i\left(1+\frac{2}{e^{2iz}-1}\right)$$

である．$\lim_{z\to 0}z/(e^z-1)=\lim_{z\to 0}z/(z+z^2/2!+\cdots)=1$ なので，$f(z)=z/(e^z-1)$ は原点でも正則で，そのテイラー展開を計算しよう．

$$f(z)=\frac{z}{e^z-1}=B_0+B_1z+\frac{B_2}{2!}z^2+\frac{B_3}{3!}z^3+\cdots$$

とおく．（これは $|z|<2\pi$ で成立する．）$f(0)=1$ より $B_0=1$ である．

$$z=(e^z-1)\left(B_0+B_1z+\frac{B_2}{2!}z^2+\cdots\right),$$
$$\therefore\quad z=\left(z+\frac{1}{2!}z^2+\frac{1}{3!}z^3+\cdots\right)\left(B_0+B_1z+\frac{B_2}{2!}z^2+\cdots\right)$$

で，両辺の係数をくらべて B_n をきめることができる．z^2 の係数をみて，$0=B_1+\frac{1}{2!}B_0$ より，$B_1=-1/2$ をうる．z^3 の係数をみて，$0=(1/2!)B_2+(1/2!)B_1+(1/3!)B_0$ より $B_2=1/6$ をうる．これを続けていけばよいわけだが，$g(z)=f(z)-B_1z$ は偶関数になり $B_{2n+1}=0$ $(n=1,2,\cdots)$ がいえ少し楽になる．（$\because$ $g(z)=z/(e^z-1)+(1/2)z=(1/2)z\cdot(e^z+1)/(e^z-1)$ となり，$g(-z)=g(z)$ をうる．）結局，

$$z=\left(z+\frac{1}{2!}z^2+\frac{1}{3!}z^3+\cdots\right)\left(B_0+B_1z+\frac{B_2}{2!}z^2+\frac{B_4}{4!}z^4+\cdots\right)$$

より，$B_0=1, B_1=-1/2, B_2=1/6, B_4=-1/30, B_6=1/42, \cdots$ をうる．(この B_{2n} は**ベルヌーイ数**とよばれ，整数論やトポロジーで重要である．)

$$\begin{aligned}\cot z &= i\left(1+\frac{2iz}{e^{2iz}-1}\cdot\frac{1}{iz}\right)\\ &= i+\left(B_0+B_1\cdot 2iz+\sum_{n=1}^{+\infty}\frac{B_{2n}}{(2n)!}(2iz)^{2n}\right)\cdot\frac{1}{z}\\ &= \frac{1}{z}+\sum_{n=1}^{+\infty}\frac{(-1)^n 2^{2n}B_{2n}}{(2n)!}z^{2n-1},\end{aligned}$$

$$\therefore\quad \pi\cot\pi z=\frac{1}{z}+\sum_{n=1}^{+\infty}\frac{(-1)^n 2^{2n}\pi^{2n}B_{2n}}{(2n)!}z^{2n-1}$$

をうる．前にえた展開式と z^{2k-1} の係数をくらべて，

$$-2\sum_{n=1}^{+\infty}\frac{1}{n^{2k}}=\frac{(-1)^k 2^{2k}\pi^{2k}B_{2k}}{(2k)!}$$

である．

$$\sum_{n=1}^{+\infty}\frac{1}{n^2}=\frac{(-1)4\pi^2}{(-2)\cdot 2}\cdot\frac{1}{6}=\frac{\pi^2}{6},$$

$$\sum_{n=1}^{+\infty}\frac{1}{n^4}=\frac{2^4\pi^4}{(-2)\cdot 4!}\cdot\left(-\frac{1}{30}\right)=\frac{\pi^4}{90},$$

$$\sum_{n=1}^{+\infty}\frac{1}{n^6}=\frac{(-1)2^6\pi^6}{(-2)\cdot 6!}\cdot\left(\frac{1}{42}\right)=\frac{\pi^6}{945}$$

がえられた．

注 $\sum_{n=1}^{\infty}\frac{1}{n^3}$ など，奇数次の和 $\sum_{n=1}^{\infty}\frac{1}{n^{2k+1}}$ は，現在のところまだ求

まっていないらしい．$\sum_{n=1}^{\infty} 1/n^3$ が無理数であることだけが最近やっとわかった（アペリー（1978））．

問　$\sum_{n=1}^{\infty} 1/n^4 = \pi^4/90$ から π の値を誤差 1/1000 以下で求めよ．（誤差の評価もすること．計算には電卓を使え．）

8.7　基本領域

楕円関数の周期平行四辺形にあたるものを $J(\tau)$ に対し求める．上半平面 H の 2 点 τ, τ' に対し，$SL(2, \boldsymbol{Z})$ の元 σ で $\tau' = \sigma(\tau)$ をみたすものが存在するとき，$\tau \equiv \tau'$ とかき，τ と τ' は（$SL(2, \boldsymbol{Z})$ に関し）同値とよんだ．互いに同値な点を 1 つの集合にまとめ同値類という．H が同値類の集合に組分け（類別）されるが，各同値類から代表を 1 点ずつ選びたい．

定義 8.7.1　H 内の領域 F の閉包 $\overline{F}$ が次の条件をみたすとき，（H における $SL(2, \boldsymbol{Z})$ の）**基本領域**という；

（i）　任意の $\tau \in H$ に対し，$\overline{F}$ 内に τ と同値な点 τ' がある，

（ii）　$\overline{F}$ の異なる 2 点 τ, τ' が同値になれば，τ, τ' は境界 ∂F 上にある．

さて，基本領域 $\overline{F}$ を構成しよう．$\sigma(\tau) = \tau + n$（$n \in \boldsymbol{Z}$）は $SL(2, \boldsymbol{Z})$ にはいるから，任意の $\tau \in H$ に対し同値な点 τ' を $-1/2 \leqq \operatorname{Re} \tau' < 1/2$ にとれる．$\tau' = (a\tau + b)/(c\tau + d)$（$ad - bc = 1$）とすると，

$$\operatorname{Im} \tau' = \operatorname{Im} \frac{(a\tau + b)(c\overline{\tau} + d)}{|c\tau + d|^2} = \frac{ad - bc}{|c\tau + d|^2} \operatorname{Im} \tau$$

$$= \frac{1}{|c\tau+d|^2}\operatorname{Im}\tau$$

となり，これから，

(8.7.1) $\qquad \operatorname{Im}\tau' \geqq \operatorname{Im}\tau \Longleftrightarrow |c\tau+d|^2 \leqq 1$

をうる．

まず，$\tau=x+iy$ $(-1/2\leqq x<1/2, y>0)$ を固定したときに，$|c\tau+d|^2\leqq1$ をみたす整数 c, d は有限個であることを示す：$|c\tau+d|^2=(cx+d)^2+c^2y^2\leqq1$ より，$c^2y^2\leqq1$ となりこれをみたす整数 c は有限個である．c をその 1 つに固定したときに，d は 2 次不等式 $d^2+2cxd+(c^2x^2+c^2y^2)\leqq1$ をみたし，このような整数 d は有限個である．c は有限個，そのおのおのの c に対し d は有限個だから，c, d は有限個である．

$\tau\in H$ に対し $|c\tau+d|^2$ を最小にする $\sigma=\begin{pmatrix} a & b \\ c & d \end{pmatrix}\in SL(2,\boldsymbol{Z})$ がとれ，$\tau'=\sigma(\tau)$ は τ に同値な点の中で $\operatorname{Im}\tau'$ が最大になる．各同値類から代表として $-1/2\leqq\operatorname{Re}\tau<1/2$ で $\operatorname{Im}\tau$ がその同値類の中で最大になるものをとることにしよう．最大ということから (8.7.1) により任意の $\begin{pmatrix} a & b \\ c & d \end{pmatrix}\in SL(2,\boldsymbol{Z})$ に対し，その τ は $|c\tau+d|^2\geqq1$ をみたす．

補題 8.7.2 c, d を整数（0，負数でも可）とする．このとき，整数 a, b を $ad-bc=1$ にとれる $\Longleftrightarrow$ c, d の最大公約数が 1.

証明 $\Rightarrow$ の証明．c, d の公約数を r とすると，$ad-bc$ は r でわりきれるから，$ad-bc=1$ なら $r=1$ である．$\Leftarrow$ の証明．集合 $A=\{cx-dy \mid x, y\in\boldsymbol{Z}\}$ に属する最小正整数を $r=cx_0-dy_0$ とせよ．c を r でわり，$c=qr+s$ $(0\leqq s<r)$ とする．$s=c-qr=c-$

$q(cx_0-dy_0)=c(1-qx_0)-d(-qy_0)$ となり $s\in A$ となる．r の最小性より $s=0$ となり，c は r でわりきれる．同様にして d も r でわりきれ，r は c,d の公約数で $r=1$ をうる．

補題 8.7.3 $F=\{\tau\in H\,;\,-1/2<\mathrm{Re}\,\tau<1/2, |\tau|>1\}, F_1=\{\tau\in H\,;\,-1/2\leqq\mathrm{Re}\,\tau\leqq1/2$, 任意の最大公約数 1 の整数 c,d に対し $|c\tau+d|\geqq1\}$ とおく．このとき，$\overline{F}=F_1$ である．

証明 $F_1\subset\overline{F}:\tau\in F_1$ ならば，$c=1, d=0$ として $|\tau|\geqq1$ であり，$\tau\in\overline{F}$.

$\overline{F}\subset F_1:|\mathrm{Re}\,\tau|\leqq1/2, |\tau|\geqq1$ とし，c,d を最大公約数 1 の整数として，$|c\tau+d|\geqq1$ をいう．$\tau=x+iy$ とおき，$x^2+y^2\geqq1, |x|\leqq1/2$ より，

$$\begin{aligned}|c\tau+d|^2-1 &= (cx+d)^2+(cy)^2-1\\ &= c^2(x^2+y^2)+2cdx+d^2-1\\ &\geqq c^2-|cd|+d^2-1\end{aligned}$$

となる．c,d の少なくとも一方は 0 でないから，一方，例えば $d=0$ なら $c^2-1\geqq0$ となり，$cd\neq0$ なら $|cd|\geqq1$ より $c^2-2|cd|+d^2$ でおさえられ，いずれにしても $|c\tau+d|\geqq1$ をうる．

定理 8.7.4 H における $SL(2,\boldsymbol{Z})$ の基本領域は

$$\overline{F}=\{\tau\in H\,;\,-1/2\leqq\mathrm{Re}\,\tau\leqq1/2, |\tau|\geqq1\}.$$

証明 任意の $\tau\in H$ に対し，それに同値な τ' を，$|\mathrm{Re}\,\tau'|\leqq1/2$ で $\mathrm{Im}\,\tau'$ が最大になるようにとれば，$\tau'\in\overline{F}$ となることをいままでに示した．次に基本領域の条件 (ii) を示す．$\tau,\tau'\in\overline{F}, \tau\equiv\tau', \tau\neq\tau'$ としよう．$\tau'=(a\tau+b)/(c\tau+$

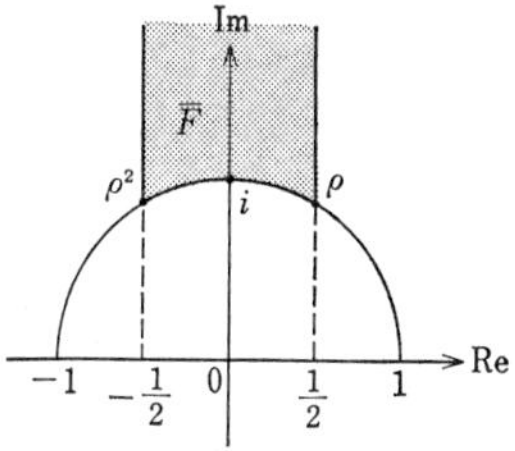

$d), ad-bc=1, a, b, c, d$ は整数とかける．分母分子に -1 をかけてもよいから，$c>0$，または $c=0, d>0$ としておく．$\overline{F}$ の作り方から，$\mathrm{Im}\,\tau'=\mathrm{Im}\,\tau$ となり，(8.7.1) から $|c\tau+d|=1$ である．補題 8.7.3 の後半の証明で，不等式がみな等号で成立する場合を，$c=0$ のとき，$c\neq 0, d=0$ のとき，$c\neq 0, d\neq 0$ のときにわけて調べると，（イ）$c=0, d=1$，（ロ）$c=1, d=0, x^2+y^2=1$，（ハ）$c=1, d=1, x^2+y^2=1, x=-1/2$，（ニ）$c=1, d=-1, x^2+y^2=1, x=1/2$ と 4 つの場合であることがわかる．$ad-bc=1$ より，（イ）のときは $a=1$，（ロ）$b=-1$，（ハ）$b=a-1$，（ニ）$b=-a-1$ がわかる．$\tau, \tau'\in\overline{F}$ よりおのおのの場合を調べよう．

（イ）のとき．$\tau'=\tau+b$ となり，$|\mathrm{Re}\,\tau|, |\mathrm{Re}\,\tau'|\leqq 1/2$ から，$\mathrm{Re}\,\tau=1/2, b=-1$ で $\mathrm{Re}\,\tau'=-1/2$ と，$\mathrm{Re}\,\tau=-1/2, b=1$ で $\mathrm{Re}\,\tau'=1/2$ の場合だけである．

（ロ）のとき．$\tau'=(a\tau-1)/\tau, |\tau|=1$ から，$\tau'=(a\tau-1)\overline{\tau}/\tau\overline{\tau}=a-\overline{\tau}$ となる．$-\overline{\tau}$ は τ の虚軸に関し対称な点だから，$|\mathrm{Re}\,\tau|<1/2$ のときは $a=0$ で，$\tau'=-\overline{\tau}$ となり $|\tau'|=1$ である．$\mathrm{Re}\,\tau=1/2, |\tau|=1$ の τ を ρ とおく．$\rho=(1+\sqrt{3}i)$

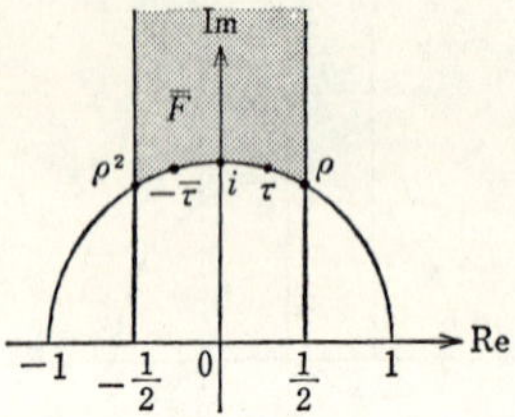

$/2=e^{(\pi/3)i}$ で，$\rho^3=-1, \rho^2-\rho+1=0, -\overline{\rho}=\rho^2$ が成立する．$\mathrm{Re}\,\tau=-1/2, |\tau|=1$ の τ は ρ^2 である．$\tau=\rho$ のときは $\tau'=a-\overline{\rho}=a+\rho^2$ で，$\tau'\in\overline{F}$ となるのは $a=0, \tau'=\rho^2$ と $a=1, \tau'=1+\rho^2=\rho$ のときである．同様にして，$\tau=\rho^2$ のときは，$a=0, \tau'=\rho$ と $a=-1, \tau'=\rho^2$ のときである．

(ハ) のとき．$\tau'=(a\tau+a-1)/(\tau+1), \tau=\rho^2$ である．$\tau'=a-(1/(\tau+1))=a-(1/(\rho^2+1))=a-1/\rho=a-\overline{\rho}=a+\rho^2$ から，$a=0, \tau'=\rho^2$ か $a=1, \tau'=\rho$ のいずれかになる．

(ニ) のとき．同様にして，$\tau'=(a\tau-a-1)/(\tau-1), \tau=\rho$ より，$a=0, \tau'=\rho$ か $a=-1, \tau'=\rho^2$ のいずれかである．

以上で，すべての場合に，$\tau, \tau'\in\overline{F}, \tau\equiv\tau', \tau\neq\tau'$ ならば，$\tau, \tau'\in\partial F$ がいえた．

注意　この証明から，基本領域 $\overline{F}$ で ($SL(2, \boldsymbol{Z})$ に関し) 同値な点は，境界 ∂F 上の虚軸に関し対称な2点であることがわかった．

補題 8.7.5　$J(\rho)=J(\rho^2)=0,\ J(i)=1.$

(ただし，$\rho=(1+\sqrt{3}i)/2.$)

証明　$\rho\equiv\rho^2$ から $J(\rho)=J(\rho^2)$ である．$J(\tau)$ の定義式から $g_2(\rho^2)=0, g_3(i)=0$ をいえばよい．$\rho^6=1, \rho^4+\rho^2+1$

$=0$ に注意して,

$$\sum_{m,n=-\infty}^{+\infty}{}' \frac{1}{(m+n\rho^2)^4} = \sum{}' \frac{1}{\rho^2}\frac{1}{(m\rho^4+n)^4}$$

$$= \sum{}' \frac{1}{\rho^2}\frac{1}{(-m\rho^2-m+n)^4}$$

となる. $m'=-m+n, n'=-m$ とおくと, $(m,n)\mapsto(m', n')$ は $\boldsymbol{Z}\times\boldsymbol{Z}$ から $\boldsymbol{Z}\times\boldsymbol{Z}$ の上への1対1写像で, (m,n) が $\boldsymbol{Z}\times\boldsymbol{Z}$ の上をすべて走れば (m',n') もそうなる. ゆえに,

$$\sum_{m,n=-\infty}^{+\infty}{}' \frac{1}{(m+n\rho^2)^4} = \frac{1}{\rho^2}\sum_{m',n'=-\infty}^{+\infty}{}' \frac{1}{(m'+n'\rho^2)^4}$$

となり, $\sum' 1/(m+n\rho^2)^4=0$, したがって $g_2(\rho^2)=0$ である. 同様に,

$$\sum_{m,n=-\infty}^{+\infty}{}' \frac{1}{(m+ni)^6} = -\sum_{m,n=-\infty}^{+\infty}{}' \frac{1}{(mi+n)^6}$$

$$= -\sum_{m',n'=-\infty}^{+\infty}{}' \frac{1}{(m'+n'i)^6}$$

となる. ($m'=-n, n'=m$ である.) これより $g_3(i)=0$ をうる.

これで定理8.5.2(iii) の証明にとりかかれる. 任意の $\tau\in H$ と同値な点 $\tau'\in\overline{F}$ があるから, 次の補題を証明すればよい.

補題 8.7.6 任意の $\alpha\in\boldsymbol{C}$ に対し $J(\tau)=\alpha$ をみたす τ が $\overline{F}$ の中にただ1つある. (ただし, 境界 ∂F 上の点は, 虚軸に関し対称な2点を同一点とみなし, その意味でただ1つ.)

証明　偏角の原理(定理 3.4.1)を用いる．定理 8.6.2 より $\lim_{\operatorname{Im}\tau\to+\infty} J(\tau)=\infty$ だから，$\{\tau\in\overline{F}\,;\,\operatorname{Im}\tau\geqq k\}$ では $|J(\tau)|>|\alpha|$ となるように $k>0$ がとれる．4つの場合にわける．

(イ)　$J(\tau)=\alpha$ となる τ が ∂F 上にないとき．$D=\{\tau\in H\,;\,|\operatorname{Re}\tau|<1/2, |\tau|>1, \operatorname{Im}\tau<k\}$ とおき，境界 ∂D を，ρ から $1/2+ki$ までを C_1，次に $-1/2+ki$ までを C_2，次に ρ^2 までを C_3，次に i までを C_4，次に ρ までを C_5 とわける．$J(\tau)$ は D で正則だから極はなく，$(1/2\pi i)\int_{\partial D} J'(\tau)/(J(\tau)-\alpha)d\tau=N$ は D 内にある $J(\tau)-\alpha$ の零点の個数である．また，これは ∂D の関数 $J(\tau)-\alpha$ による像の原点のまわりの回転数 $(1/2\pi)\int_{\partial D} d\arg(J(\tau)-\alpha)$ に等しい(67, 68 頁参照)．τ と $\tau+1$，τ と $-1/\tau$ は同値だから $J(\tau+1)=J(\tau), J(-1/\tau)=J(\tau)$ であり，関数 $J(\tau)-\alpha$ による C_3 の像は C_1 の像と同じで向きが逆，C_4 の像は C_5 の像と同じで向きが逆となる．したがって回転数の計算では打ち消し合って，C_2 の像の回転数だけが問題となる．$\zeta=e^{2\pi i\tau}$ により C_2 は円周 $|\zeta|=e^{-2\pi k}$ に写り向きは時計のまわる向きである．$J(\tau)-\alpha$ は ζ の関数として $\zeta=0$ が1位の極で 0

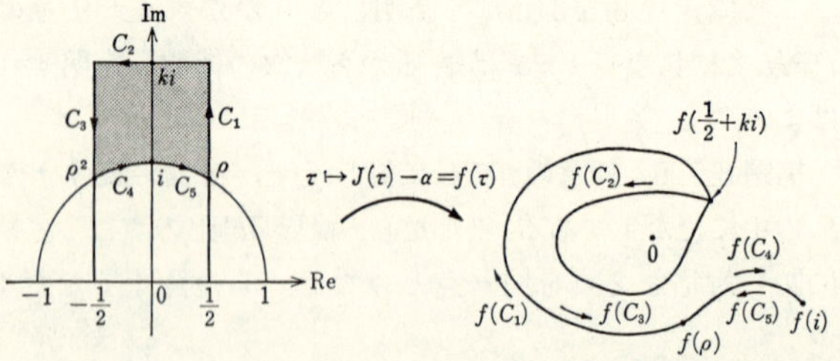

$<|\xi|<1$ では正則であり，$0<|\xi|<e^{-2\pi k}$ では $|J(\tau)|>|\alpha|$ より $J(\tau)-\alpha$ は零点をもたない．ゆえに，偏角の原理より，ξ が円周 $|\xi|=e^{-2\pi k}$ を正の向き（時計の反対向き）に1周したときの $J(\tau)-\alpha$ の回転数は $0-1=-1$ である．それは曲線 $-C_2$ の関数 $J(\tau)-\alpha$ による像だから，以上で結局 $N=(1/2\pi i)\int_{\partial D}J'(\tau)/(J(\tau)-\alpha)d\tau=1$ をうる．$J(\tau)=\alpha$ をみたす τ は D 内に，したがって $\overline{F}$ 内にただ1つ（重複度も含めて）であることがわかった．

（ロ） $\alpha\neq 0,1$ で，$J(\tau)=\alpha$ となる τ が ∂F 上にあるとき．（イ）のときと同じ記号を使う．$\{\tau\in C_3; J(\tau)=\alpha\}=\{p_1,\cdots,p_r\}$ とすると，p_i を中心とする十分小さい近傍を V_i, V_i を写像 $\tau\mapsto\tau+1$ で写したものを V_i' とする．$\{\tau\in C_4; J(\tau)=\alpha\}=\{q_1,\cdots,q_s\}$ とすると，q_j を中心とする十分小さい近傍を U_j とし，写像 $\tau\mapsto -1/\tau$ により U_j を写したものを U_j' とする．$D'=D\cup\bigcup_{i=1}^{r}V_i\cup\bigcup_{j=1}^{s}U_j-(\bigcup_{i=1}^{r}\overline{V_i'}\cup\bigcup_{j=1}^{s}\overline{U_j'})$ とおき，

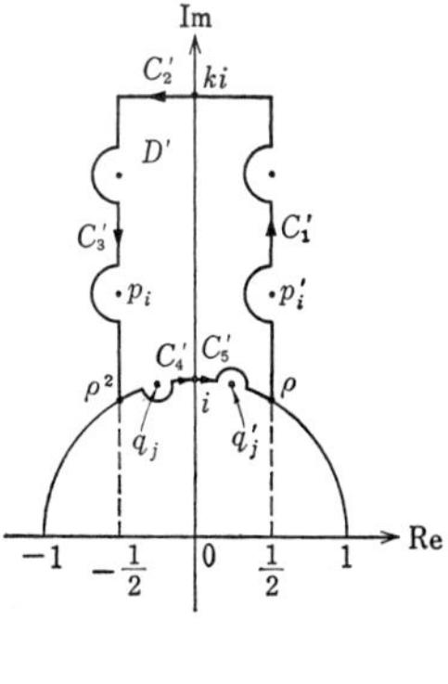

$$\frac{1}{2\pi i}\int_{\partial D'}\frac{J'(\tau)}{J(\tau)-\alpha}d\tau$$
$$=\frac{1}{2\pi}\int_{\partial D'}d\arg(J(\tau)-\alpha)$$

を考える．（イ）のときと同様にして，これは1になり，$r+s=1$ で $\overline{F}$ の内部には $J(\tau)=\alpha$ をみたす点がないことがわかる．

（ハ） $\alpha=1$ のとき．$J(i)=1$

である．$J(\tau)-1$ の $\tau=i$ での重複度を m とする．$J(\tau)=1$ となる $\tau\in\partial F$ が i のほかにあれば（ロ）のときと同じようにそれをさけて D' を作る．$W_\varepsilon=\{|\tau-i|<\varepsilon\}$ とし，$D''=D'-\overline{W}_\varepsilon$ とおき，$l_\varepsilon=\partial W_\varepsilon\cap\overline{D}''$ の向きは時計まわりとする．（イ）と同様にして，

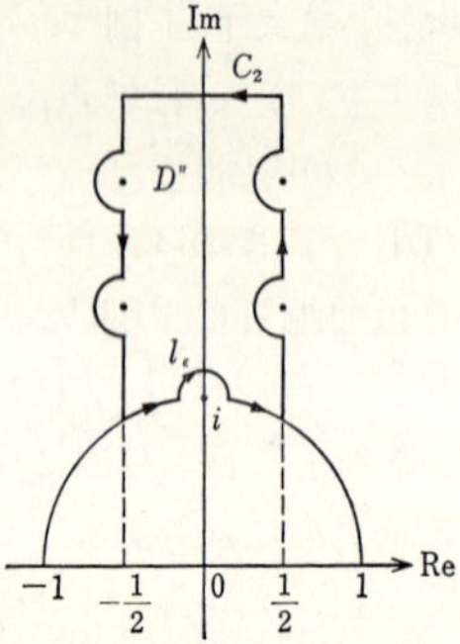

$$N=\frac{1}{2\pi}\int_{\partial D''}d\arg(J(\tau)-1)$$
$$=\frac{1}{2\pi}\left\{\int_{C_2}d\arg(J(\tau)-1)+\int_{l_\varepsilon}d\arg(J(\tau)-1)\right\}$$
$$=1+\frac{1}{2\pi}\int_{l_\varepsilon}d\arg(J(\tau)-1)$$

をうる．ここで，次の補題を用いる（証明はあとにまわす）．

補題 8.7.7　$F(z)$ は $|z|<R$ で正則，$z=0$ は m 位の零点とする．円周 $|z|=\varepsilon$ 上に中心角 θ_ε の円弧 L_ε があり，$\lim\limits_{\varepsilon\to+0}\theta_\varepsilon=\theta_0$ とする．このとき，$\lim\limits_{\varepsilon\to+0}\int_{L_\varepsilon}d\arg F(z)=m\theta_0$ である（ただし，L_ε の向きは時計の反対まわり）．

l_ε の中心角は $\varepsilon\to0$ のとき π に収束するから，l_ε と補題の L_ε の向きが逆であることに注意すると，$\varepsilon\to0$ として，$N=1-\frac{1}{2\pi}m\pi=1-\frac{m}{2}$ をうる．N,m は整数で，$N\geqq0,m\geqq1$ より $m=2,N=0$ をうる．結局，$J(\tau)=1,\tau\in\overline{F}$ とな

るτはiだけで，そこは重複度が2である．

（ニ） $\alpha=0$のとき．$J(\rho)=J(\rho^2)=0$である．ρ^2を$J(\tau)$のm位の零点とすると，$J(\tau+1)=J(\tau)$よりρも$J(\tau)$のm位の零点である．ρ,ρ^2の他に$J(\tau)=0, \tau\in\partial F$となる点があれば（ロ）のようにそれをさけて$D'$を作る．$W_\varepsilon=\{|\tau-\rho^2|<\varepsilon\}$, $W_\varepsilon'=\{|\tau-\rho|<\varepsilon\}$とおき，$D'''=D'-(\overline{W_\varepsilon}\cup\overline{W_\varepsilon'})$とおく．$l_\varepsilon=\partial W_\varepsilon\cap\overline{D}'''$, $l_\varepsilon'=\partial W_\varepsilon'\cap\overline{D}'''$とする（向きは時計まわり）．同様にして，

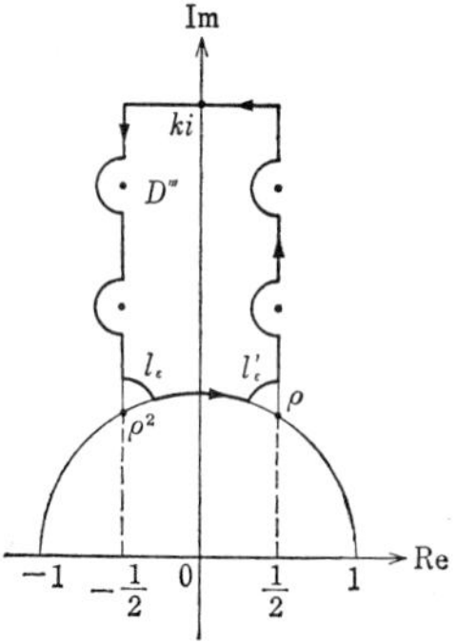

$$N=\frac{1}{2\pi i}\int_{\partial D'''}\frac{J'(\tau)}{J(\tau)}d\tau=\frac{1}{2\pi}\int_{\partial D'''}d\arg J(\tau)$$

$$=1+\frac{1}{2\pi}\int_{l_\varepsilon}d\arg J(\tau)+\frac{1}{2\pi}\int_{l_\varepsilon'}d\arg J(\tau)$$

となる．$\varepsilon\to 0$のとき$l_\varepsilon, l_\varepsilon'$の中心角は$\pi/3$に収束するから，$l_\varepsilon, l_\varepsilon'$の向きに注意して$\varepsilon\to 0$として，補題より$N=1-\dfrac{1}{2\pi}m\dfrac{\pi}{3}-\dfrac{1}{2\pi}m\dfrac{\pi}{3}=1-\dfrac{m}{3}$をうる．$m\geqq 1, N\geqq 0$より$m=3, N=0$である．ゆえに，$J(\tau)=0, \tau\in\overline{F}$をみたす$\tau$は$\rho,\rho^2$だけで，そこは3位の零点である．

注意 上の証明で，$J'(\tau)=0$となるのは，ρ, iと同値な点だけで，$J'(\rho)=J''(\rho)=0, J'''(\rho)\neq 0, J'(i)=0, J''(i)\neq 0$までわかった．

補題 8.7.7 の証明　$F(z)=z^m\varphi(z)$, $\varphi(z)$ は $|z|<R$ で正則, $\varphi(0)\neq 0$ とする．補題 3.4.3 により $\int_{L_\varepsilon} d\arg F(z) =\mathrm{Re}\frac{1}{i}\int_{L_\varepsilon}\frac{F'}{F}dz$ である．F を対数微分して $F'/F=m/z+\varphi'/\varphi$ となる．L_ε を $z=\varepsilon e^{it}$ $(\alpha_\varepsilon\leqq t\leqq\alpha_\varepsilon+\theta_\varepsilon)$ とかくと,

$$\int_{L_\varepsilon} d\arg F(z) = \mathrm{Re}\left(\int_{\alpha_\varepsilon}^{\alpha_\varepsilon+\theta_\varepsilon} mdt+\int_{\alpha_\varepsilon}^{\alpha_\varepsilon+\theta_\varepsilon}\frac{\varphi'(\varepsilon e^{it})}{\varphi(\varepsilon e^{it})}\varepsilon e^{it}dt\right)$$

となる．$\varphi(0)\neq 0$ より原点の近傍で φ'/φ は有界であり, $\varepsilon\to+0$ として $\int_{L_\varepsilon} d\arg F(z)\to m\theta_0$ をうる．

8.8 モジュラー関数 $\lambda(\tau)$

ω_1, ω_2 を $\mathrm{Im}(\omega_2/\omega_1)>0$ に与え，これを基本周期とする楕円関数 $\wp(z)$ を考える．$e_1=\wp(\omega_1/2), e_2=\wp((\omega_1+\omega_2)/2), e_3=\wp(\omega_2/2)$ とおき，$\lambda=(e_2-e_3)/(e_1-e_3)$ とおく．λ を $\tau=\omega_2/\omega_1$ の関数とみて $\lambda(\tau)$ とかく．e_1, e_2, e_3 は相異なるから（定理 8.3.4），分母は 0 とならず $\lambda(\tau)$ は定義でき，$\lambda(\tau)\neq 0, 1$ である．

定理 8.8.1　(i)　$\lambda(\tau)$ は上半平面で正則である，

(ii)　$$J(\tau)=\frac{4}{27}\cdot\frac{(1-\lambda(\tau)+\lambda(\tau)^2)^3}{\lambda(\tau)^2(1-\lambda(\tau))^2},$$

(iii)　$$J'(\tau)=\frac{4}{27}\cdot\frac{(1-\lambda(\tau)+\lambda(\tau)^2)^2}{\lambda(\tau)^3(1-\lambda(\tau))^3}\times(1+\lambda(\tau))(-2+5\lambda(\tau)-2\lambda(\tau)^2)\cdot\lambda'(\tau).$$

証明　$\wp(z)$ の定義式（定理 8.3.3）から,

$$e_1 = \wp\left(\frac{\omega_1}{2}\right) = \frac{4}{{\omega_1}^2} + \sum_{m,n=-\infty}^{+\infty}{}' \left\{ \frac{1}{\left(\dfrac{\omega_1}{2} - m\omega_1 - n\omega_2\right)^2} - \frac{1}{(m\omega_1 + n\omega_2)^2} \right\}$$

$$= \frac{1}{{\omega_1}^2}\left[4 + \sum_{m,n=-\infty}^{+\infty}{}' \left\{ \frac{-\dfrac{1}{4} + m + n\tau}{\left(\dfrac{1}{2} - m - n\tau\right)^2 (m+n\tau)^2} \right\} \right]$$

となる．$\tau = \omega_2/\omega_1$ で $\mathrm{Im}\,\tau > 0$ だから，{　}の中は上半平面 H で τ の正則関数である．有限和は問題がないから，$|m+n\tau|>1$ として評価すると，$|m+n\tau-1/2| \geqq |m+n\tau| - 1/2 > |m+n\tau| - |m+n\tau|/2 = |m+n\tau|/2 > 1/2$，$|m+n\tau-1/4| \leqq |m+n\tau-1/2| + 1/4$ を用いて，$|\{\cdots\}| \leqq 3/|m+n\tau|^3$ をうる．定理 8.5.2 (i) の証明（$g_2(1,\tau)$ の正則性）と同様にして，[…] の中が H で正則なことがわかる．e_2, e_3 に対しても同様のことがいえ，これから $\lambda(\tau)$ は H で正則である．

(ii) 定理 8.3.4 (i), (ii) より，$\wp'(z)^2 = 4(\wp - e_1)(\wp - e_2)(\wp - e_3) = 4\wp^3 - g_2\wp - g_3$ となり，これから，

$$e_1 + e_2 + e_3 = 0, \qquad e_1e_2 + e_2e_3 + e_3e_1 = -g_2/4,$$
$$e_1e_2e_3 = g_3/4$$

をうる．補題 8.5.3 の証明で示したように，${g_2}^3 - 27{g_3}^2 = 16(e_1-e_2)^2(e_2-e_3)^2(e_3-e_1)^2$ に注意すると，

$$J(\tau) = \frac{{g_2}^3}{{g_2}^3 - 27{g_3}^2} = \frac{-64(e_1e_2 + e_2e_3 + e_3e_1)^3}{16(e_1-e_2)^2(e_2-e_3)^2(e_3-e_1)^2}$$

となる．一方，$e_1+e_2+e_3=0$ を用いて，

$$\lambda=\frac{e_2-e_3}{e_1-e_3},\quad 1-\lambda=\frac{e_1-e_2}{e_1-e_3},$$

$$\begin{aligned}1-\lambda+\lambda^2&=\frac{(e_1-e_2)(e_1-e_3)+(e_2-e_3)^2}{(e_1-e_3)^2}\\&=\frac{{e_1}^2+{e_2}^2+{e_3}^2-e_1e_2-e_2e_3-e_3e_1}{(e_1-e_3)^2}\\&=\frac{-3(e_1e_2+e_2e_3+e_3e_1)}{(e_1-e_3)^2}\end{aligned}$$

である．代入してみればこれから (ii) をうる．

(iii)　$dJ/d\tau=(dJ/d\lambda)(d\lambda/d\tau)$ より，(ii) の式から $dJ/d\lambda$ を計算すればよい．

補題 8.8.2　$\tau,\tau'\in H$ で，τ と τ' が $SL(2,\boldsymbol{Z})$ に関し同値，すなわち $\tau'=(a\tau+b)/(c\tau+d)$, a,b,c,d は整数で $ad-bc=1$ とする．このとき，$\lambda(\tau')$ は次のどれかに等しい：$\lambda(\tau), 1/\lambda(\tau), 1-\lambda(\tau), 1/(1-\lambda(\tau)), 1-(1/\lambda(\tau)), \lambda(\tau)/(\lambda(\tau)-1)$.（しかも，この6つの場合が全部おこる．）

証明　$\tau'={\omega_2}'/{\omega_1}'$, $\tau=\omega_2/\omega_1$, ${\omega_2}'=a\omega_2+b\omega_1$, ${\omega_1}'=c\omega_2+d\omega_1$ とする．補題 8.5.1 より $\Gamma(\omega_1,\omega_2)=\Gamma({\omega_1}',{\omega_2}')$ ($=\Gamma$ と略記) で，$\wp(z;\omega_1,\omega_2)=\wp(z;{\omega_1}',{\omega_2}')$ である．${\omega_1}'/2=(c\omega_2+d\omega_1)/2$, $({\omega_1}'+{\omega_2}')/2=\{(a+c)\omega_2+(b+d)\omega_1\}/2$, ${\omega_2}'/2=(a\omega_2+b\omega_1)/2$ は，a,b,c,d の偶数，奇数により場合がわかれて $\omega_1/2, (\omega_1+\omega_2)/2, \omega_2/2$ のいずれかと Γ に関し同値になる．$ad-bc=1$ より，ad と bc は偶奇が逆であることに注意してすべての場合をかきあげよう．偶数を 0,

奇数を1とかく.

場合	a	b	c	d	e_1'	e_2'	e_3'	$\lambda(\tau')$
①	1	0	0	1	e_1	e_2	e_3	$\lambda(\tau)$
②	1	0	1	1	e_2	e_1	e_3	$1/\lambda(\tau)$
③	1	1	0	1	e_1	e_3	e_2	$\lambda(\tau)/(\lambda(\tau)-1)$
④	0	1	1	0	e_3	e_2	e_1	$1-\lambda(\tau)$
⑤	0	1	1	1	e_2	e_3	e_1	$1/(1-\lambda(\tau))$
⑥	1	1	1	0	e_3	e_1	e_2	$1-(1/\lambda(\tau))$

例えば, 場合④を説明しておく. a, d が偶数で b, c が奇数の場合である. このときは, $\omega_2'/2=(d\omega_2+c\omega_1)/2\equiv\omega_1/2\ (\Gamma)$ で $e_3'=\wp(\omega_2'/2)=\wp(\omega_1/2)=e_1$ となり, 同様にして $e_2'=e_2, e_1'=e_3$ となる. $\lambda(\tau')=(e_2'-e_3')/(e_1'-e_3')=(e_2-e_1)/(e_3-e_1)=1-(e_2-e_3)/(e_1-e_3)=1-\lambda(\tau)$ となる. 他の場合も同様にして, 表を作った.

$\Gamma_2=\left\{\sigma=\begin{pmatrix} a & b \\ c & d \end{pmatrix}\in SL(2, \boldsymbol{Z})\ ;\ a, d \text{ は奇数, } b, c \text{ は偶数}\right\}$

とおく. やはり, $\sigma(\tau)=(a\tau+b)/(c\tau+d)$ とする. $\sigma\in\Gamma_2$ があり $\tau'=\sigma(\tau)$ が成立するとき, τ と τ' は Γ_2 に関し同値[1] ということにしよう. そして, $\tau'\equiv\tau\ (\Gamma_2)$ とかく.

定理 8.8.3 $\tau, \tau'\in H$ に対し,

$$\lambda(\tau') = \lambda(\tau) \Longleftrightarrow \tau' \equiv \tau\ (\Gamma_2).$$

証明 $\Leftarrow$ の証明. 前補題による. $\tau'\equiv\tau\ (\Gamma_2)$ ならもちろん $\tau'\equiv\tau\ (SL(2, \boldsymbol{Z}))$ で, 前補題を適用し, 前補題の証明中

---

1) $\tau\equiv\tau\ (\Gamma_2)$, $\tau\equiv\tau'\ (\Gamma_2)$ なら $\tau'\equiv\tau\ (\Gamma_2)$, $\tau\equiv\tau'\ (\Gamma_2)$ で $\tau'\equiv\tau''\ (\Gamma_2)$ なら $\tau\equiv\tau''(\Gamma_2)$ が成り立つ. これは Γ_2 が $SL(2, \boldsymbol{Z})$ の部分群になる ($\sigma_1, \sigma_2\in\Gamma_2$ なら $\sigma_1\sigma_2\in\Gamma_2, \sigma_1^{-1}\in\Gamma_2$ ということ) ことからわかる.

の表をみれば場合①にあたり $\lambda(\tau')=\lambda(\tau)$ である.

⇒の証明の概要. $\lambda(\tau')=\lambda(\tau)$ なら定理 8.8.1 より $J(\tau')=J(\tau)$ がわかり, 定理 8.5.2 (iii) より, $SL(2,\boldsymbol{Z})$ に関し $\tau'\equiv\tau$ となる. $\tau'=(a\tau+b)/(c\tau+d)$, $\begin{pmatrix}a & b\\ c & d\end{pmatrix}\in SL(2,\boldsymbol{Z})$ としよう. a,b,c,d の偶奇により前頁の表の①～⑥のどれかに $\lambda(\tau')$ はなる. この6個の値がみな相異なるときは, $\lambda(\tau')=\lambda(\tau)$ となるのは①で, $\tau'\equiv\tau\ (\Gamma_2)$ となる. 6個の値に同じものがあるときは, 次の補題の証明を参考にして考えてほしい.

補題 8.8.4　$\lambda: H\to \boldsymbol{C}-\{0,1\}$ は上への写像である. すなわち, 任意の $\alpha\neq 0,1$ に対し $\lambda(\tau)=\alpha$ となる $\tau\in H$ がある.

証明　$\alpha\neq 0,1$ より, $A=4(1-\alpha+\alpha^2)^3/27\alpha^2(1-\alpha)^2$ とおける. $J(\tau_0)=A$ に $\tau_0\in H$ がとれる (補題 8.7.6). $\lambda(\tau_0)=\beta$ とおくと, $\beta, 1/\beta, 1-\beta, 1/(1-\beta), 1-(1/\beta), \beta/(\beta-1)$ は λ の値域にはいり, τ_0 と $SL(2,\boldsymbol{Z})$ に関し同値な点でこの値をとる. まず, この6個の値が相異なるとしよう. この6個の値からそれぞれ定理 8.8.1 (ii) により対応する $J(\tau)$ の値を計算すると, それは τ_0 と $SL(2,\boldsymbol{Z})$ に関し同値な点での J の値だから $J(\tau_0)=A$ に等しくなければならない. 方程式 $4(1-x+x^2)^3/27x^2(1-x)^2=A$ は6次式で λ の値域にはいる異なる6個の根をもつわけだが, 一方 α もこの根で, ゆえに α は λ の値域にはいる.

$\beta, 1/\beta, \cdots$ の6個の中に同じものがあらわれるのは, $\beta=1/\beta$, $\beta=1-\beta$ などすべての組合せ (${}_6C_2=15$ 通り) を調べ

て $\beta=-1, 1/2, 2, (1\pm\sqrt{3}i)/2$ の5つのときであることがわかる．β が -1 か $1/2$ か 2 のとき，$\{\beta, 1/\beta, \cdots, \beta/(\beta-1)\}=\{-1, 1/2, 2\}$ となり，そのいずれもが λ の値域にはいる．このとき，$\lambda(\tau_0)=\beta$ から $J(\tau_0)$ を計算すると $J(\tau_0)=1$ となる．方程式 $4(1-x+x^2)^3/27x^2(1-x)^2=1$ の分母をはらい移項して展開し因数分解すると，$(x+1)^2(2x-1)^2\cdot(x-2)^2=0$ となり，α はこの根だから -1 か $1/2$ か 2 で λ の値域にはいることがいえる．β が $(1\pm\sqrt{3}i)/2$ のとき，$1/\beta=(1\mp\sqrt{3}i)/2$ で，$(1\pm\sqrt{3}i)/2$ の両者ともに λ の値域にはいることがわかり，このとき $J(\tau_0)=0$ となり，α は方程式 $4(1-x+x^2)^3/27x^2(1-x)^2=0$ の根だから $(1\pm\sqrt{3}i)/2$ で α は λ の値域にはいる．

補題 8.8.5 $\lambda(\tau)$ の導関数 $\lambda'(\tau)$ は上半平面で零点をもたない．

証明 定理 8.8.1 (iii) より，$\lambda'(\tau_0)=0$ なら $J'(\tau_0)=0$ である．8.7 節の最後の注意より，$\tau_0\equiv i$ または $\tau_0\equiv\rho$ $(SL(2, \boldsymbol{Z}))$ である．そして，i は J' の1位の零点，ρ は J' の2位の零点である．$\tau_0\equiv i$ $(SL(2, \boldsymbol{Z}))$ なら $J(i)=1$ で，補題 8.8.1 (ii) より $\lambda(\tau_0)$ は -1 か $1/2$ か 2 である．$\tau_0\equiv\rho$ $(SL(2, \boldsymbol{Z}))$ なら $J(\rho)=0$ で，同様にして $\lambda(\tau_0)$ は $(-1\pm\sqrt{3}i)/2$ である．もう一度，定理 8.8.1 (iii) をみてほしい．$1-\lambda(\tau)+\lambda(\tau)^2=0$，すなわち $\lambda(\tau)=(-1\pm\sqrt{3}i)/2$ となる τ では $J'(\tau)$ は少なくとも2位の零点をもち，もしそこで $\lambda'(\tau)$ が零点をもつと τ は J' の3位以上の零点になってしまう．同様に，$(1+\lambda(\tau))(-2+5\lambda(\tau)-2\lambda(\tau)^2)=0$，すな

わち $\lambda(\tau)=-1, 1/2, 2$ となる τ では J' は少なくとも1位の零点となり，もしそこで $\lambda'(\tau)$ が零点をもつと，τ は J' の2位以上の零点になってしまう．これから，いたるところ $\lambda'(\tau)\neq 0$ がわかる．

定理 8.8.6　$\lambda: H\to \mathbf{C}-\{0,1\}$ は普遍被覆面である．(すなわち，λ は正則で，上への写像で，いたるところ $\lambda'\neq 0$ で，曲線のもちあげがつねに可能である（定義7.3.1).)

証明　曲線のもちあげ可能を示すことだけが残っている．まず，任意の $\tau\in H$ に対し，$\sigma\neq\sigma'\in\Gamma_2$ なら $\sigma(\tau)\neq\sigma'(\tau)$ を示す．これには，$\sigma'^{-1}\sigma(\tau)\neq\tau$，すなわち，単位行列でない任意の $\sigma\in\Gamma_2$ に対し $\sigma(\tau)\neq\tau$ を示せばよい[1)]．$(a\tau+b)/(c\tau+d)=\tau$ をかきなおすと，$c\tau^2-(a-d)\tau-b=0$ となり，$c\neq 0$ なら $ad-bc=1$ を用いて，$\tau=\{(a-d)\pm\sqrt{(a+d)^2-4}\}/2c$ である．$\sigma\in\Gamma_2$ より a と d は奇数で $\mathrm{Im}\,\tau>0$ より $a+d=0$ となる．$1=ad-bc=-a^2-bc$，ゆえに $1+a^2=-bc$ となるが，4で割ってみると余りが2, 0で矛盾する．c が0なら $ad=1$ で，$a=1, d=1$ としてよく，$\tau+b=\tau$ となり $b=0$，ゆえに σ は単位行列になってしまう．

任意に $\alpha\in\mathbf{C}-\{0,1\}$ をとり，$\lambda^{-1}(\alpha)=\{\tau_0, \tau_1, \tau_2, \cdots\}$ とする．このとき，α の円近傍 $U(\alpha)$ と τ_i の近傍 $\widetilde{U}(\tau_i)$ を，各 i に対し $\lambda|_{\widetilde{U}(\tau_i)}: \widetilde{U}(\tau_i)\to U(\alpha)$ は上への1対1両正則写像になり，さらに $\lambda^{-1}(U(\alpha))=\bigcup_i \widetilde{U}(\tau_i)$ となるようにとれる．なぜなら，$\lambda'(\tau_0)\neq 0$ より τ_0 の近傍 $\widetilde{U}(\tau_0)$ と α の近

---

1)　このことを，H の解析的自己同形群の部分群 Γ_2 は H で不動点をもたないという．

傍 $U(\alpha)$ を $\lambda|_{\tilde{U}(\tau_0)}: \tilde{U}(\tau_0)\to U(\alpha)$ が上への 1 対 1 写像になるようにとれる（補題 1.2.5）．近傍を小さくして $U(\alpha)$ は円としてよい．定理 8.8.3 より，$\lambda(\tau_i)=\lambda(\tau_0)$ だから $\tau_i\equiv\tau_0\ (\Gamma_2)$ で，$\tau_i=\sigma_i(\tau_0)$ となる $\sigma_i\in\Gamma_2$ がある．σ_i は H から H の上への等角写像であることに注意して，$\tilde{U}(\tau_i)=\sigma_i(\tilde{U}(\tau_0))$ とおけばよい．$\lambda|_{\tilde{U}(\tau_i)}$ が条件をみたすことと $\bigcup_i \tilde{U}(\tau_i)\subset\lambda^{-1}(U(\alpha))$ は明らかであろう．$\sigma\neq\sigma'$ なら $\sigma(\tau_0)\neq\sigma'(\tau_0)$ なので，$\{\sigma_0,\sigma_1,\sigma_2,\cdots\}=\Gamma_2$ となる．$\tau\in\lambda^{-1}(U(\alpha))$ とすると，ある $\tau'\in\tilde{U}(\tau_0)$ があり，$\lambda(\tau)=\lambda(\tau')\in U(\alpha)$ となり，ある $\sigma_i\in\Gamma_2$ により $\tau=\sigma_i(\tau')$ となる．$\tau\in\tilde{U}(\tau_i)$ となり $\bigcup_i \tilde{U}(\tau_i)\supset\lambda^{-1}(U(\alpha))$ もいえた．

$\boldsymbol{C}-\{0,1\}$ 内に曲線 $C: z=z(t)\ (0\leqq t\leqq 1)$ をとり，$\lambda(\tau_0)=z(0)$ に $\tau_0\in H$ を与える．C の各点 α にいま存在を示した近傍 $U(\alpha)$ を与え，曲線 C はコンパクトだからその有限個でおおい，それを $U(z(t_0)), U(z(t_1)), \cdots, U(z(t_k))$ $(0=t_0<t_1<\cdots<t_k=1)$ とする．C と $U(z(t_\nu))\cap U(z(t_{\nu+1}))$

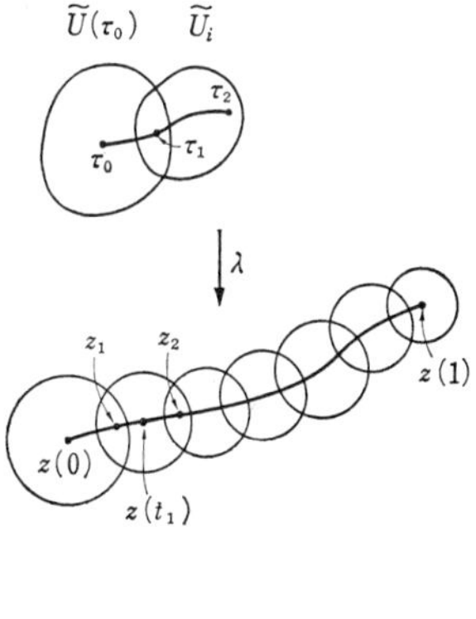

は交わるようにとれるからそうして，$C\cap U(z(t_\nu))\cap U(z(t_{\nu+1}))\ni z_{\nu+1}$ とする．τ_0 の近傍 $\widetilde{U}(\tau_0)$ を $\lambda|_{\widetilde{U}(\tau_0)}: \widetilde{U}(\tau_0)\to U(z(0))$ が両正則になるようにとり，曲線 C の $z(0)$ から z_1 までの部分を $(\lambda|_{\widetilde{U}(\tau_0)})^{-1}$ でもちあげ，終点を τ_1 とする．$U(z(t_1))$ のとり方から，$\lambda^{-1}(U(z(t_1)))=\bigcup_i \widetilde{U}_i$ とわかれ各 $\lambda|_{\widetilde{U}_i}: \widetilde{U}_i\to U(z(t_1))$ が両正則とできる．τ_1 はある $\widetilde{U}_i$ にはいるから，C の z_1 から z_2 までの部分を $(\lambda|_{\widetilde{U}_i})^{-1}$ でもちあげ終点を τ_2 とする．次は $U(z(t_2))$ に対し同じことをやり，これを続けて C の終点 $z(1)$ までいける．

注 Γ_2 の基本領域について証明なしに述べておく．$\sigma\in SL(2, \boldsymbol{Z})$ に対し，$\sigma\Gamma_2=\{\sigma\sigma' ; \sigma'\in\Gamma_2\}$ とかく．$\sigma_1=\begin{pmatrix}1 & 1\\ 0 & 1\end{pmatrix}, \sigma_2=\begin{pmatrix}0 & -1\\ 1 & 0\end{pmatrix}$ とおく．$\sigma_1(\tau)=\tau+1, \sigma_2(\tau)=-1/\tau$ である．$SL(2,\boldsymbol{Z})$ は6個の互いに共通部分のない部分集合の和に，

$$SL(2,\boldsymbol{Z}) = \Gamma_2\cup\sigma_1\Gamma_2\cup\sigma_2\Gamma_2\cup(\sigma_1\sigma_2)\Gamma_2\cup(\sigma_2\sigma_1)\Gamma_2\cup(\sigma_2\sigma_1\sigma_2)\Gamma_2$$

とかける[1]．$SL(2,\boldsymbol{Z})$ の基本領域 $\overline{F}$ から $\overline{\mathscr{F}}=\overline{F}\cup\sigma_1(\overline{F})\cup\sigma_2(\overline{F})\cup(\sigma_1\sigma_2)(\overline{F})\cup(\sigma_2\sigma_1)(\overline{F})\cup(\sigma_2\sigma_1\sigma_2)(\overline{F})$ とおくと，これは Γ_2 の基本領域になる．つまり，(i) 任意の $\tau\in H$ に対し Γ_2 に関し同値な点が必ず $\overline{\mathscr{F}}$ に存在し，(ii) $\overline{\mathscr{F}}$ の異なる2点が Γ_2 に関し同値になれば，両者は境界 $\partial\mathscr{F}$ 上にある．

この $\overline{\mathscr{F}}$ よりは，$\overline{F}$ を虚軸で2等分して，Γ_2 の写像 $\tau\mapsto\tau-2$, $\tau\mapsto\tau/(2\tau+1)$ を利用してうまく代表をとりかえると，$\overline{\mathscr{F}}_0=\{z\in H ; |\mathrm{Re}\, z|\leqq 1, |z+1/2|\geqq 1/2, |z-1/2|\geqq 1/2\}$ を基本領域にとれることがいえ，この方がきれいであろう．

---

1) 群を知っている読者へ：Γ_2 は $SL(2,\boldsymbol{Z})$ の正規部分群で，$SL(2,\boldsymbol{Z})/\Gamma_2$ をかいたのである．$SL(2,\boldsymbol{Z})/\Gamma_2$ は3次対称群 S_3 に同形である．

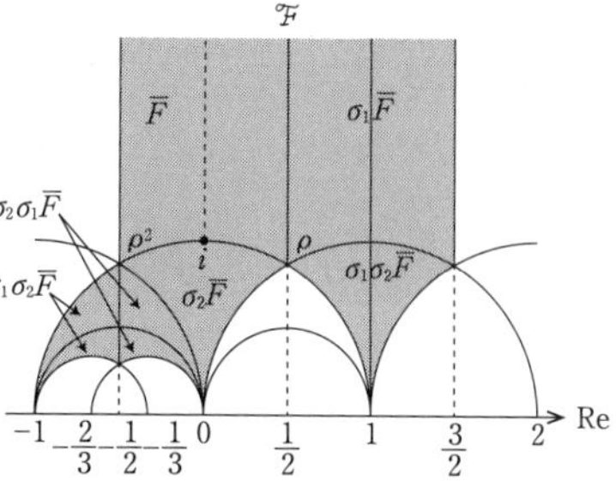

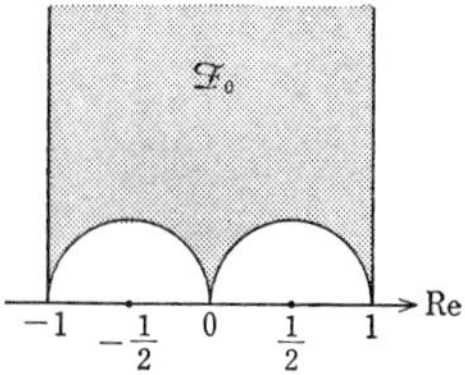

8.9　2重周期関数をなぜ楕円関数というか

まず，補題を1つ示す．

補題 8.9.1　$a^3-27b^2 \neq 0$ に複素数 a, b を任意に与える．このとき，$g_2(\omega_1, \omega_2)=a, g_3(\omega_1, \omega_2)=b$ をみたすような ω_1, ω_2 が存在する．

証明　$J(\tau)=a^3/(a^3-27b^2)$ をみたすような $\tau \in H$ が存在する（補題 8.7.6）．$ab \neq 0$ のとき，$\omega_1{}^2 g_2(1, \tau)/g_3(1, \tau)=a/b$ により ω_1 をきめ，$\omega_2/\omega_1=\tau$ により ω_2 をとればよい．このとき，

$$\frac{g_2(\omega_1, \omega_2)^3}{g_2(\omega_1, \omega_2)^3-27g_3(\omega_1, \omega_2)^2}=\frac{a^3}{a^3-27b^2},$$

$$\frac{g_2(\omega_1, \omega_2)}{g_3(\omega_1, \omega_2)} = \frac{a}{b}$$

となり，この連立方程式をとけば $g_2(\omega_1, \omega_2)=a, g_3(\omega_1, \omega_2)=b$ をうる．

$a=0$ のときは，$J(\tau)=0$，すなわち $\tau=\rho^2$ にとり，$g_3(1, \tau)/\omega_1{}^6=b$ から ω_1 をきめ，$\omega_2/\omega_1=\tau$ から ω_2 をきめればよい．（補題 8.7.5 の証明で示したように，$g_2(1, \rho^2)=0, g_3(1, i)=0$ である．）$b=0$ のときは，$J(\tau)=1$，すなわち $\tau=i$ にとり，$g_2(1, \tau)/\omega_1{}^4=a$ から ω_1 をきめ，$\omega_1/\omega_2=\tau$ から ω_2 をきめればよい．

$\int_0^x (1/\sqrt{1-x^2})dx$ は $\arcsin x$ で，その逆関数が $\sin x$ で 1 重周期関数である．積分 $u=u(x)=\int_0^x (1/\sqrt{4x^3-ax-b})dx$ を考える．$du/dx=1/\sqrt{4x^3-ax-b}$ であるが，逆関数 $x=x(u)$ をとると，$(dx/du)^2=4x^3-ax-b$ である．$a^3-27b^2\neq 0$ として（これは $\sqrt{4x^3-ax-b}=(\alpha x+\beta)\sqrt{\alpha' x+\beta'}$ とならない条件），$g_2(\omega_1, \omega_2)=a, g_3(\omega_1, \omega_2)=b$ に ω_1, ω_2 をとり関数を複素関数の範囲で考えると，$x(u)=\wp(u\,;\omega_1, \omega_2)$ がこの微分方程式をみたす，つまり，$u=u(x)=\int_0^x (1/\sqrt{4x^3-ax-b})dx$ の逆関数は 2 重周期関数 $\wp(u)$ である．

$R(x, y)$ を x と y の有理関数，$P(x)$ を x の多項式として，積分 $\int R(x, \sqrt{P(x)})dx$ を考える．$P(x)$ の次数が 0 なら有理関数の積分で，これは有理関数と対数関数と逆三角関数であらわせる．$P(x)$ の次数が 1 か 2 のときは，適当な変数変換で有理関数の積分に帰着できる．$P(x)$ の次数が 3 次か 4 次のときには，楕円積分とよばれる．（楕円の周の長さを求める積分がこの形になるから．双曲線の周も，2定点からの距離の積が一定な点の軌跡をレムニスケートというがその弧長なども，この種の積分になる．）楕円積分の逆関数を考えその2重周期性の発見，複素関数論の建設と楕円関数論の完成，これは19世紀数学の最高峰であろう[1)]．

最後に，注を2つ証明なしでつけ加えて，終わりとする．

注1　4.5節例4でトーラス $T(\omega_1, \omega_2)$ を説明した．周期 ω_1, ω_2 の楕円関数は，リーマン面 $T(\omega_1, \omega_2)$ 上の有理形関数というのと同じである．$\Gamma=\Gamma(\omega_1, \omega_2)$ を格子群，トーラス $T(\omega_1, \omega_2)$ を周期平行四辺形 (0) と同一視しよう．各 $z\in \boldsymbol{C}$ に対し z と Γ 同値な点 $\varphi(z)\in T(\omega_1, \omega_2)$ がただ1つあり，これで写像 $\varphi: \boldsymbol{C}\to T(\omega_1, \omega_2)$ をうる．この写像は普遍被覆面の性質をもち，任意の楕円関数 $f\in E(\Gamma)$ は $T(\omega_1, \omega_2)$ 上の有理形関数 g により $f=g\circ\varphi$ とかけ，逆に $T(\omega_1, \omega_2)$ 上の有理形関数 h に対し $h\circ\varphi\in E(\Gamma)$ がいえる．

トーラスが2つ $T(\omega_1, \omega_2), T'(\omega_1', \omega_2')$ があり，$\varphi: \boldsymbol{C}\to T(\omega_1, \omega_2), \varphi': \boldsymbol{C}\to T'(\omega_1', \omega_2')$ を上記の普遍被覆面としよう．解析的同形写像 $\mu: T(\omega_1, \omega_2)\to T'(\omega_1', \omega_2')$ があると，補題7.3.5の証明のようにして，解析的同形写像 $\tilde{\mu}: \boldsymbol{C}\to\boldsymbol{C}$ があり $\varphi'\circ\tilde{\mu}=\mu\circ\varphi$ とできる．これから，$T(\omega_1, \omega_2)$ と $T'(\omega_1', \omega_2')$ が解析的同形になるのは，$\tau=\omega_2/\omega_1, \tau'=\omega_2'/\omega_1'$ とおいたときに $J(\tau)=J(\tau')$ となることが必要十分であることがいえる．つまり，トーラスが解析的同形かどうかは，基本周期の比に対するモジュラー関数 $J(\tau)$ の値できまる．解析的同形でないトーラスがどれだけあるか？ モジ

1)　この間の歴史については，高木貞治：近世数学史談（共立全書）をぜひ読んでほしい．

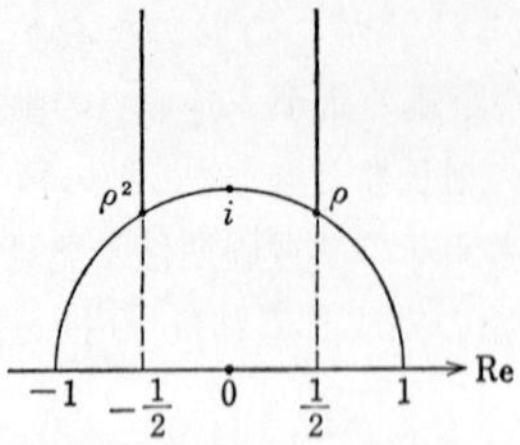

ュラー関数 $J(\tau)$ の基本領域 $\overline{F}$ の点だけある．（境界 ∂F は例のように同一視する．）

注 2　$J(\tau)$ の基本領域 $\overline{F}$ の境界を，$\{\mathrm{Re}\,z=-1/2\}$ 上の z と $\{\mathrm{Re}\,z=1/2\}$ 上の $z+1$ とを同一視し，$|z|=1$ 上の 2 点 z と $-1/z$ を同一視してはりあわせると，底がふさがった筒ができる．無限遠点をつけ加えて先を閉じると位相的には球面ができる．実は，きちんと地図をとり，これがリーマン面としてリーマン球面 $\boldsymbol{P}$ と解析的同形なことが示せる．リーマン球面上の有理形関数は有理関数になることと，上記注 1 と同様にして次のことが示せる．上半平面 H の有理形関数 f で，任意の $\begin{pmatrix} a & b \\ c & d \end{pmatrix} \in SL(2, \boldsymbol{Z})$ に対し $f((a\tau+b)/(c\tau+d))=f(\tau)$ をみたし，$\lim_{\mathrm{Im}\,\tau\to+\infty} f(\tau)=\alpha$ ($\in \boldsymbol{C}\cup\{\infty\}$) が存在するのは，有理関数 $R(X)$ により $f(\tau)=R(J(\tau))$ とかけるものだけである．

付　録

付録0　偏微分法から

0.1　偏微分はつまらない

2実変数実数値関数 $z=f(x,y)$ を考え，$c=f(a,b)$ として点 (a,b) の近傍で考える．この関数のグラフは，下図のように3次元空間の中の曲面 S となる．われわれは，(a,b) の近傍で関数 $z=f(x,y)$ の変化の状態を調べたく，幾何的にいえば点 $\mathrm{P}=(a,b,c)$ の近傍での曲面 S の形状を知りたい．

偏微分係数

$$f_x(a,b)=\lim_{x\to a}\frac{f(x,b)-f(a,b)}{x-a}$$

は，y を b にとめて，すなわち，曲面 S を xz 平面に平行な平面で切り，切り口の曲線 l の点Pでの接線の傾きであ

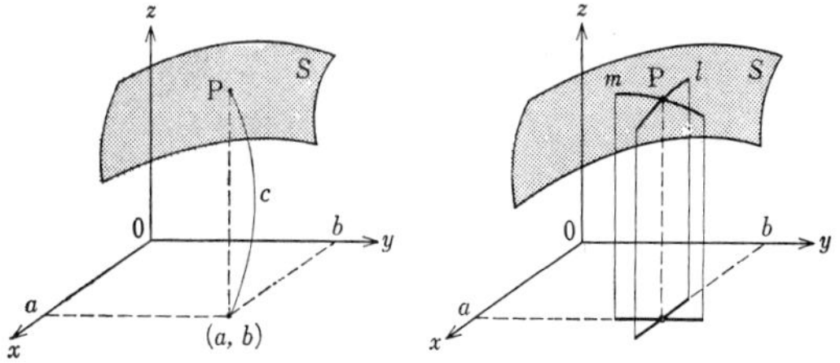

る．同様に，$f_y(a,b)$ は S を yz 平面に平行な平面で切り，切り口の曲線 m の点Pでの接線の傾きである．

関数 $z=f(x,y)$ が点 (a,b) で偏微分可能と仮定しよう．つまり，$f_x(a,b), f_y(a,b)$ が存在すると仮定する．しかし，xz 平面，yz 平面に平行な2平面での切り口 l,m のPでの接線の傾きがわかったとしても，Pの近所での S の形状は何もわからないではないか．（S を食パンの表面として，直交する2方向での包丁の切り口 l,m にはふれないで，Pの近くをいくらでも指でほじくることができる!!）点 (a,b) で偏微分可能でも (a,b) で連続でないことさえおこりうる．つまり，l,m はなめらかでも，別の方向からPに近づけばガタンと落っこちてしまうことなどがありうる[1]．y をとめて x だけで微分する，x をとめて y だけで微分するといった偏微分法は，1変数の微分法の2変数への素朴な拡張だが，素朴すぎて役には立たないのである．

0.2　全微分可能

$f(x,y)$ が (a,b) の近傍で高次の無限小を無視して1次式で近似できるとき，$f(x,y)$ は (a,b) で**全微分可能**という．正確に書くと，定数 α,β をうまくとり，

1）例　$f(x,y)=\begin{cases}\dfrac{xy}{x^2+y^2}, & (x,y)\neq(0,0)\\ 0\quad, & (x,y)=(0,0).\end{cases}$

$f_x(0,0)=f_y(0,0)=0$ だが，直線 $y=ax$ にそって $(0,0)$ に近づくと，$f(0,0)=0$ には近づかない．

$$f(x,y) = f(a,b)+\alpha(x-a)+\beta(y-b)+\varepsilon(x,y)$$

とかいたとき,

$$\lim_{(x,y)\to(a,b)} \frac{\varepsilon(x,y)}{\sqrt{(x-a)^2+(y-b)^2}} = 0$$

とできることである[1]. 全微分可能ならば偏微分可能であり, $\alpha=f_x(a,b), \beta=f_y(a,b)$ となることが容易にわかる. また, f が (a,b) で全微分可能なら f は (a,b) で連続になることも定義から明らかである. (したがって, 偏微分可能でも全微分可能とは限らない.)

$f(x,y)$ は (a,b) で全微分可能とし, $x=x(t), y=y(t)$ $(-\delta<t<\delta)$ を xy 平面の曲線 C で $x'(0), y'(0)$ は存在し $(x(0), y(0))=(a,b)$ としよう. (つまり, 点 (a,b) を通り (a,b) で微分可能な曲線.) このとき, 合成関数 $f(t)=f(x(t),y(t))$ は $t=0$ で微分できて,

$$f'(0) = \alpha x'(0)+\beta y'(0)$$

となる. ($df/dt=(\partial f/\partial x)(dx/dt)+(\partial f/\partial y)(dy/dt)$ とかいた方が覚えやすい[2].) ゆえに, C の各点から xy 平面に垂線を立ててできる面で S を切った切り口 $\tilde{C}$ の P での接線

1) ランダウの記号を使うと, $(x,y)\to(a,b)$ のとき $\varepsilon(x,y)=o(\sqrt{(x-a)^2+(y-b)^2})$ ということ. (ランダウの記号は 20 頁をみよ.)

2) 証明　$\{f(t)-f(0)\}/t=\alpha\{x(t)-x(0)\}/t+\beta\{y(t)-y(0)\}/t$

$$\pm\{\varepsilon(x(t),y(t))/\sqrt{(x(t)-x(0))^2+(y(t)-y(0))^2}\}$$

$$\times\sqrt{\left(\frac{x(t)-x(0)}{t}\right)^2+\left(\frac{y(t)-y(0)}{t}\right)^2}$$

となり, $t\to 0$ とせよ.

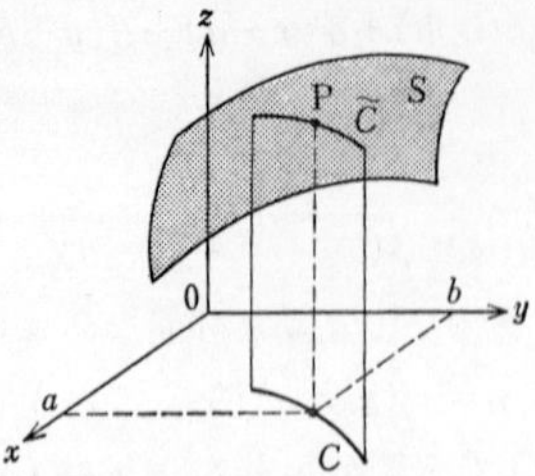

の傾きがわかった．その接線の方程式は t を助変数として

$$x = a+x'(0)t,\ \ y = b+y'(0)t,\ \ z = c+f'(0)t$$

で，これは平面

$$(*)\qquad z = c+\alpha(x-a)+\beta(y-b)$$

の上にのっていることがわかる．($c=f(a,b), x(0)=a, y(0)=b$ に注意.) 逆に，$x'(0), y'(0)$ を任意に与えて曲線 $C: x=x(t), y=y(t)$ を作れるから，曲面 $S: z=f(x,y)$ の上にのっていて点 $\mathrm{P}=(a,b,c)$ を通り P で微分可能な曲線 $\widetilde{C}: x=x(t), y=y(t), z=f(x(t),y(t))$ の P における接線の全体は，1つの平面 (＊) を作ることがわかる．平面 (＊) を曲面 S の点 P での**接平面**という．接平面の法線ベクトルの成分が $(\alpha,\beta,-1)=(f_x(a,b), f_y(a,b), -1)$ である．$z=f(x,y)$ が (a,b) で全微分可能ならば，偏微分係数はこのように重要な意味をもつ．

問＊　$f(x,y)$ が (a,b) で連続かつ偏微分可能としても全微分可能とは限らない．(例を式でかけというのが問題だが，式でかくよりもグラフの曲面を想像して (式でかけなくても) そんな関数は存在すると確信してほしい.)

0.3　C^1 級，偏微分の復権

$f(x,y)$ が点 (a,b) の近傍の各点で偏微分可能なら，その近傍で偏導関数 $\partial f/\partial x$ $(=f_x(x,y))$, $\partial f/\partial y$ $(=f_y(x,y))$ が考えられる．その偏導関数が両方とも (a,b) で連続のとき，$f(x,y)$ は (a,b) で **C^1 級**であるという．（**1 回連続微分可能**ともいう．k 回偏微分ができて k 階偏導関数がすべて連続なとき，**k 回連続微分可能**，または **C^k 級**という．すべての k に対し C^k 級のとき，C^∞ 級という．偏微分できて偏導関数が連続という意味を連続微分可能とは，下手な命名だが，みんなが使う重要な概念の定義は勝手にかえられない．）$f(x,y)$ が (a,b) で C^1 級ならば，(a,b) で全微分可能になる[1]．前に，偏微分可能はつまらないと強調したが，C^1 級，つまり偏導関数の連続性がいえると全微分可能がいえて偏微分係数が重要性を獲得するのである．

1）　証明．f_x, f_y は連続だから，$\varepsilon>0$ に対し $\delta>0$ がきまり，$|x-a|<\delta, |y-b|<\delta$ なら $|f_x(x,y)-f_x(a,b)|<\varepsilon/2, |f_y(x,y)-f_y(a,b)|<\varepsilon/2$ とできる．f は (a,b) の近傍で偏微分可能だから，平均値の定理より

$$\begin{aligned} f(x,y)-f(a,b) &= f(x,y)-f(a,y)+f(a,y)-f(a,b) \\ &= f_x(\xi,y)(x-a)+f_y(a,\eta)(y-b) \\ &= f_x(a,b)(x-a)+f_y(a,b)(y-b)+[\{f_x(\xi,y)-f_x(a,b)\}(x-a) \\ &\qquad +\{f_y(a,\eta)-f_y(a,b)\}(y-b)] \end{aligned}$$

となり，[…] が全微分可能の定義にあらわれる $\varepsilon(x,y)$ に相当する．ξ は x と a の，η は y と b の中間の数である．$|x-a|<\delta, |y-b|<\delta$ なら，

$$|[\cdots]|/\sqrt{(x-a)^2+(y-b)^2} \leqq \frac{\varepsilon}{2}\cdot\frac{|x-a|+|y-b|}{\sqrt{(x-a)^2+(y-b)^2}}<\varepsilon$$

となり，$(x,y)\to(a,b)$ で $|[\cdots]|/\sqrt{(x-a)^2+(y-b)^2}\to 0$ がいえた．

次の例のように，全微分可能でも C^1 級とは限らず，右表のような関係になっていることがわかる．

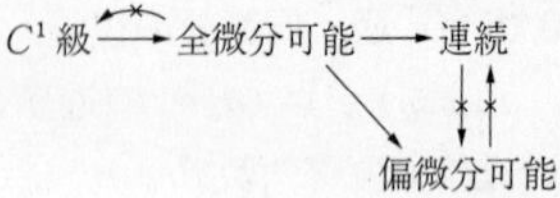

例

$$f(x,y)=\begin{cases}(x^2+y^2)\sin\dfrac{1}{\sqrt{x^2+y^2}}, & (x,y)\neq(0,0)\\ 0\qquad\qquad\qquad , & (x,y)=(0,0).\end{cases}$$

この f はいたるところ偏微分可能だが偏導関数は $(0,0)$ で連続でない．しかし，f は $(0,0)$ で全微分可能にはなる．

蛇足　関数 $f(x)$ の $x=a$ での微分係数 $f'(a)$ は，$\lim_{x\to a}\{f(x)-f(a)\}/(x-a)$ で定義される．$\{f(x)-f(a)\}/(x-a)$ を平均変化率，その極限 $f'(a)$ を瞬間変化率などという．これに対し，$\lim_{\xi\to a,\eta\to a}\{f(\xi)-f(\eta)\}/(\xi-\eta)=f'(a)$ と定義する方がよいという説[1)]がある．この極限が存在するとき，$f(x)$ は a で一様微分可能という．実は，区間 I の各点で一様微分可能というのが，前者の意味で導関数が存在し連続（すなわち C^1 級）というのと同値である．どうやら，微分可能というのは中途半端な概念で，C^1 級（つまり，一様微分可能）の方がはっきりした概念かもしれない？

1)　田村二郎：微積分読本（岩波）．齋藤正彦：無限小解析（ライプニッツを現代に結ぶ 4），数学セミナー 1977 年 4 月号．

0.4　陰関数定理

点 (a, b) の近傍で C^1 級の関数の組 $u=u(x, y), v=v(x, y)$ を考える．点 (x, y) に点 $(u(x, y), v(x, y))$ を対応させて写像 $f:(x, y) \mapsto (u(x, y), v(x, y))$ とみなす．行列式

$$\begin{vmatrix} \dfrac{\partial u}{\partial x} & \dfrac{\partial u}{\partial y} \\ \dfrac{\partial v}{\partial x} & \dfrac{\partial v}{\partial y} \end{vmatrix} = \frac{\partial u}{\partial x}\frac{\partial v}{\partial y} - \frac{\partial u}{\partial y}\frac{\partial v}{\partial x}$$

を f の**関数行列式**，または**ヤコビ行列式**という．次の定理は逆関数定理（または，陰関数定理）とよばれるが，証明は省略する．

定理　写像 $f: u=u(x, y), v=v(x, y)$ が点 (a, b) の近傍で C^1 級で，ヤコビ行列式が (a, b) で 0 でないとする．このとき，点 $(u(a, b), v(a, b))$ の十分小さい近傍で f の逆写像 $f^{-1}: x=x(u, v), y=y(u, v)$ が存在し，f^{-1} も C^1 級である．

付録 I　複素平面 $\boldsymbol{C}$

複素数とその加減乗除は既知とする．複素数 $z=x+iy$ (x, y は実数，$i=\sqrt{-1}$）の絶対値，実部（real part），虚部（imaginary part），共役複素数を

$$|z|=\sqrt{x^2+y^2},\ \mathrm{Re}\,z=x,\ \mathrm{Im}\,z=y,\ \bar{z}=x-iy$$

とかくと，次の式が成り立つ：

$$|z_1z_2|=|z_1||z_2|,\ |z_1/z_2|=|z_1|/|z_2|,$$

$$\overline{(z_1\pm z_2)}=\bar{z}_1\pm\bar{z}_2,\ \overline{z_1z_2}=\bar{z}_1\bar{z}_2,\ \overline{(z_1/z_2)}=\bar{z}_1/\bar{z}_2,$$

$$\mathrm{Re}\,z=(z+\bar{z})/2,\ \mathrm{Im}\,z=(z-\bar{z})/2i.$$

次の不等式は重要である：

(I. 1)　$$|z_1+z_2|\leqq|z_1|+|z_2|,$$

(I. 2)　$$\max(|\mathrm{Re}\,z|,\ |\mathrm{Im}\,z|)\leqq|z|\leqq|\mathrm{Re}\,z|+|\mathrm{Im}\,z|.$$

平面に直交座標（座標軸を実軸，虚軸という）をとり，複素数 $z=x+iy$ を座標 (x, y) の点とみる．これで，複素数の全体の集合 $\boldsymbol{C}$ は平面の点の全体と 1 対 1 に対応し，$\boldsymbol{C}$ を平面とみてよい（複素平面という）．

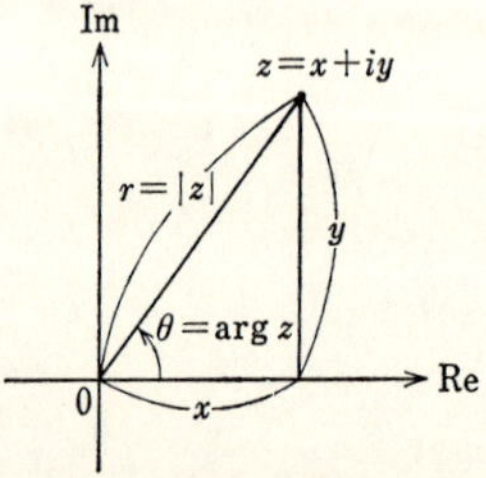

平面の点 $z=x+iy$ は，極座標により (r,θ) ともかける．すなわち，

(I.3)　$$r=|z|=\sqrt{x^2+y^2},\quad \tan\theta=y/x$$

である．θ を z の**偏角** (argument) といって，$\arg z$ とかく．($z=0$ のときは，$\arg z$ は考えない．) θ が z の偏角ならば，$\theta+2n\pi$ (n は整数) も z の偏角であり，$\arg z$ は z の関数として無限多価である．$\theta_1-\theta_2$ が 2π の整数倍のときに，$\theta_1=\theta_2 \pmod{2\pi}$ とかくことにすれば，

(I.4)　$$\begin{aligned}\arg z_1z_2 &= \arg z_1+\arg z_2 \pmod{2\pi}\\ \arg(z_1/z_2) &= \arg z_1-\arg z_2 \pmod{2\pi}\end{aligned}$$

が成り立つ．

(I.5)　$$e^{i\theta}=\cos\theta+i\sin\theta$$

と定義すると，$e^{i(\theta_1+\theta_2)}=e^{i\theta_1}e^{i\theta_2}$ が成立し，$|e^{i\theta}|=1$ である．(I.3) を逆にとくと $x=r\cos\theta, y=r\sin\theta$ となり，これから複素数 z は

(I.6)　$$z=re^{i\theta},\ (r=|z|,\ \theta=\arg z)$$

とも表示できる．

$|z_1-z_2|$ を z_1 と z_2 との (ユークリッド) **距離**といって，$d(z_1,z_2)$ ともかく[1]．$A,B\subset\boldsymbol{C}$ に対し $d(A,B)=\inf\{d(z_1,z_2)\,;\,z_1\in A,\ z_2\in B\}$ とおき，A と B との (最短) 距離とい

1) 3次元 (実ユークリッド) 空間で，2点 $(a,b,c),(a',b',c')$ の距離を $\sqrt{(a-a')^2+(b-b')^2+(c-c')^2}$ とおき，点Pの ε 近傍を中心P，半径 ε の球とすれば，これからあとの説明は3次元空間でもそのまま有効である．3次元のときのコンパクト，連続などを本文で使うところが2，3か所あり，論理的には以下の議論は3次元空間でした方がよい．

う．a を中心とする半径 ε の円 $\{z;|z-a|<\varepsilon\}$ を $U_\varepsilon(a)$ または $\varDelta_\varepsilon(a)$ とかき，a の **$\boldsymbol{\varepsilon}$ 近傍**といい，適当な $\varepsilon>0$ に対する a の ε 近傍を，a の**円近傍**という．円近傍という言葉を用いていくつかの定義をするが，あらゆる円近傍（任意の円近傍）に対していっているのか，そのような円近傍が1つでも存在すればよいのか，その点に注意してほしい．
(A の補集合 $\boldsymbol{C}-A$ を A^c とかく．)

複素平面 $\boldsymbol{C}$ の部分集合 A と，$\boldsymbol{C}$ の点 a がある．そのとき，

a は A の**内点**

$\Longleftrightarrow$ a の円近傍 $U(a)$ で $U(a)\subset A$ となるものがある，

a は A の**境界点**

$\Longleftrightarrow$ a の任意の円近傍 $U(a)$ に対し，$U(a)\cap A\neq\emptyset, U(a)\cap A^c\neq\emptyset$,

a は A の**外点**

$\Longleftrightarrow$ a の円近傍 $U(a)$ で $U(a)\cap A=\emptyset$ となるものがある，

a は A の**集積点**

$\Longleftrightarrow$ a の任意の円近傍 $U(a)$ に対し，$A\cap(U(a)-\{a\})\neq\emptyset$,

a は A の**孤立点**

$\Longleftrightarrow$ a の円近傍 $U(a)$ で，$U(a)\cap A=\{a\}$ となるものがある，

と定義する．これらの言葉について，次のように分類され

る：

$$a\in A\begin{cases} a\text{ は }A\text{ の内点 }\cdots a\text{ は }A\text{ の集積点} \\ a\text{ は }A\text{ の境界点}\cdots\begin{cases} a\text{ は }A\text{ の集積点} \\ a\text{ は }A\text{ の孤立点}\end{cases}\end{cases}$$

$$a\notin A\begin{cases} a\text{ は }A\text{ の境界点}\cdots a\text{ は }A\text{ の集積点} \\ a\text{ は }A\text{ の外点 }\cdots a\text{ は }A\text{ の集積点でも} \\ \qquad\qquad\qquad\quad\text{孤立点でもない.}\end{cases}$$

A の内点の全体を A° とかいて，A の**開核**（または**内部**）という．A の境界点の全体を ∂A とかき A の**境界**という．$A\cup\partial A$ を $\overline{A}$ とかき A の**閉包**という．$A-\partial A=A^\circ$ である．$A=A^\circ$ のとき，A は**開集合**であるという．$\partial A\subset A$，すなわち $\overline{A}=A$ のとき，A は**閉集合**であるという[1]．A の点がすべて A の孤立点であるとき，A は**孤立集合**であるという．**C** の部分集合 A に対し，A を含む開集合を A の**近傍**という．（A が 1 点 a ならば，a の円近傍 $U(a)$ は a を含む開集合だから，$U(a)$ は a の近傍である．A が開集合なら A 自身も A の近傍である．）

複素数列 $\{z_n\}_{n=1,2,\cdots}$ が z に**収束**する（$\lim\limits_{n\to\infty} z_n=z$，または簡単に $z_n\to z$ とかく）というのは，実数列 $\{|z_n-z|\}_{n=1,2,\cdots}$ が 0 に収束することである．(I.2) から，$z_n=x_n+iy_n$，$z=x+iy$ とかくと

$$z_n\to z\Longleftrightarrow x_n\to x,\ y_n\to y \tag{I.7}$$

をうる．

1）全平面 **C** と空集合 $\emptyset$ は開集合でもあり閉集合でもある．

問　(i)　A が閉集合
$\Longleftrightarrow z_n \in A\ (n=1,2,\cdots),\ z_n \to z$ ならば $z \in A$ となる.

(ii)　a が A の集積点
$\Longleftrightarrow a$ と異なる $z_n \in A\ (n=1,2,\cdots)$ で $z_n \to a$ となるものがある.

$\boldsymbol{C}$ の部分集合 A が**有界**であるというのは，大きな円 $U_R(0)$ をとり $A \subset U_R(0)$ とできることである.

定理 I.1　$A \subset \boldsymbol{C}$ に対し，次の条件は同値である.

(i)　A は有界閉集合,

(ii)　A の各点 z に近傍 $U(z)$ が与えられているとき，有限個の点 $z_1, \cdots, z_k \in A$ をとり，$A \subset U(z_1) \cup \cdots \cup U(z_k)$ とできる,

(iii)　A の任意の無限部分集合は，A に属する集積点をもつ.

(ii) の条件をみたす集合は**コンパクト**とよばれるが，重要なのはこの3つの条件が複素平面 $\boldsymbol{C}$ では同値であることと，次の定理であろう.

定理 I.2　$A \subset \boldsymbol{C}$ をコンパクト部分集合とし，$u(z)$ を A で定義された実数値連続[1]関数とする．このとき，$u(z)$ は A 上で最大値（および最小値）をとる.

定理 I.3　$f(z)$ をコンパクト集合 A 上の連続関数とすると，$f(z)$ は A で**一様連続**となる．すなわち，任意の $\varepsilon > 0$ に対し，$\delta > 0$ を

---

1)　$z_n \to z$ ならば $u(z_n) \to u(z)$ となるとき連続という．第1章1.1節を参照せよ.

$$|z-z'|<\delta,\ z,z'\in A \Rightarrow |f(z)-f(z')|<\varepsilon$$

が成り立つようにとれる．

$D\subset\mathbf{C}$ を開集合とするとき，コンパクト部分集合の列 $\{K_n\}$ を，$K_n\subset K_{n+1}^\circ$ $(n=1,2,\cdots)$，$D=\bigcup_{n=1}^{\infty}K_n$ となるようにとれる．例えば，$K_n=\{z\in D;d(z,\partial D)\geqq 1/n, d(z,0)\leqq n\}$ にすればよい．$\{K_n\}$ を D の**エグゾースチョン**という．

A $(\subset\mathbf{C})$ の任意の2点が A の中の曲線[1]で結べるとき，A は（弧状）**連結**であるという．連結開集合は**領域**とよばれる．次の定理は2つ以上の島からなる陸地は連結でないという感じの自然なものであり，一致の定理（定理2.1.1）の証明などに用いられる．

定理 I.4　D を空でない開集合とする．このとき，

D が連結 $\Longleftrightarrow$ 2つの開集合 O_1, O_2 があり，$D=O_1\cup O_2$, $O_1\cap O_2=\emptyset$ となれば，O_1, O_2 の一方は空集合．

証明　$\Rightarrow$ の証明．D が連結で，$D=O_1\cup O_2$, $O_1\cap O_2=\emptyset$, $O_1\neq\emptyset$, $O_2\neq\emptyset$, O_1, O_2 は開集合となれば，矛盾であることを示す．$z_1\in O_1$, $z_2\in O_2$ をとり，D 内で z_1, z_2 を結ぶ曲線を $z=z(t)$ $(\alpha\leqq t\leqq\beta, z(\alpha)=z_1, z(\beta)=z_2)$ とする．$t_0=\sup\{t;z(t)\in O_1, \alpha\leqq t\leqq\beta\}$ は存在する．O_1, O_2 は開集合だから，$z(t_0)\in O_1$ ならばその近傍でも曲線は O_1 にはいり，$z(t_0)\in O_2$ としても同様である．これは t_0 の定義に反する．

$\Leftarrow$ の証明．D の1点 z_0 をとり，z_0 と D 内の曲線で結び

---

1)　定義は付録II．

うる点の全体を O_1, $D-O_1=O_2$ とおく．D は開集合だから D の各点は D に含まれる円近傍をもち，円近傍内の任意の2点はその円近傍内の曲線で結びうることに注意する．O_1, O_2 が開集合が示されて，$O_2=\emptyset$ をうる．

開集合 D に対し，ある $a\in D$ があり $\Delta=\{z\in D$；z と a は D 内の曲線で結びうる$\}$ とあらわされる Δ を，D の**連結成分**という．いいかえれば，D の連結成分とは D の連結な開部分集合の中で極大なもののことである．開集合はたかだか可算個の連結成分の和集合としてあらわされる．

閉集合 A に対しては定理 I.4 の類似は成り立たず，A が弧状連結ならば「2つの閉集合 A_1, A_2 があり，$A=A_1\cup A_2, A_1\cap A_2=\emptyset$ となれば，A_1, A_2 の一方は空集合」という命題は成立するが，逆は成り立たない．閉集合 A に対し，「……」の命題が成り立つときに A は連結であるといい，弧状連結とは区別する．閉集合 A の連結成分とは，（後者の意味で）連結な A の閉部分集合の中で極大なもののことである．174 頁で1度だけ使うので付記しておく．

付録II　曲線，線積分，グリーン・ストークスの定理

実軸上の閉区間 $[\alpha, \beta]$ から複素平面 $\boldsymbol{C}$ への連続関数

$$C:\ z = z(t) = x(t) + iy(t),\ (\alpha \leqq t \leqq \beta)$$

を**曲線**という．点 $z(\alpha)$ を曲線 C の始点，点 $z(\beta)$ を終点という．値域 $\{z(t)\,; \alpha \leqq t \leqq \beta\}$ に向きをつけたものを曲線 C といってしまうこともある．値域が $\boldsymbol{C}$ の部分集合 A に含まれているときに，A の中の曲線という．閉区間 $[\alpha, \beta]$ が有限個の閉区間の和に分割され，各小閉区間において $x(t), y(t)$ が微分可能になり $x'(t), y'(t)$ は連続かつ $\{t\,; x'(t) = y'(t) = 0\} = \emptyset$ とできるとき，C は**正則曲線**[1]であるという．例えば，有限個の線分からできている曲線を**折れ線**というが，これは正則曲線である．正則曲線には，$x'(t), y'(t)$ が存在しないか，存在しても不連続か $x'(t) =$

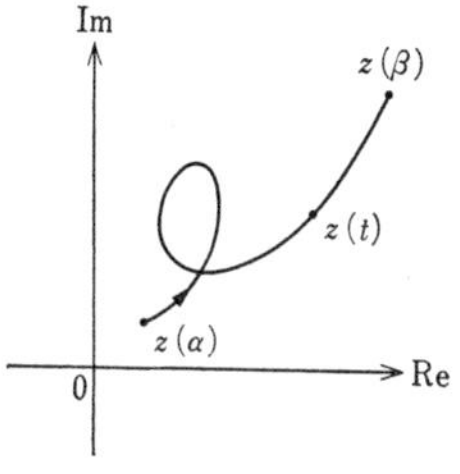

1)　多くの書物では，区分的に正則な曲線とか区分的になめらかな曲線とよばれている．この本ではいささか乱暴だが，「区分的」を省略する．

$y'(t)=0$ となるか，そのような点が有限個ありうるわけだが，それを正則曲線の**カド点**という．

2つの曲線をいつ同じとみなすか定義しなければならない．2曲線

$$C_j:\ z=z_j(t_j),\ \alpha_j \leqq t_j \leqq \beta_j,\ (j=1,2)$$

に対し，単調増加な連続関数 $t_2=\varphi(t_1)$ で，$\alpha_2=\varphi(\alpha_1), \beta_2=\varphi(\beta_1)$ をみたし

$$z_2(\varphi(t_1))=z_1(t_1),\ (\alpha_1\leqq t_1\leqq\beta_1)$$

となるものがあるとき，C_1 と C_2 は同じとみなし，同じ曲線を異なる助変数 t_1, t_2 で表示したと考える．われわれはほとんど正則曲線を扱うので，さらに $[\alpha_1, \beta_1]$ が有限個の閉区間にわかれ各小閉区間では $\varphi(t_1)$ が微分可能で $\varphi'(t_1)$ は連続かつ $\varphi'(t_1)>0$ になることを要求し，そのときに同じとみることにしよう．$[\alpha, \beta]$ を動く助変数 t を，$t=\alpha+(\beta-\alpha)(\tau-\alpha')/(\beta'-\alpha')$ により τ にかえると，助変数 τ の動く範囲は $[\alpha', \beta']$ になる．つまり，曲線の助変数の動く範囲は任意の閉区間に変換できる．

2つの曲線 C_1, C_2 に対し，C_1 の終点と C_2 の始点が一致しているときには，C_1 と C_2 をつないで1つの曲線がえられる．それを C_1+C_2 とかく．逆に，1つの曲線 C を，C 上に点をとって2つの曲線 C_1, C_2 にわけ $C=C_1+C_2$ とすることもできる．曲線 $C: z=z(t)$ $(\alpha\leqq t\leqq\beta)$ に対し，向きを逆にした曲線 $z=z(-t)$ $(-\beta\leqq t\leqq-\alpha)$ を，$-C$ とかく．

次に，曲線にそう線積分を定義したい．まず，実変数の

複素数値関数

$$f(t) = u(t)+iv(t), \quad (u(t),\ v(t)\text{は実数値関数})$$

に対し，微分と定積分を

$$f'(t) = u'(t)+iv'(t),$$

$$\int_\alpha^\beta f(t)dt = \int_\alpha^\beta u(t)dt+i\int_\alpha^\beta v(t)dt$$

により定義する．（**問**　$(e^{it})'=ie^{it}$.）

$f(z)$ を正則曲線

$$C: z = z(t) = x(t)+iy(t), \quad (\alpha \leqq t \leqq \beta)$$

（の値域）の上で定義された連続関数としよう．

$$\int_C f(z)dz = \int_\alpha^\beta f(z(t))z'(t)dt$$

と定義し，**曲線 $\boldsymbol{C}$ にそう $\boldsymbol{f(z)}$ の積分**という[1)]．この定義に対し証明しなければならないことは次のことで，定義にもとづいて簡単な計算をすればよい（証明は読者にまかす）：

（i）$\int_C f(z)dz$ は，正則曲線 C の助変数のとり方によらない，

（ii）$\int_C (af(z)+bg(z))dz = a\int_C f(z)dz+b\int_C g(z)dz,$

（iii）$\int_{C_1+\cdots+C_k} f(z)dz = \int_{C_1} f(z)dz+\cdots+\int_{C_k} f(z)dz,$

1）$\alpha=t_0<t_1<t_2<\cdots<t_n=\beta$ と分割し，$t_{i-1}\leqq t_i'\leqq t_i$ に t_i' をとり，和 $\sum_{i=1}^n f(z(t_i'))(z(t_i)-z(t_{i-1}))$ を作る．分割を細かくし $\max(t_i-t_{i-1})\to 0$ としたときの，この和の極限が $\int_C f(z)dz$ となる（証明は省略）．

(iv) $\int_{-C} f(z)dz = -\int_C f(z)dz.$

次に,

$$\int_C f(z)|dz| = \int_\alpha^\beta f(z(t))|z'(t)|dt$$

と定義する. これに対しても上記の (i)(ii)(iii) は同様に成り立つが, (iv) は

(iv′) $\int_{-C} f(z)|dz| = \int_C f(z)|dz|$

となる. **線積分を評価するときの基本的な手段は次の不等式である**:

(v) $\left|\int_C f(z)dz\right| \leqq \int_C |f(z)||dz|,$

(vi) C 上で $|f(z)| \leqq |g(z)|$ ならば, $\int_C |f(z)||dz| \leqq \int_C |g(z)||dz|,$

(vii) $\int_C |dz| =$ (曲線 C の長さ).

証明を簡単にしておく. (v) は $\int_C f(z)dz \neq 0$ として証明すればよい. $\arg\int_C f(z)dz = \theta$ とおく.

$$\begin{aligned}\left|\int_C f(z)dz\right| &= e^{-i\theta}\int_C f(z)dz \\ &= \int_\alpha^\beta e^{-i\theta} f(z(t))z'(t)dt \\ &= \int_\alpha^\beta \mathrm{Re}(e^{-i\theta} f(z(t))z'(t))dt \\ &\leqq \int_\alpha^\beta |e^{-i\theta} f(z(t))z'(t)|dt = \int_C |f(z)||dz|\end{aligned}$$

をうる. (vi) は明らかであり,

$$\int_C |dz| = \int_\alpha^\beta |z'(t)|dt = \int_\alpha^\beta \sqrt{x'(t)^2+y'(t)^2}\,dt$$

より（vii）をうる．

始点と終点が一致している曲線を**閉曲線**という．閉曲線 $C: z=z(t)$（$\alpha \leqq t \leqq \beta$）に対し，

$$t' < t'',\ z(t') = z(t'') \Rightarrow t' = \alpha,\ t'' = \beta$$

が成り立つとき，C は**ジョルダン閉曲線**（または**単純閉曲線**）という．C をジョルダン閉曲線とすると，C の補集合 $\boldsymbol{C}-C$ は C を境界にもつ2つの領域にわかれる．一方は有界で，それをジョルダン閉曲線 C の内部という（ジョルダンの曲線定理）．証明は楽ではないので，証明なしに認めることにする．

さて，いよいよ目的のグリーン・ストークスの定理[1]を説明する．われわれは正則曲線の場合にしか線積分を定義しなかった．実は，長さをもつ曲線に対してそれは定義でき，それによって境界や関数の条件をゆるめることができるのだが，話を簡単にするために次のような状況を考える．D は $\boldsymbol{C}$ 内の有界領域で，D の境界 ∂D は有限個の正則なジョルダン閉曲線 $C_1, \cdots, C_k$ からできていると仮定する．$f(z)$ は $\overline{D}$ の近傍で C^1 級と仮定する．このとき，D と

1）グリーン，ガウス，オストログラズキイ，ストークスの名でよばれる一連の公式の平面の場合で，この形ではグリーンの公式というべきかもしれない．もっとも一般な場合がストークスの定理とよばれ，それに含まれる特別な場合であることを強調するために，グリーン・ストークスの定理ということにした．

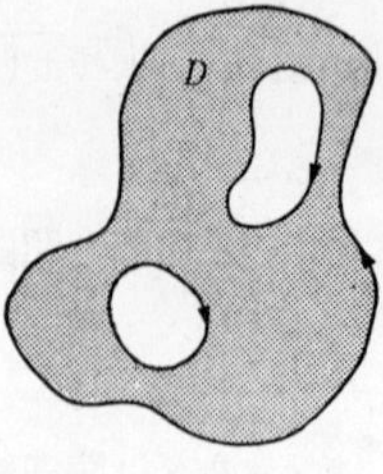

$f(z)$ は GS 条件をみたすということにしよう．（この本だけでの言葉．グリーン・ストークスの定理が成り立つ条件という意味である．）

定理Ⅱ.1 D と $f(z)$ が GS 条件をみたしているとき，次の式が成り立つ：

$$\text{(Ⅱ.1)} \qquad \int_{\partial D} f(z)dz = 2i\iint_D \frac{\partial f}{\partial \bar{z}} dxdy.$$

ここで，D の境界 $\partial D = \bigcup_{j=1}^{k} C_j$ に対し，各 C_j の向きは進行方向の左側に D があるようにとる．($z=x+iy, \partial/\partial\bar{z} = (\partial/\partial x + i\partial/\partial y)/2$ である．(1.1.3) を参照せよ．)

$f(z)=u(x,y)+iv(x,y)$ とし，∂D の表示を $z(t)=x(t)+iy(t)$ として，(Ⅱ.1) の実部，虚部を計算すると，それぞれ，

$$\int_{\partial D} udx - vdy = -\iint_D \left(\frac{\partial u}{\partial y} + \frac{\partial v}{\partial x}\right) dxdy,$$

$$\int_{\partial D} udy + vdx = \iint_D \left(\frac{\partial u}{\partial x} - \frac{\partial v}{\partial y}\right) dxdy$$

となる．(ただし $\int udx - vdy$ は $\int u(x(t), y(t))x'(t)dt -$

$\int v(x(t), y(t))y'(t)dt$ の意味である.）したがって，次の普通のグリーンの公式と同値であることがわかる.

定理II.1′　D と $u(x,y), v(x,y)$ が GS 条件をみたすとき，次の式が成り立つ：

$$(\mathrm{II}.1') \qquad \int_{\partial D} u dy - v dx = \iint_D \left(\frac{\partial u}{\partial x} + \frac{\partial v}{\partial y}\right) dx dy.$$

次の付録IIIでこの公式の物理的意味を説明し，付録IVにおいてきちんとした証明を与える.

計算練習をしておく．積分は積分の道の助変数のとり方によらないから，とにかく曲線を助変数表示すればよい．直線と円周の場合に習熟すれば十分で，直線は1次式で表示されるし，円周は中心角 t を助変数にとれば $z=a+re^{it}$ とかける.（$a=\alpha+i\beta$ が中心，r が半径，$z=x+iy$ とすると $x=\alpha+r\cos t, y=\beta+r\sin t$ である.）

例1　点 (1,1) から点 (2,3) まで直線でいき，中心 (2, 5)，半径2の円周にそって半周する道を C とする．$\int_C xdy+ydx$ を求めよ.

解　$C=C_1+C_2$，C_1 は (1,1) から (2,3) までの線分，C_2 は半円周とすると，$C_1 : x=t, y=2t-1$ $(1\leqq t\leqq 2)$，$C_2 : x=2+2\cos t, y=5+2\sin t$ $(-\pi/2\leqq t\leqq \pi/2)$ とかける．C_1 では $dx/dt=1, dy/dt=2$，C_2 では $dx/dt=-2\sin t$, $dy/dt=2\cos t$ である．これを代入して，

$$\int_{C_1} xdy+ydx = \int_1^2 t\cdot 2dt + \int_1^2 (2t-1)\cdot 1dt = 5,$$

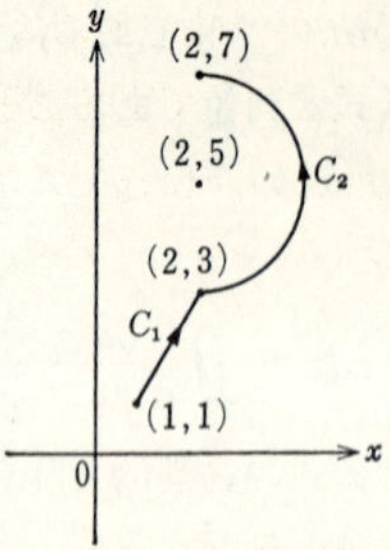

$$\int_{C_2} xdy+ydx=\int_{-\pi/2}^{\pi/2}(2+2\cos t)\cdot 2\cos t\,dt$$

$$+\int_{-\pi/2}^{\pi/2}(5+2\sin t)(-2\sin t)dt$$

$$=8$$

となり，ゆえに答は $5+8=13$ である．

例 2　C は例 1 と同じとして，$\int_C (2z+1)dz$ を求めよ．

解　$(2z+1)dz=(2(x+iy)+1)(dx+idy)=(2x+1)dx-2ydy+i\{2ydx+(2x+1)dy\}$ と実部，虚部にわけ，例 1 と同様の計算をするのは 1 つの方法である．複素数のままで行うと，$C_1: z=(1+2i)t-i$ $(1\leqq t\leqq 2)$, $C_2: z=(2+5i)+2e^{it}$ $(-\pi/2\leqq t\leqq \pi/2)$ とかけ，C_1 では $dz/dt=1+2i$, C_2 では $dz/dt=2ie^{it}$ である．

$$\int_{C_1}(2z+1)dz=\int_1^2[2\{(1+2i)t-i\}+1](1+2i)dt$$

$$=(1+2i)\left[2(1+2i)\frac{t^2}{2}-2it+t\right]_1^2$$

$$= -4+12i,$$

$$\int_{C_2}(2z+1)dz = \int_{-\pi/2}^{\pi/2}[2\{(2+5i)+2e^{it}\}+1]\cdot 2ie^{it}dt$$

$$= 2i(5+10i)\int_{-\pi/2}^{\pi/2}e^{it}dt + 8i\int_{-\pi/2}^{\pi/2}e^{2it}dt$$

$$= 2i(5+10i)\left[\frac{1}{i}e^{it}\right]_{-\pi/2}^{\pi/2} + 8i\left[\frac{1}{2i}e^{2it}\right]_{-\pi/2}^{\pi/2}$$

$$= 2(5+10i)(i-(-i)) = -40+20i$$

となり，答は$(-4+12i)+(-40+20i)=-44+32i$である．（**注意**　補題1.4.1の(i)⇒(ii)の証明を学んだあとなら，全平面で$(z^2+z)'=2z+1$なので，例2の答は$[z^2+z]_{1+i}^{2+7i}$となることがわかる．）

問1　次の積分を計算せよ．

(i)　$\int_C xy\,dx+(y-x)dy$，Cは$(1,1),(-1,1),(-1,-1),(1,-1)$を頂点とする正方形の周で，向きは頂点をこの順にまわるもの，

(ii)　$\int_C \frac{dz}{z}$，Cは(i)と同じ，

(iii)　$\int_C (z^2+z)dz$，Cは原点が中心で半径が1の円周上を1，i，-1と半周し，次に実軸上を1にもどるジョルダン閉曲線，

(iv)　$\int_C \frac{dz}{z+2i}$，Cは$-2i$を中心とし半径3の円周で，向きは時計の反対まわり．

問2　問1(i)，(iii)を，グリーン・ストークスの定理（II.1，II.1'）を適用し2重積分になおして計算せよ．（(ii)，(iv)には，グリーン・ストークスの定理は適用できない．GS条件をみたさないから．）

付録Ⅲ　平面のベクトル解析

この節は直観的な説明が目的である．論理的というよりは感覚をつかんでほしい．関数の微分可能性などは必要なだけ仮定することにしていちいちことわらない．

2次元の平面をEとする．Eでのベクトル（＝有向線分；ただし，方向と長さの等しい有向線分は同じとみなす）の全体をVとすると，Vには加法と実数をかけること（スカラー倍）が定義される．（つまり，Vは2次元実線形空間．）ベクトル$\boldsymbol{x}, \boldsymbol{y}$の内積は定義されているとして$\boldsymbol{x}\cdot\boldsymbol{y}$でかき，$\boldsymbol{x}$の長さ$\sqrt{\boldsymbol{x}\cdot\boldsymbol{x}}$を$|\boldsymbol{x}|$とかく．内積の直観的意味は，$\boldsymbol{x}\cdot\boldsymbol{y}=|\boldsymbol{x}||\boldsymbol{y}|\cos\theta$（$\theta$は$\boldsymbol{x}$と$\boldsymbol{y}$とのなす角）で与えられる．

Vの正規直交系$\boldsymbol{e}_1, \boldsymbol{e}_2$（$|\boldsymbol{e}_1|=|\boldsymbol{e}_2|=1, \boldsymbol{e}_1\cdot\boldsymbol{e}_2=0$をみたすもの）をとり，$E$の1点Oをきめると，$E$の任意の点Pは，$\mathrm{P}=\mathrm{O}+x\boldsymbol{e}_1+y\boldsymbol{e}_2$と一意的にかけ，$E$と$\boldsymbol{R}^2$（実数の2つの対の全体）とは1対1に対応する．つまり，平面に座標系$(\mathrm{O}\,;\boldsymbol{e}_1, \boldsymbol{e}_2)$を与えると，平面の点Pは実数の対$(x, y)$であらわせる．座標は1点O（原点という）と正規直交系$\boldsymbol{e}_1, \boldsymbol{e}_2$を与えてきまるものであって，先天的に平面にくっついているものではないことに注意してほしい．しかし，これからは座標系を1つきめて，Eを$\boldsymbol{R}^2$のように扱う．また，Vの任意のベクトル$\boldsymbol{x}$は，$\boldsymbol{x}=x_1\boldsymbol{e}_1+x_2\boldsymbol{e}_2$と一意的にかけ，$\boldsymbol{x}$に$(x_1, x_2)$を対応させて$V$も$\boldsymbol{R}^2$とみなすこと

ができる．正規直交系 $\boldsymbol{e}_1, \boldsymbol{e}_2$ でベクトル $\boldsymbol{x}$ の成分 (x_1, x_2) をきめるから，$\boldsymbol{x}=(x_1, x_2), \boldsymbol{y}=(y_1, y_2)$ のとき，内積は $\boldsymbol{x}\cdot\boldsymbol{y}=x_1y_1+x_2y_2$ となる．

スカラー場 f とは，平面 E の各点[1]に実数を対応させること，つまり関数 $f: E\to\boldsymbol{R}$ のことである．**ベクトル場** $\boldsymbol{v}$ とは，平面の各点にベクトルを対応させること，つまり写像 $\boldsymbol{v}: E\to V$ のことである．

座標系をきめて，$E=\boldsymbol{R}^2$ として E の点を (x, y) とかくと，スカラー場 f とは実関数 $f(x, y)$ のことである．成分 $(\partial f/\partial x, \partial f/\partial y)$ のベクトルを $\mathbf{grad}\, f$ とかき，f の**勾配場**（gradient）という．

補題　スカラー場 f の $\mathbf{grad}\, f$ は，座標系のとり方によらず f だけできまるベクトル場である．

証明　1つの証明は，座標系 (x, y) での成分 $(\partial f/\partial x, \partial f/\partial y)$ のベクトルと，別の座標系 (x', y') での成分 $(\partial f/\partial x', \partial f/\partial y')$ のベクトルとが同じであることを示せばよい．これは，多様体の勉強をする学生にはよい練習だから読者にまかせ，ここでは物理的説明をする．

座標系は固定し，長さ1の方向ベクトル $\boldsymbol{n}=(\cos\theta, \sin\theta)$ と $\mathbf{grad}\, f$ の内積をみよう．

$$\mathbf{grad}\, f\cdot\boldsymbol{n} = \frac{\partial f}{\partial x}\cos\theta+\frac{\partial f}{\partial y}\sin\theta = \frac{df}{dt}$$

1）　スカラー場 f，ベクトル場 $\boldsymbol{v}$ の定義域は E 全体でなく E の部分集合のこともある．定理Ⅲ.3など定義域の形が特別に問題となる場合を除いて，定義域も適当におおらかに考えてほしい．

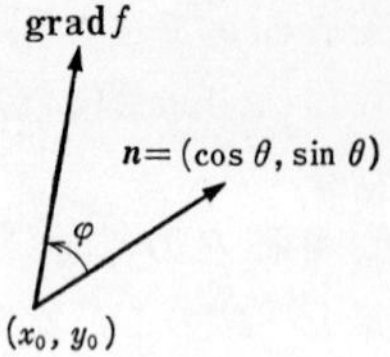

ただし，$x = x_0 + \cos\theta \cdot t$，$y = y_0 + \sin\theta \cdot t$.

つまり，$\boldsymbol{n}$ 方向への方向微分係数は

$$\frac{df}{dt} = \mathbf{grad}\, f \cdot \boldsymbol{n} = |\mathbf{grad}\, f| \cos\varphi$$

で，φ は **grad** f と $\boldsymbol{n}$ との角である．$\varphi=0$ のとき，df/dt は最大になり，最大値が $|\mathbf{grad}\, f|$ である．すなわち，**grad** f は f の方向微分係数が最大になる方向を向きとし，長さがそのときの方向微分係数の絶対値のベクトルであり，これは座標系のとり方などにはよらない．

c を任意の定数として，曲線 $\{(x, y)\,;\, f(x, y) = c\}$ をスカラー場 f の（1つの）**等高線**という．$f(x_0, y_0) = c$ として，点 (x_0, y_0) での等高線の接線の方程式は $(\partial f/\partial x)_{(x_0, y_0)} \cdot (x - x_0) + (\partial f/\partial y)_{(x_0, y_0)} (y - y_0) = 0$ である．ゆえに，**grad** f と等高線とは直交する．スキー場のゲレンデ（＝山の斜面）を考えて，$f(x, y)$ を点 (x, y) での標高とみればわかりやすいだろう．等高線 $f(x, y) = 500$ はまさに標高 500 m の地点を結んだ等高線である．斜面の1点に立ってぐるりとまわりをみて，傾斜が一番急な方向を向きその傾きを長さとするベクトルが **grad** f である．それに直交する

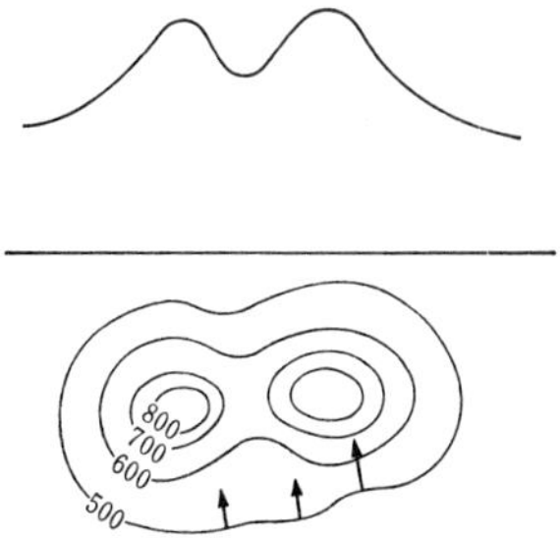

方向が等高線，もしそこにマリをおけば $-\mathbf{grad}\, f$ の方向にころがりだす．

次に，ベクトル場 $\boldsymbol{v}$ を考える．座標系をきめて，$\boldsymbol{v}=(u,v)=(u(x,y),v(x,y))$ とかく．水が流れていて，点 (x,y) での流れの速度ベクトルが (u,v) と考えてほしい．流れの場の中に領域 D をとり，境界がジョルダン閉曲線 C としよう．曲線 C をこえて水が流れでる量は領域 D からわき出す量に等しい．（もちろん，正負を考え，わき出す量が負なら吸い込みだし，流れでる量が負なら流れこむこと．）これを数式であらわしたものがグリーン・ストークスの定理であることを説明しよう．

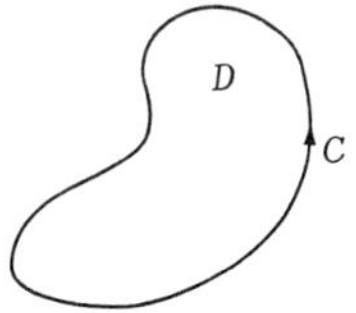

ここで線積分について１つ注意をしておく．正則曲線 $C: x=x(t), y=y(t)$ $(\alpha \leqq t \leqq \beta)$ に対し，線積分のわれわれの定義は，$u(x,y), v(x,y)$ を連続関数として，

$$\int_C udx+vdy=\int_\alpha^\beta \{u(x(t),y(t))x'(t)+v(x(t),y(t))y'(t)\}dt$$

である．実は，$\alpha=t_0<t_1<\cdots<t_n=\beta$ と分割して，t_i' を $t_{i-1}\leqq t_i'\leqq t_i$ に任意にとり，

$$\lim_{\max(t_i-t_{i-1})\to 0}\sum_{i=1}^n \{u(x(t_i'),y(t_i'))(x(t_i)-x(t_{i-1})) \\ +v(x(t_i'),y(t_i'))(y(t_i)-y(t_{i-1}))\}$$

を考えると，この極限が $\int_C udx+vdy$ に等しいことがいえる（証明略）．$(u(x,y),v(x,y))$ をベクトル場とみて $\boldsymbol{v}$ とかき，$(u(x(t_i'),y(t_i')),v(x(t_i'),y(t_i')))=\boldsymbol{v}(t_i')$ と略記し，位置ベクトル $(x(t),y(t))$ を $\boldsymbol{r}(t)$ とかく．$\boldsymbol{r}(t_i)-\boldsymbol{r}(t_{i-1})=\Delta\boldsymbol{r}(t_i)$ とおき，内積を使ってかくと，

$$\int_C udx+vdy=\lim_{\max(t_i-t_{i-1})\to 0}\sum_{i=1}^n \boldsymbol{v}(t_i')\cdot\Delta\boldsymbol{r}(t_i)$$

となる．この気持ちで，$\int_C udx+vdy$ を $\int_C \boldsymbol{v}\cdot d\boldsymbol{r}$ とかくのである．

曲線 C を位置ベクトル $\boldsymbol{r}$ を用いて

$$C:\boldsymbol{r}=\boldsymbol{r}(t)=(x(t),\ y(t)),\ (\alpha\leqq t\leqq\beta)$$

とかく．

$$d\boldsymbol{r}=(dx,dy)=(x'(t),y'(t))dt,$$
$$ds=|d\boldsymbol{r}|=\sqrt{dx^2+dy^2}=\sqrt{x'(t)^2+y'(t)^2}\,dt,$$
$$d\boldsymbol{r}=\boldsymbol{t}ds,\ \ \boldsymbol{t}=\frac{1}{\sqrt{x'(t)^2+y'(t)^2}}(x'(t),y'(t)),\ \ \boldsymbol{t}={}^*\boldsymbol{n}$$

とおく．ここで，

定義 ベクトル $\boldsymbol{v}=(u,v)$ に対し，${}^*\boldsymbol{v}=(-v,u)$ とおく．つまり，${}^*\boldsymbol{v}$ は $\boldsymbol{v}$ を正の向き（時計の反対まわり）に 90° 回転したもの．

$\boldsymbol{t}$ は点 $(x(t),y(t))$ での曲線 C の単位接線ベクトル（長

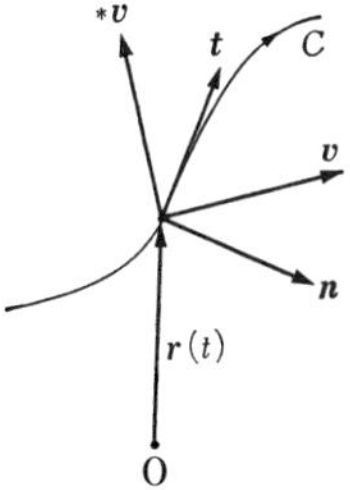

さ1の接線ベクトルのこと）である．$\boldsymbol{n}$ は単位法線ベクトルで向きは外側（曲線の進行方向右側）にとってある．ds は曲線の線要素（それを積分すれば曲線の長さになる）である．

ベクトル場 $\boldsymbol{v}$ があると，点 $(x(t), y(t))$ で考えて，$\boldsymbol{v}\cdot\boldsymbol{n}$ は $\boldsymbol{v}$ の法線方向への成分（正射影）となり，$\boldsymbol{v}\cdot\boldsymbol{n}ds$ は曲線 C の長さ ds の微小部分をこえて流れる水の量である．それを加えて，

$$\int_C \boldsymbol{v}\cdot\boldsymbol{n}ds$$

が曲線 C をこえて流れる水の量となる．これを，C にそう $\boldsymbol{v}$ の**流量積分**という．図から，$\boldsymbol{v}, \boldsymbol{n}$ を 90° 回転して，$\boldsymbol{v}\cdot\boldsymbol{n}={}^*\boldsymbol{v}\cdot\boldsymbol{t}$ は明らかであろう．$\boldsymbol{v}\cdot\boldsymbol{n}ds={}^*\boldsymbol{v}\cdot\boldsymbol{t}ds={}^*\boldsymbol{v}\cdot d\boldsymbol{r}$ となり，$\int_C \boldsymbol{v}\cdot\boldsymbol{n}ds=\int_C {}^*\boldsymbol{v}\cdot d\boldsymbol{r}$ をうる．

微小な長方形 ABCD（次頁の図）をとり，そこから流れでる水の量を計算しよう．やはり流速のベクトルを $\boldsymbol{v}=(u, v)$ とする．線分 BC は $\boldsymbol{r}(t)=(x+\Delta x, y+t)$ $(0\leqq t\leqq \Delta y)$ だから，$d\boldsymbol{r}=(0, dt)$ となり，BC から流れでる量は

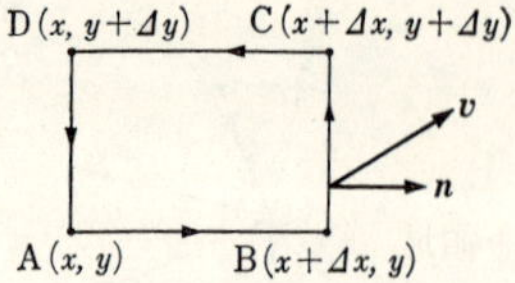

$$\int_{BC} {}^*\boldsymbol{v}\cdot d\boldsymbol{r} = \int_0^{\Delta y} u(x+\Delta x, y+t)dt$$

となる．同様に DA を $\boldsymbol{r}(t)=(x, y-t)$ $(-\Delta y \leqq t \leqq 0)$ として計算すると，

$$\int_{-\Delta y}^0 u(x, y-t)(-dt) = -\int_0^{\Delta y} u(x, y+t)dt$$

となる．BC と DA から流れでる量を合計すると，

$$\int_0^{\Delta y} \{u(x+\Delta x, y+t)-u(x, y+t)\}dt$$

$$= \{u(x+\Delta x, y+\theta_1\Delta y)-u(x, y+\theta_1\Delta y)\}\Delta y$$

（積分の平均値定理）

$$= u_x(x+\theta_2\Delta x, y+\theta_1\Delta y)\Delta x\Delta y \quad \text{（平均値定理）}$$

となる $(u_x=\partial u/\partial x, 0<\theta_1, \theta_2<1)$．同様にして AB と CD から流れでる量は

$$v_y(x+\theta_3\Delta x, y+\theta_4\Delta y)\Delta x\Delta y, \quad (0<\theta_3, \theta_4<1)$$

がわかる．結局，長方形 ABCD から流れでる量は

$$\{u_x(x+\theta_2\Delta x, y+\theta_1\Delta y)+v_y(x+\theta_3\Delta x, y+\theta_4\Delta y)\}\Delta x\Delta y$$

となり，それは長方形からわき出す水の量と考えてよい．面積 $\Delta x\Delta y$ でわると平均わき出し面密度となり，$\Delta x, \Delta y\to 0$ とした

$$u_x(x,y)+v_y(x,y)$$

が点 (x,y) でのわき出し面密度といえる．密度に面積をかけた $\{u_x(x,y)+v_y(x,y)\}dxdy$ が微小面積 $dxdy$ でのわき出し量，それを領域 D 全体で加える，すなわち積分すれば

$$\iint_D \{u_x(x,y)+v_y(x,y)\}dxdy$$

が D 全体でのわき出し量である．一方，D の境界 ∂D を流れでる量は $\int_{\partial D} {}^*\boldsymbol{v}\cdot d\boldsymbol{r} = \int_{\partial D} -vdx+udy$ だから，グリーン・ストークスの定理

$$(\text{Ⅲ}.1) \qquad \int_{\partial D} udy-vdx = \iint_D (u_x+v_y)dxdy$$

は，もっともであろう．

ベクトル場 $\boldsymbol{v}=(u(x,y),v(x,y))$ に対し，

$$\operatorname{div}\boldsymbol{v} = \frac{\partial u}{\partial x}+\frac{\partial v}{\partial y}$$

と定義し，ベクトル場 $\boldsymbol{v}$ の**発散**（divergence）という．これはスカラー場である．（ベクトル場 $\boldsymbol{v}$ だけから座標系のいかんにかかわらず各点できまることは，物理的意味からは明らかであろう．数学的（？）に計算によって確かめることは良い練習問題．）

（Ⅲ.1）を，${}^*\boldsymbol{v}$ を $\boldsymbol{v}$ としてかきなおすと，

$$(\text{Ⅲ}.2) \qquad \int_{\partial D} udx+vdy = \iint_D \left(\frac{\partial v}{\partial x}-\frac{\partial u}{\partial y}\right)dxdy$$

となる．ベクトル場 $\boldsymbol{v}=(u,v)$ に対し

$$\mathrm{rot}\,\boldsymbol{v} = \frac{\partial v}{\partial x} - \frac{\partial u}{\partial y} \,(=-\mathrm{div}^*\boldsymbol{v})$$

を，$\boldsymbol{v}$ の回転（rotation）という．（Ⅲ.2）の左辺は $\int_{\partial D}\boldsymbol{v}\cdot d\boldsymbol{r} = \int_{\partial D}\boldsymbol{v}\cdot\boldsymbol{t}\,ds$ とかける．つまり，曲線 ∂D の接線方向への $\boldsymbol{v}$ の成分に線要素をかけて加えたもので，∂D にそうベクトル場 $\boldsymbol{v}$ の循環という．水が流れていて，一瞬 ∂D を除いて他のところが凍ってしまったとき，∂D にそって流れが残るがその量のことである．

（Ⅲ.2）を用いて rot $\boldsymbol{v}$ の意味をみておこう．点 (x,y) を中心とする半径 ε の円を Δ_ε とする．

$\partial\Delta_\varepsilon : \boldsymbol{r} = \boldsymbol{r}(t) = (x+\varepsilon\cos t, y+\varepsilon\sin t)$，$(0 \leqq t \leqq 2\pi)$

とかける．積分の平均値定理から，

$$\mathrm{rot}\,\boldsymbol{v}(x,y) = \lim_{\varepsilon\to 0}\frac{1}{\pi\varepsilon^2}\iint_{\Delta_\varepsilon}\mathrm{rot}\,\boldsymbol{v}\,dxdy,$$

一方，（Ⅲ.2）より

$$\frac{1}{\pi\varepsilon^2}\iint_{\Delta_\varepsilon}\mathrm{rot}\,\boldsymbol{v}\,dxdy = \frac{1}{\pi\varepsilon^2}\int_{\partial\Delta_\varepsilon}\boldsymbol{v}\cdot d\boldsymbol{r} = \frac{1}{\pi\varepsilon^2}\int_{\partial\Delta_\varepsilon}\boldsymbol{v}\cdot\boldsymbol{t}\,ds$$

$$= 2\cdot\frac{1}{2\pi}\int_0^{2\pi}\frac{\boldsymbol{v}\cdot\boldsymbol{t}}{\varepsilon}dt$$

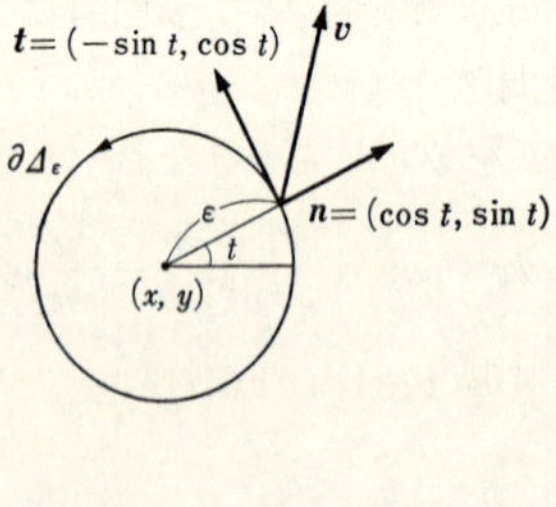

となる．$\boldsymbol{v}\cdot\boldsymbol{t}$ は流れの円周 $\partial\Delta_\varepsilon$ 方向への回転速度で，それを半径 ε でわった $\boldsymbol{v}\cdot\boldsymbol{t}/\varepsilon$ は回転角速度で，それを 0 から 2π まで積分し 2π でわると，平均回転角速度を与える．ゆえに，$\mathrm{rot}\,\boldsymbol{v}(x,y)$ は，(x,y) を中心とする無限小の円周上での流速ベクトルの回転方向の成分をとりだし，その平均角速度の 2 倍という意味をもつ．（Ⅲ.2）は D の各点での「うず」の卵をよせ集めたのが ∂D にそう循環という式である．

ベクトル場 $\boldsymbol{v}$ が，いたるところ $\mathrm{div}\,\boldsymbol{v}=0$ をみたすとき**わき出しなしの場**，いたるところ $\mathrm{rot}\,\boldsymbol{v}=0$ をみたすとき**うずなしの場**という．

スカラー場 f に対し $\mathbf{grad}\,f$ を勾配場というが，逆に，ベクトル場 $\boldsymbol{v}$ に対し $\boldsymbol{v}=\mathbf{grad}\,f$ となるスカラー場 f が存在するとき，$\boldsymbol{v}$ を**ポテンシャル場**といい f を $\boldsymbol{v}$ の（スカラー）**ポテンシャル**という．ベクトル場 $\boldsymbol{v}$ がいつポテンシャル場になるかを調べよう．まず，必要条件として，

定理Ⅲ.1　スカラー場 f に対し，

（i）　$\mathrm{rot}\,\mathbf{grad}\,f=0$,

（ii）　$\displaystyle\int_p^q \mathbf{grad}\,f\cdot d\boldsymbol{r}=f(q)-f(p)$.

ただし，$\displaystyle\int_p^q$ は p から q にいたる任意の曲線 C に対する $\displaystyle\int_C$ のこと．

証明　（i）

$$\mathrm{rot}\,\mathbf{grad}\,f=\mathrm{rot}\left(\frac{\partial f}{\partial x},\frac{\partial f}{\partial y}\right)=\frac{\partial^2 f}{\partial x\partial y}-\frac{\partial^2 f}{\partial y\partial x}=0.$$

（ii） p と q を結ぶ曲線を C とすると，$\mathbf{grad}\, f\cdot d\boldsymbol{r}=\mathbf{grad}\, f\cdot \boldsymbol{t}\, ds$ で，曲線にそって ds 進んだときの標高の上がり方が $\mathbf{grad}\, f\cdot \boldsymbol{t}\, ds$ だからそれを加えると $f(q)-f(p)$ になるという意味である．（A 地から B 地まで登ったり下ったりしていくとき，登り下りを差引きして正味登った高さが B の標高 − A の標高ということ．）きちんと証明してみよう．曲線 C を $x=x(t), y=y(t)$ $(0\leqq t\leqq 1)$ とかく．$0=t_0<t_1<t_2<\cdots<t_n=1$ と細分し，

$$f(x(t_i),y(t_i))-f(x(t_{i-1}),y(t_{i-1}))$$
$$=\{f_x(x(\tilde{t}_i),y(\tilde{t}_i))x'(\tilde{t}_i)+f_y(x(\tilde{t}_i),y(\tilde{t}_i))y'(\tilde{t}_i)\}(t_i-t_{i-1})$$

が平均値の定理からわかる $(t_{i-1}<\tilde{t}_i<t_i)$．これを $i=1$ から $i=n$ まで加えて，

$$f(q)-f(p)=\sum_{i=1}^{n}\{\cdots\cdots\}(t_i-t_{i-1})$$

となり，$\max\limits_{1\leqq i\leqq n}(t_i-t_{i-1})\to 0$ とすると，

$$f(q)-f(p)=\int_0^1\{f_x(x(t),y(t))x'(t)+f_y(x(t),y(t))y'(t)\}dt$$
$$=\int_C f_x dx+f_y dy=\int_C \mathbf{grad}\, f\cdot d\boldsymbol{r}$$

をうる．

この定理から，ベクトル場 $\boldsymbol{v}$ にもしポテンシャル f が存在すれば，p を固定した定点とし q を動く点としたとき

$$f(q)=f(p)+\int_p^q \boldsymbol{v}\cdot d\boldsymbol{r}$$

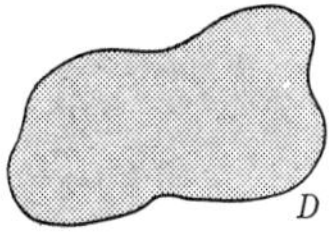

単連結

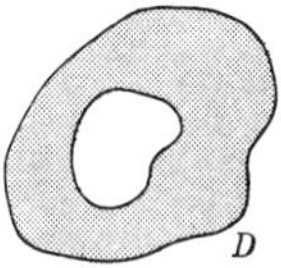

単連結でない（∵内部の穴のまわりに多角形の周をかけ）

でなければならないことがわかる．ベクトル場 $\boldsymbol{v}$ の定義域に条件が必要で次のように定義する．

定義III.2　平面内の領域 D が**単連結**であるとは，D 内にジョルダン閉曲線である折れ線（すなわち，多角形の周）をとると，つねにその内部が全部 D に含まれることである．

定理III.3　D を単連結領域とし，$\boldsymbol{v}$ を D で定義されたベクトル場とする．このとき，次の4つの条件は同値である：

（i）　スカラー場 f があり，D で $\boldsymbol{v}=\mathbf{grad}\, f$（すなわち，$\boldsymbol{v}$ は D でポテンシャル場），

（ii）　D で $\mathrm{rot}\, \boldsymbol{v}=0$（すなわち，うずなし場），

（iii）　D 内の任意の閉曲線 C に対し $\int_C \boldsymbol{v}\cdot d\boldsymbol{r}=0$，

（iv）　D 内の任意の2点 p, q に対し，p を始点，q を終点とする D 内の曲線 C をどのようにとっても $\int_C \boldsymbol{v}\cdot d\boldsymbol{r}$ は一定．（すなわち，D 内の曲線 C に対し，$\int_C \boldsymbol{v}\cdot d\boldsymbol{r}$ は C の両端点だけできまる．）

注意　証明をみればわかるように，単連結の仮定は (ii)⇒(i)

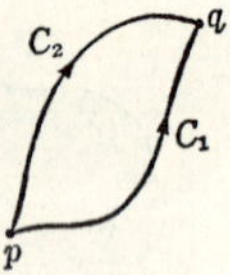

の証明にのみ用いる．(i), (iii), (iv) の同値と(i)⇒(ii) は任意の領域で成立する．

証明　(i)⇒(ii), (iii), (iv) は前定理から明らかである．

(iii)⇒(iv)：p, q を結ぶ D 内の 2 曲線 C_1, C_2 をとる．C_1-C_2 は閉曲線だから，(iii) により $\int_{C_1-C_2}\boldsymbol{v}\cdot d\boldsymbol{r}=0$. 一方，$\int_{C_1-C_2}=\int_{C_1}+\int_{-C_2}=\int_{C_1}-\int_{C_2}$ であり，ゆえに $\int_{C_1}\boldsymbol{v}\cdot d\boldsymbol{r}=\int_{C_2}\boldsymbol{v}\cdot d\boldsymbol{r}$ をうる．

(ii), (iv)⇒(i)：任意に $p_0\in D$ を固定する．任意の $p\in D$ に対し，p_0 から p へ D 内の折れ線 C で結び，$f(p)=\int_C\boldsymbol{v}\cdot d\boldsymbol{r}$ とおく．これが，途中の C のとり方によらず p だけできまることをまず示す．(iv) を仮定すれば，これは明らか．(ii) を仮定したときを考える．p_0 と p を結ぶ D 内の折れ線を 2 つとり C_1, C_2 とする．C_1 と C_2 の交点を順に $p_0, p_1, \cdots, p_k=p$ とする．（これは，折れ線の交点だから有限個．）p_0 から p_1 まで C_1 と C_2 で多角形ができるが，D は単連結だから，その内部は D にはいり，グリーン・ストークスの定理（Ⅲ.2）が適用できる．C_1 を $p_1, p_2, \cdots, p_{k-1}$ で分割して $C_{11}, \cdots, C_{1k}$，C_2 も同様に $C_{21}, \cdots, C_{2k}$ としよう．$C_{11}-C_{21}$ に（Ⅲ.2）を用い，(ii) より

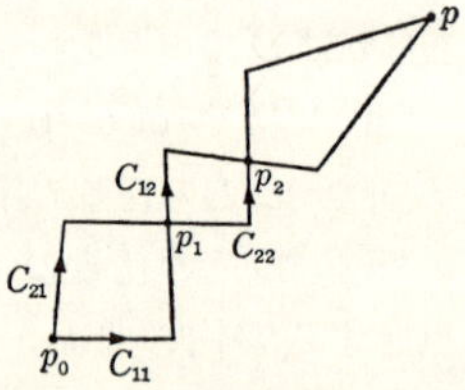

$$\int_{C_{11}-C_{21}} \boldsymbol{v}\cdot d\boldsymbol{r} = \iint \mathrm{rot}\,\boldsymbol{v}\,dxdy = 0$$

をうる．ゆえに $\int_{C_{11}} \boldsymbol{v}\cdot d\boldsymbol{r}=\int_{C_{21}} \boldsymbol{v}\cdot d\boldsymbol{r}$ となる．同様にして，$\int_{C_{12}} \boldsymbol{v}\cdot d\boldsymbol{r}=\int_{C_{22}} \boldsymbol{v}\cdot d\boldsymbol{r}, \cdots$ がわかり，加えて $\int_{C_1} \boldsymbol{v}\cdot d\boldsymbol{r}=\int_{C_2} \boldsymbol{v}\cdot d\boldsymbol{r}$ をうる．

$f(p)=\int_{p_0}^{p} \boldsymbol{v}\cdot d\boldsymbol{r}$ が p だけできまることがわかった．

grad $f=\boldsymbol{v}$ を示そう．$p=(x,y)$ とする．

$$\begin{aligned}
&\frac{1}{\Delta x}\{f(x+\Delta x, y)-f(x,y)\} \\
&\quad = \frac{1}{\Delta x}\left\{\int_{p_0}^{(x+\Delta x, y)} \boldsymbol{v}\cdot d\boldsymbol{r} - \int_{p_0}^{(x,y)} \boldsymbol{v}\cdot d\boldsymbol{r}\right\} \\
&\quad = \frac{1}{\Delta x}\int_{(x,y)}^{(x+\Delta x, y)} \boldsymbol{v}\cdot d\boldsymbol{r}
\end{aligned}$$

となる．p_0 から $(x+\Delta x, y)$ までの道は，p_0 から (x,y) まで折れ線でいき，(x,y) から $(x+\Delta x, y)$ まで線分でいくとしてよい．その線分の方程式は，$\boldsymbol{r}(t)=(x+t, y)$ $(0\leqq t\leqq \Delta x)$ である．$\boldsymbol{v}=(u,v)$ として，

$$\frac{1}{\Delta x}\int_{(x,y)}^{(x+\Delta x, y)} \boldsymbol{v}\cdot d\boldsymbol{r} = \frac{1}{\Delta x}\int_0^{\Delta x} u(x+t, y)\,dt$$

となり，$\Delta x\to 0$ として，$\partial f/\partial x=u$ をうる．同様にして，

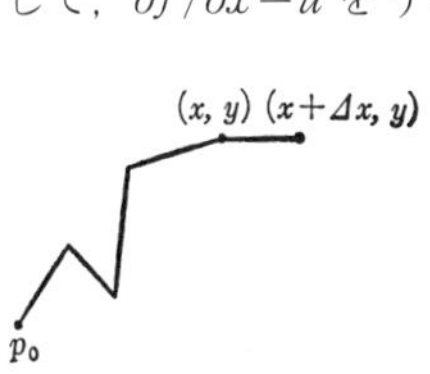

$\partial f/\partial y = v$ がわかり，$\mathbf{grad}\, f = \boldsymbol{v}$ をうる．

例 1　定理で D が単連結という仮定は必要である．D として，全平面から原点を除いた領域をとり，$\boldsymbol{v} = (-y/(x^2+y^2), x/(x^2+y^2))$ をとれ．これは，D においてうずなしの場，すなわち $\mathrm{rot}\, \boldsymbol{v} = 0$ である．しかし，原点を中心とする半径 r の円周 C をとると，$\int_C \boldsymbol{v} \cdot d\boldsymbol{r} = 2\pi$ となり 0 でない．したがって，$\boldsymbol{v}$ は D においてポテンシャルをもたない．（D として原点を含まない単連結領域をとれば，そこではもちろんポテンシャルをもつ．）

ベクトル場 $\boldsymbol{v}$ に対し，${}^*\boldsymbol{v}$ のポテンシャル g が存在するとき（すなわち，${}^*\boldsymbol{v} = \mathbf{grad}\, g$），$g$ を $\boldsymbol{v}$ の**流れの関数**という．g の等高線 $\{(x,y)\,;g(x,y)=c\}$ は各点で ${}^*\boldsymbol{v}$ と直交し，ゆえに $\boldsymbol{v}$ と接する．水の流れに赤インキを 1 滴おとしたとき，それが流れてできる曲線になるわけで，曲線 $\{g=c\}$ をベクトル場 $\boldsymbol{v}$ の**流線**という．$\boldsymbol{v}$ がポテンシャル f と流れの関数 g の両者をもてば，等高線 $\{f=c\}$ と流線 $\{g=c'\}$ とは各点で直交する 2 つの曲線族を与える．f を海水面からの標高として前例のようにスキー場（＝山の斜面）を考えると，$\{f=c\}$ は等高線の族，$\{g=c'\}$ は各点にマリをおき自然にころがしたときの軌跡の族となるわけである．（いま，山の斜面はなめらか，すなわち連続的にかわる接平面をもつと，もちろん仮定している．）

定理 III.4　D を単連結領域，$\boldsymbol{v}$ を D で定義されたベクトル場とするとき，次の 4 条件は同値である．

（i）　${}^*\boldsymbol{v} = \mathbf{grad}\, g$ をみたす D でのスカラー場 g が存在

する（流れの関数の存在），

（ii） D で $\mathrm{div}\,\boldsymbol{v}=0$（わき出しなし），

（iii） D 内の任意の閉曲線 C に対し，

$$\int_C \boldsymbol{v}\cdot\boldsymbol{n}\,ds=\int_C {}^*\boldsymbol{v}\cdot d\boldsymbol{r}=0,$$

（iv） D 内の任意の 2 点 p, q に対し，p, q を結ぶ D 内の曲線 C のとり方によらず $\int_C \boldsymbol{v}\cdot\boldsymbol{n}\,ds$ は一定.

証明は，前定理を ${}^*\boldsymbol{v}$ に適用すればよい.

定理Ⅲ.5 ベクトル場 $\boldsymbol{v}$ が，ポテンシャル f と流れの関数 g をもつとする．このとき，f, g は調和関数[1]で，さらにコーシー・リーマンの方程式

（Ⅲ.3）
$$\frac{\partial f}{\partial x}=\frac{\partial g}{\partial y},\quad \frac{\partial f}{\partial y}=-\frac{\partial g}{\partial x}$$

をみたす.

証明 $\boldsymbol{v}=\mathbf{grad}\,f=(\partial f/\partial x,\,\partial f/\partial y)$，${}^*\boldsymbol{v}=\mathbf{grad}\,g=(\partial g/\partial x, \partial g/\partial y)$ より，$(-\partial f/\partial y, \partial f/\partial x)=(\partial g/\partial x, \partial g/\partial y)$ となり（Ⅲ.3）をうる．（Ⅲ.3）から $\partial^2 f/\partial x^2=\partial^2 g/\partial x\partial y, \partial^2 f/\partial y^2=-\partial^2 g/\partial y\partial x$ となり，加えて $\partial^2 f/\partial x^2+\partial^2 f/\partial y^2=0$ となり，f は調和関数である．同様にして，$\partial^2 g/\partial x^2+\partial^2 g/\partial y^2=0$ もわかる.

例 2 $\boldsymbol{v}(x, y)=(x, -y)$.

$\mathrm{div}\,\boldsymbol{v}=\mathrm{rot}\,\boldsymbol{v}=0$ は明らか.

ポテンシャル f を求めよう．定理Ⅲ.2 の証明のように，

1） f が調和とは $\partial^2 f/\partial x^2+\partial^2 f/\partial y^2=0$ をみたすこと.

$f(x,y)=\int_{(0,0)}^{(x,y)} \boldsymbol{v}\cdot d\boldsymbol{r}$ である．$(0,0)$ と (x,y) を線分で結ぶと，$C:\boldsymbol{r}(t)=(xt, yt)\ (0\leqq t\leqq 1)$ となり，$f(x, y)=\int_0^1 (xt, -yt)\cdot(x,y)dt =\int_0^1 (x^2-y^2)t\,dt = (1/2)(x^2-y^2)$ をうる．流れの関数は同様にして，$g(x,y)=\int_{(0,0)}^{(x,y)} {}^*\boldsymbol{v}\cdot d\boldsymbol{r}=\int_0^1 (yt, xt)\cdot(x,y)dt=xy$ となる．

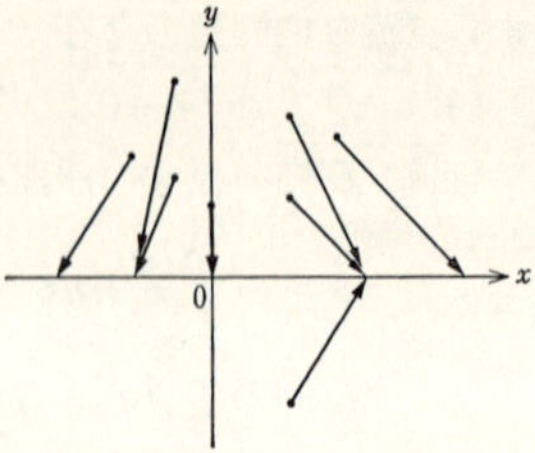

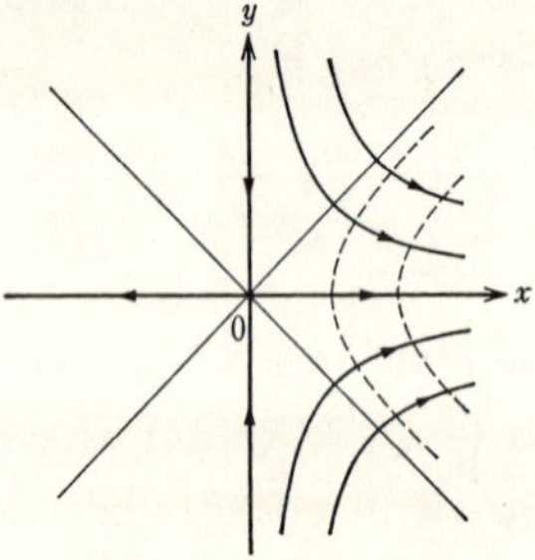

$xy=c$ と $x^2-y^2=2c'$

例 3　$\boldsymbol{v}(x,y)=(e^x\cos y, -e^x\sin y)$．これも計算すれば $\operatorname{div}\boldsymbol{v}=\operatorname{rot}\boldsymbol{v}=0$ がわかる．ポテンシャル f は，また，$f(x, y)=\int_{(0,0)}^{(x,y)} \boldsymbol{v}\cdot d\boldsymbol{r}$ で求まる．こんどは，$(0,0)$ から $(x,0)$ まで，$(x,0)$ から (x,y) までと 2 つの線分でいく道の方が計算しやすい．$\boldsymbol{r}(t)=(xt,0), \boldsymbol{r}(t)=(x,yt)$ として，

$$f(x,y) = \int_0^1 e^{xt}x\,dt + \int_0^1 -e^x \sin yt \cdot y\,dt$$
$$= e^x - 1 + e^x \cos y - e^x,$$

定数は無視してよいから，$f(x,y)=e^x \cos y$ をうる．同様にして，流れの関数を求めると，$g(x,y)=e^x \sin y$ をうる．

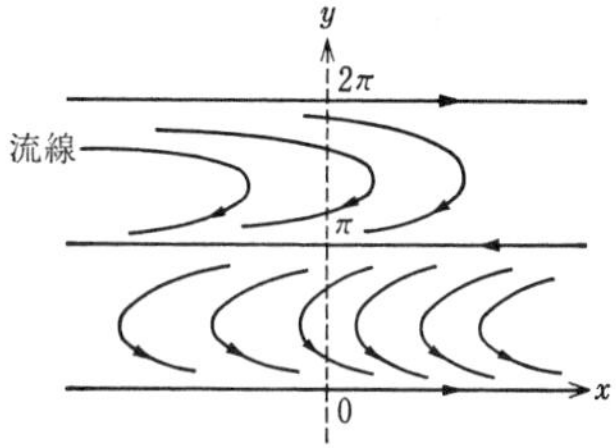

例 4　$\boldsymbol{v}=\left(\dfrac{x^2-y^2}{(x^2+y^2)^2}, \dfrac{2xy}{(x^2+y^2)^2}\right)$. これも $\mathrm{div}\,\boldsymbol{v}=\mathrm{rot}\,\boldsymbol{v}=0$ は単純計算である．定義域は全平面から原点を抜いたところで，単連結ではない．負の実数も除いて，$D=\{(x,y)\,;\,y\neq 0$ または $x>0, y=0\}$ で考えよう．

定点として $(1,0)$ をとり，$f(x,y)=\displaystyle\int_{(1,0)}^{(x,y)} \boldsymbol{v}\cdot d\boldsymbol{r}$ を求める．道を，$\boldsymbol{r}(t)=(1,yt)$ および $\boldsymbol{r}(t)=(1+(x-1)t, y)$ $(0 \leqq t \leqq 1)$ にとる．

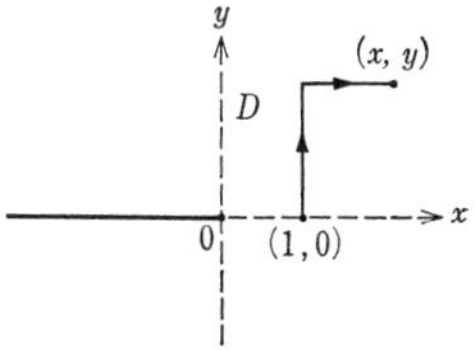

$$f(x,y)=\int_0^1 \frac{2\cdot 1\cdot yt}{(1^2+y^2t^2)^2}\cdot y\,dt$$
$$+\int_0^1 \frac{\{1+(x-1)t\}^2-y^2}{(\{1+(x-1)t\}^2+y^2)^2}\cdot(x-1)\,dt$$
$$=\left[-\frac{1}{1+y^2t^2}\right]_0^1+\left[-\frac{1+(x-1)t}{\{1+(x-1)t\}^2+y^2}\right]_0^1$$
$$=1-\frac{x}{x^2+y^2}$$

がえられ，定数を無視して $f(x,y)=-x/(x^2+y^2)$ としてよい．同様にして，流れの関数は $g(x,y)=y/(x^2+y^2)$ をうる．

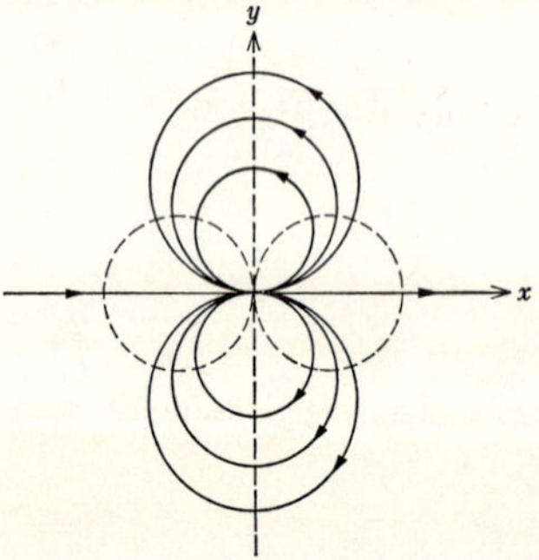

例 5　中心力の場　(x_0, y_0) を定点とし，点 (x,y) までの距離を r とする．すなわち，$r=\sqrt{(x-x_0)^2+(y-y_0)^2}$ である．$\varphi(r)$ を r の実数値関数として，ベクトル場

$$\boldsymbol{v}(x,y)=\varphi(r)(x-x_0, y-y_0)$$

を中心力の場という．点 (x,y) にあるベクトル $\boldsymbol{v}(x,y)$ の

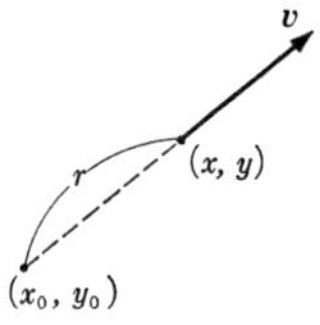

大きさが (x, y) と (x_0, y_0) との距離 r のみによってきまり，方向は (x, y) と (x_0, y_0) を結ぶ直線上にあるわけである．

$$\frac{\partial r}{\partial x} = \frac{x-x_0}{r},\quad \frac{\partial r}{\partial y} = \frac{y-y_0}{r}$$

に注意して，rot $\boldsymbol{v}$, div $\boldsymbol{v}$ を計算してみると，

$$\begin{aligned}\mathrm{rot}\,\boldsymbol{v} &= \frac{\partial}{\partial x}(\varphi(r)(y-y_0))-\frac{\partial}{\partial y}(\varphi(r)(x-x_0))\\ &= \varphi'(r)\frac{x-x_0}{r}(y-y_0)-\varphi'(r)\frac{y-y_0}{r}(x-x_0) = 0,\end{aligned}$$

$$\begin{aligned}\mathrm{div}\,\boldsymbol{v} &= \frac{\partial}{\partial x}(\varphi(r)(x-x_0))+\frac{\partial}{\partial y}(\varphi(r)(y-y_0))\\ &= \varphi'(r)r+2\varphi(r)\end{aligned}$$

をうる．ゆえに，中心力の場はつねにうずなしである．div $\boldsymbol{v}=0$ をみたすには，$\varphi(r)$ は

$$r\frac{d\varphi}{dr}+2\varphi = 0$$

という微分方程式をみたせばよい．$\varphi(r)=\frac{c}{r^2}$ (c は定数) が解である．これで，

$$\begin{aligned}\boldsymbol{v}(x, y) &= \frac{c}{r^2}(x-x_0, y-y_0)\\ &= \frac{c}{r}\left(\frac{x-x_0}{r}, \frac{y-y_0}{r}\right)\end{aligned}$$

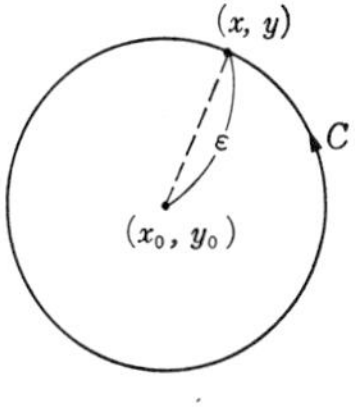

が中心力のポテンシャル場であることがわかった．ベクトル $\boldsymbol{v}$ の大きさは

距離 r に反比例する[1]．

定点 (x_0, y_0) を中心とする半径 ε の円 C にそう $\boldsymbol{v}$ の流量積分を計算しよう．

$$C:\ \boldsymbol{r} = (\varepsilon\cos t, \varepsilon\sin t),\ (0 \leqq t \leqq 2\pi),$$
$$d\boldsymbol{r} = (-\varepsilon\sin t, \varepsilon\cos t)dt,$$
$$^*\boldsymbol{v} = \frac{c}{r}\left(-\frac{y-y_0}{r}, \frac{x-x_0}{r}\right) = \frac{c}{\varepsilon}(-\sin t, \cos t).$$

ゆえに，$\int_C {}^*\boldsymbol{v}\cdot d\boldsymbol{r} = c\int_0^{2\pi}(\sin^2 t+\cos^2 t)dt = 2\pi c$．これは，中心 (x_0, y_0) からわき出る量と解釈できよう．このわき出る量を a とすると，$c=a/2\pi$ で，

$$(\mathrm{III}.4) \qquad \boldsymbol{v}(x, y) = \frac{a}{2\pi r}\left(\frac{x-x_0}{r}, \frac{y-y_0}{r}\right)$$

が中心力のポテンシャル場となる．

問 この $\boldsymbol{v}$ のポテンシャルを求めよ．（全平面 $-\{(x_0, y_0)\}$ で流れの関数は存在しない．）

1) 3 次元空間のベクトル解析も同様にできて，中心力のポテンシャル場は 3 次元ならベクトルの大きさが定点からの距離の 2 乗に反比例することがわかる．これが，万有引力，クーロン力などが距離の 2 乗に反比例する理由であり，明るさが光源からの距離の 2 乗に反比例する理由でもある．

付録Ⅳ　1の分解と，グリーン・ストークスの定理の証明

関数 $f(z)$ の**台**というのは，集合 $\{z; f(z)\neq 0\}$ の閉包と定義域の共通部分のことで，$\mathbf{supp}\, \boldsymbol{f}$ とかく．

定理Ⅳ.1　$K\subset \boldsymbol{C}$ をコンパクト部分集合，U を K の近傍とする．このとき，全平面 $\boldsymbol{C}$ で C^∞ 級（無限回連続微分可能）の関数 φ で，

（i）　$0\leqq\varphi\leqq 1$,

（ii）　K 上では $\varphi=1$,

（iii）　$\mathrm{supp}\,\varphi\subset U$

をみたすものがある．

もし U に C^k 級の関数 f があると，U において φf，U の外では 0 とおけば，全平面において C^k 級で K では f と一致する関数がえられる．U の外では 0 とことわらないで，この関数を φf といってしまうことが多い．φ を K（と U）に対する**切断関数**[1]とよぶことにする．

定理Ⅳ.1の証明は次の順に行われる：

1)　U 全体で f をそのままにして全平面で C^k 級になるように f を延長することは一般にはできない．例えば，U の境界に近づくときに $f\to\infty$ となる場合などを考えてみよ．ちょっと U をけずってやると（それが U 内にコンパクト K をとるということ），それは全平面に C^k 級にのばせるのである．φ は角とりのカンナの役をするのである．

$$(1)\quad f_1(x)=\begin{cases} e^{-1/x^2}, & (x>0), \\ 0 \quad , & (x\leqq 0) \end{cases}$$

は $(-\infty, +\infty)$ で C^∞ 級である．

(2)　$a<b$ として，$f_{a,b}(x)=f_1(x-a)f_1(b-x)$ は，$(-\infty, +\infty)$ において C^∞ 級で，$\mathrm{supp}\, f_{a,b}=[a, b]$ となり，$f_{a,b}\geqq 0$ である．

(3)　$g(x, y)=f_{a,b}(x)\cdot f_{c,d}(y)$ は，全 (x, y) 平面で C^∞ 級になり，$g\geqq 0$, $\mathrm{supp}\, g=\{(x, y)\,; a\leqq x\leqq b, c\leqq y\leqq d\}$ である．

(4)　$a<b$ に対し，

$$g_{a,b}(x)=\int_{-\infty}^{x} f_{a,b}(t)dt\Big/\int_a^b f_{a,b}(t)dt$$

は $(-\infty, +\infty)$ で C^∞ 級で，$0\leqq g_{a,b}\leqq 1$，$x\leqq a$ なら $g_{a,b}=0$，$x\geqq b$ なら $g_{a,b}=1$ となる．

(5)　K の各点に，それを中心とする正方形 Q（境界は含まない）を $\overline{Q}\subset U$ に与える．K はコンパクトだからそのような Q の有限個をとり，$K\subset\bigcup_{\nu=1}^{k} Q_\nu$ とできる．(3) によって，$\mathrm{supp}\, g_\nu=\overline{Q}_\nu$ となるように関数 g_ν を作る．$h=g_1+\cdots+g_k$ とおくと，h は全平面で C^∞ 級で $h\geqq 0$ となり，K では $h>0$, $\mathrm{supp}\, h\subset U$ となる．$\min_K h=\varepsilon$ として (4) の $g_{0,\varepsilon}$ と合成して，$\varphi(x, y)=g_{0,\varepsilon}(h(x, y))$ とおくと，これが求めるものである．

1の分解の定理とよばれる次の定理は，任意の A に対して成り立つのだけれども，ここでは次の形にとどめておく．

定理IV.2　$A\subset \boldsymbol{C}$ をコンパクト集合か開集合とし，O_i ($i=1,2,\cdots$，非可算個でもよい）は開集合で $A\subset\bigcup_i O_i$ とする．そのとき，関数 φ_{i_ν} ($1\leqq i_1<i_2<\cdots$) で次の条件をみたすものがある．

(0)　φ_{i_ν} は，A がコンパクトなら全平面で C^∞ 級，A が開集合なら A で C^∞ 級，

(i)　$0\leqq\varphi_{i_\nu}\leqq 1$,

(ii)　$\mathrm{supp}\,\varphi_{i_\nu}\subset O_{i_\nu}$,

(iii)　各 $z\in A$ に対し近傍 V を小さくとると，有限個を除いてすべての φ_{i_ν} は V 上で0になる，

(iv)　各 $z\in A$ に対し $\sum_{\nu=1}^{\infty}\varphi_{i_\nu}(z)=1$．（この $\{\varphi_{i_\nu}\}$ を，A の開被覆 $\{O_i\}$ に付随する**1の分解**という．$i\neq i_\nu$ ($\nu=1,2,\cdots$) のとき $\varphi_i=0$ とおいて，$\{\varphi_i\}$ を考えても (0)～(iv) は成り立つから，そうすることもある．）

証明　A がコンパクトのとき．各 $z\in A$ に対し $z\in O_i$ となる i を1つとり $i(z)$ とかく．z の近傍 V_z を $\overline{V}_z\subset O_{i(z)}$ で $\overline{V}_z$ はコンパクトになるようにとる．有限個の $z_1,\cdots,z_p$ をとり，$A\subset V_{z_1}\cup\cdots\cup V_{z_p}$ とできる．$O_{i(z_\nu)}$ を O_{i_ν} とかく．定理IV.1により，ψ_{i_ν} を $\overline{V}_{z_\nu}$ と O_{i_ν} に対する切断関数，f を A と $\bigcup_{\nu=1}^{p}V_{z_\nu}$ に対する切断関数とし，$\varphi_{i_\nu}=f\cdot\psi_{i_\nu}/(\psi_{i_1}+\cdots+\psi_{i_p})$ とおけば，それが求めるものである．

A が開集合のとき．A のエグゾースチョン $\{K_n\}_{n=1,2,\cdots}$ をとる．コンパクト集合 $K_n-K^\circ{}_{n-1}$ とその開被覆 $\{O_i\cap(K^\circ{}_{n+1}-K_{n-2})\}_{i=1,2,\cdots}$ に対し，前半の証明から，1の分解 $\varphi_{i_{\mu(n)}}$ ($\mu=1,\cdots,p_n$) がとれる．$\sigma=\sum_{n=1}^{\infty}\sum_{\mu=1}^{p_n}\varphi_{i_{\mu(n)}}$ とおく．$\varphi_{i_\nu}=$

$\sum_{i_\mu(n)=i_\nu} \varphi_{i_\mu(n)}/\sigma$ が求めるものである．（ただし，$K_0=K_{-1}=\emptyset$．）

グリーン・ストークスの定理を4つの段階にわけて証明しよう．領域 D と関数 u, v が GS 条件をみたしているとして（II.1′）を示すのが目的である．

第1段階　$D=\{(x,y)\,;\,a<x<b, c<y<d\}$ のとき．

証明　$\iint_D \frac{\partial u}{\partial x}dxdy=\int_c^d\left(\int_a^b \frac{\partial u}{\partial x}dx\right)dy$

$$=\int_c^d \{u(b,y)-u(a,y)\}dy=\int_{\partial D} udy$$

となる．同様に，$\iint_D \frac{\partial v}{\partial y}dxdy=-\int_{\partial D} vdx$ もわかる．

第2段階　$\overline{D}$ が閉長方形 $\overline{\varDelta}$ と微分位相同形のとき．（長方形は辺が座標軸に平行なものだけを考える．）すなわち，長方形 $\varDelta$ と，$\overline{\varDelta}$ の近傍 U から $\overline{D}$ の近傍への C^1 級写像 φ があり，φ のヤコビ行列式はつねに正で φ は $\overline{\varDelta}$ を $\overline{D}$ の上に1対1に写しているとする．

証明　まず，φ は C^2 級としよう．積分の変数変換の公式と第1段階の結果を用いる．$\varphi:(x_1,y_1)\mapsto(x,y)$ としよう．

$$\int_{\partial D} udy-vdx$$

$$=\int_{\partial\varDelta} u\circ\varphi\cdot\left(\frac{\partial y}{\partial x_1}dx_1+\frac{\partial y}{\partial y_1}dy_1\right)$$

$$-v\circ\varphi\cdot\left(\frac{\partial x}{\partial x_1}dx_1+\frac{\partial x}{\partial y_1}dy_1\right)\cdots\cdots\cdots\cdots(1)$$

$$= \iint_{\Delta} \left\{ -\frac{\partial}{\partial y_1}\left(u\circ\varphi\cdot\frac{\partial y}{\partial x_1} - v\circ\varphi\cdot\frac{\partial x}{\partial x_1}\right)\right.$$

$$\left. + \frac{\partial}{\partial x_1}\left(u\circ\varphi\cdot\frac{\partial y}{\partial y_1} - v\circ\varphi\cdot\frac{\partial x}{\partial y_1}\right)\right\} dx_1 dy_1$$

$$= \iint_{\Delta}\left(\frac{\partial u}{\partial x} + \frac{\partial v}{\partial y}\right)\circ\varphi\cdot\left(\frac{\partial x}{\partial x_1}\frac{\partial y}{\partial y_1} - \frac{\partial x}{\partial y_1}\frac{\partial y}{\partial x_1}\right) dx_1 dy_1 \quad \cdots (2)$$

$$= \iint_{D}\left(\frac{\partial u}{\partial x} + \frac{\partial v}{\partial y}\right) dxdy.$$

φ が C^1 級のときは，まず次の補題を仮定して，φ を C^∞ 級の写像で近似する．

補題IV.3　$u(x,y)$ を開集合 U での C^1 級関数とし，K を U のコンパクト部分集合とする．このとき，任意の $\varepsilon>0$ に対し K の近傍での C^∞ 級関数 $u_\varepsilon(x,y)$ で，K において $|u-u_\varepsilon|<\varepsilon$, $|\partial u/\partial x-\partial u_\varepsilon/\partial x|<\varepsilon$, $|\partial u/\partial y-\partial u_\varepsilon/\partial y|<\varepsilon$ をみたすものがある．

この補題を用いて，C^1 級の $\varphi: x=x(x_1,y_1), y=y(x_1,y_1)$ を $\overline{\Delta}$ で C^∞ 級の写像 $\varphi_\varepsilon: x=x_\varepsilon(x_1,y_1), y=y_\varepsilon(x_1,y_1)$ で近似する．このとき，$\varepsilon_1>0$ を小さくとると，$\varepsilon_1>\varepsilon$ のとき $\varphi_\varepsilon(\overline{\Delta})$ は $\varphi(\overline{\Delta})=\overline{D}$ の近くにあって $\varphi_\varepsilon(\overline{\Delta})$ でも u, v は与えられており，前半の証明の中の式 (1), (2) を φ_ε と φ に対し作ることができる．$\varepsilon\to 0$ とすればそれらはいくらでも近づき，φ_ε に対し (1)=(2) が成り立つことから φ に対しても (1)=(2) が成り立ち，第2段階の証明は終わる．

補題IV.3の証明　**フリードリックスの軟化子**による．$\sigma(z)$ を全平面で C^∞ 級，$\geqq 0$ の関数で，$\mathrm{supp}\,\sigma\subset\{|z|<1\}$,

$\iint_C \sigma(z)dxdy=1$ をみたすようにとる $(z=x+iy)$. $d(K, \partial U)=3\rho$ とおき, $U'=\{z\in U\,;d(z,\partial U)>\rho\}, K'=\{z\in U\,;d(z,K)\leqq\rho\}$ とおく. $u(z), \partial u/\partial x, \partial u/\partial y$ はコンパクト集合 K' では一様連続だから, $\varepsilon>0$ に対し $\delta>0$ を, $\rho>\delta$ で, $z, z'\in K', |z-z'|<\delta$ ならば

$|u(z)-u(z')|<\varepsilon$, ($\partial u/\partial x, \partial u/\partial y$ に対しても同様)

となるようにとれる. $z\in U'$ に対し

$$u_\varepsilon(z)=\iint_{|\zeta|<1}\sigma(\zeta)u(z+\delta\zeta)d\xi d\eta \quad \cdots\cdots\cdots\cdots\cdots(3)$$

$$=\frac{1}{\delta^2}\iint_{|\zeta'-z|<\delta}\sigma\left(\frac{\zeta'-z}{\delta}\right)u(\zeta')d\xi'd\eta' \quad \cdots(4)$$

とおく $(\zeta=\xi+i\eta, \zeta'=\xi'+i\eta')$. $\mathrm{supp}\,\sigma\subset\{|z|<1\}$ より, 積分の範囲は全平面としてよい. 表示 (4) より $u_\varepsilon(z)$ は全平面で C^∞ 級がわかり, 表示 (3) より $z\in K$ なら $|u_\varepsilon(z)-u(z)|<\varepsilon$ がわかる. 表示 (3) より $\partial u_\varepsilon/\partial x=\iint_{|\zeta|<1}\sigma(\zeta)\cdot u_x(z+\delta\zeta)d\xi d\eta$ となり, K で $|\partial u_\varepsilon/\partial x-\partial u/\partial x|<\varepsilon$ をうる.

第 3 段階 ∂D のカド点の全体を K とし, K の近傍 U で u, v が 0 になっているとき.

証明 $\omega=udy-vdx$, $d\omega=\left(\dfrac{\partial u}{\partial x}+\dfrac{\partial v}{\partial y}\right)dxdy$

と略記する. 関数 φ に対し, また, $\varphi\omega=\varphi udy-\varphi vdx$, $d(\varphi\omega)=(\partial(\varphi u)/\partial x+\partial(\varphi v)/\partial y)dxdy$ とかく.

$\widetilde{D}=\overline{D}-U$ とおく. 各 $z\in\widetilde{D}\cap D$ に対し, z を中心とする正方形 Q を $\overline{Q}\subset D$ にとる. 次に $z\in\widetilde{D}\cap\partial D$ のとき, z の近傍で ∂D の方程式を $x=x(t), y=y(t)$ とすると, 仮定により z で $x'(t)\neq0$ または $y'(t)\neq0$ である. どちらでも

同様だから $x'(t)\neq 0$ としよう．$x=x(t)$ は逆に $t=t(x)$ ととける．$\xi=x, \eta=y-y(t(x))$ とおくと，z の近傍で $(x, y)\leftrightarrow(\xi, \eta)$ は微分位相同形である．(ξ, η) に写して z を中心とする正方形になるように，z の近傍 Q をとる．(ξ, η) では $\eta=0$ が ∂D をあらわし $Q\cap D$ は長方形である．

$\widetilde{D}$ はコンパクトだから，このような Q の有限個 $Q_1, \cdots, Q_k$ によりおおわれる．$\widetilde{D}$ の $\{Q_i\}$ に付随する1の分解を $\{\varphi_i\}$ とする．$\operatorname{supp}\varphi_i\subset Q_i$ と第2段階の結果から，

$\overline{Q}_i\subset D$ のとき，$\int_{\partial D}\varphi_i\omega=0$，$\iint_D d(\varphi_i\omega)=\iint_{Q_i} d(\varphi_i\omega)=\int_{\partial Q_i}\varphi_i\omega=0$ となる．$Q_i\not\subset D$ のときも，$\int_{\partial D}\varphi_i\omega=\int_{Q_i\cap\partial D}\varphi_i\omega=\int_{\partial(Q_i\cap D)}\varphi_i\omega=\iint_{Q_i\cap D} d(\varphi_i\omega)=\iint_D d(\varphi_i\omega)$ をうる．$\int_{\partial D}\omega=\sum_i\int_{\partial D}\varphi_i\omega=\sum_i\iint_D d(\varphi_i\omega)=\iint_D d\omega$ となる．

第4段階　一般のとき．

証明　$\varphi(z)$ を，全平面で C^∞ 級，$0\leqq\varphi\leqq 1$ で，$|z|\leqq 1/2$ では0，$|z|\geqq 1$ では1の関数とし，$\varphi_{\varepsilon,a}(z)=\varphi((z-a)/\varepsilon)$ とおく．∂D のカド点を $\{a_1, \cdots, a_l\}$ とし

$$\omega_\varepsilon=\left(\prod_{\nu=1}^{l}\varphi_{\varepsilon,a_\nu}\right)\omega$$

とおく．$\varepsilon>0$ を小さくすれば，第3段階により

$$\int_{\partial D}\omega_\varepsilon=\iint_D d\omega_\varepsilon$$

が成立する．$\varepsilon\to 0$ のとき $\int_{\partial D}\omega_\varepsilon\to\int_{\partial D}\omega$ は明らかである．$|\partial\varphi/\partial x|$, $|\partial\varphi/\partial y|\leqq M$ に $M>0$ をとると，$|\partial\varphi_{\varepsilon,a}/\partial x|$, $|\partial\varphi_{\varepsilon,a}/\partial y|\leqq\dfrac{1}{\varepsilon}M$ となり，$\overline{D}$ で $|u|, |\partial u/\partial x|, |v|, |\partial v/\partial y|\leqq$

N とすると,

$$\left|\iint_D d\omega - \iint_D d\omega_\varepsilon\right| \leqq \sum \left|\iint_{|z-a_\nu|\leqq\varepsilon} d(\omega-\omega_\varepsilon)\right|$$

$$\leqq 2N\left(1+\frac{1}{\varepsilon}M\right)\pi\varepsilon^2 l$$

となり, $\varepsilon\to 0$ とすれば $\iint_D d\omega_\varepsilon \to \iint_D d\omega$ となる. ゆえに,

$\int_{\partial D}\omega = \iint_D d\omega.$

付録V　級数の和，一様収束，整級数，無限積

級数の和については複素数のときも実数のときを少しかえるだけである．一様収束という概念の有用性，その判定法（正規収束）を理解してほしい．V.5 の無限積は 4.4 節対数関数を読んだあとに読むこと．無限積は知らないでもこの本を読むには困らない．

V.1　級数の和

複素数列 $\{a_n\}_{n=1,2,\cdots}$ が a に収束するというのは $\lim_{n\to\infty}|a_n-a|=0$ となることである．この判定法として

定理 V.1.1　$\{a_n\}$ が収束するための必要十分条件は，任意の $\varepsilon>0$ に対し番号 n_0 を定め，$n_0<p<q$ なら $|a_q-a_p|<\varepsilon$ となるようにできることである（コーシーの収束条件）．

実数列に対しては知っているものとしよう．（これは実数の連続性の公理（と同値）であって，知らない読者は実数の公理の1つとして認めてほしい．）すると，不等式（I.2），公式（I.7）より複素数のときにただちに拡張できる．

数列 $\{a_n\}_{n=1,2,\cdots}$ に対し部分和 $s_n=\sum_{k=1}^{n}a_k$ を作り，数列 $\{s_n\}_{n=1,2,\cdots}$ が s に収束するとき，級数 $\sum_{n=1}^{\infty}a_n$ は収束し和が s であるという．

定理 V.1.2　$\sum_{n=1}^{\infty}|a_n|$ が収束すれば，$\sum_{n=1}^{\infty}a_n$ も収束．

証明　コーシーの収束条件より，任意の $\varepsilon>0$ に対し n_0

をとり，$n_0<p<q$ なら

$$|a_{p+1}|+|a_{p+2}|+\cdots+|a_q|<\varepsilon$$

が成り立つようにできる．$|a_{p+1}+\cdots+a_q|\leqq|a_{p+1}|+\cdots+|a_q|<\varepsilon$ となり，$\sum_{n=1}^{\infty}a_n$ もコーシーの収束条件をみたし収束する．

$\sum_{n=1}^{\infty}|a_n|$ が収束するとき $\sum_{n=1}^{\infty}a_n$ は**絶対収束**するという．($\sum_{n=1}^{\infty}a_n$ は収束するが $\sum_{n=1}^{\infty}|a_n|$ は収束しないとき**条件収束**という．）絶対収束の重要性は加える順序をかえたりカッコでくくったり有限個の和のときと同じような操作ができる点にある．（条件収束ではダメ．例を作ってみよ．）

定理 V.1.3　$\sum_{n=1}^{\infty}a_n$ は絶対収束し和を s とする．自然数の任意の類別を $N=\bigcup_{k=1}^{\infty}N_k$ としよう（すなわち，N は自然数全体の集合，各 N_k は空でない，$k\neq j$ なら $N_k\cap N_j=\emptyset$）．このとき

$$\sum_{k=1}^{\infty}\left(\sum_{\nu\in N_k}a_\nu\right)=s.$$

証明　実数列に対しては既知としよう．すると各 a_n を実部，虚部にわけ，実（虚）部だけの級数も絶対収束する（(I.2) 参照）ことから明らかである．

V.2　関数列の一様収束

集合 A の上で定義された関数の列 $\{f_n(z)\}_{n=1,2,\cdots}$ を考える．z を固定すると数列になるが，各 $z\in A$ に対し数列 $\{f_n(z)\}_{n=1,2,\cdots}$ が収束する（極限は z によってきまるから

$f(z)$ とかく）とき，関数列 $\{f_n(z)\}$ は $f(z)$ に**点ごとに収束する**という．この定義は素朴ではあるがあまり役に立たない．というのは (i) $f_n(z)$ がみな連続でも極限関数 $f(z)$ は連続になるとは限らないし，(ii) $\lim_{n\to\infty}\int_C f_n(z)dz$ が $\int_C f(z)dz$ と一致しないこともあるからである[1]．この難点を救うのが次の一様収束の概念である．

定義 V.2.1　集合 A 上で定義された関数の列 $\{f_n(z)\}$ が関数 $f(z)$ に A で**一様収束**するというのは $\lim_{n\to\infty}(\sup_{z\in A}|f_n(z)-f(z)|)=0$ となることである．

z が A を動いたときの $|f_n(z)-f(z)|$ の上限（最大値と思ってもよい．A がコンパクトで関数は連続のときを考えることが多いから）を $f_n(z)$ と $f(z)$ の‘距離’とみて，それが 0 にいくという意味である．一様収束の重要性は次の定理にある．

定理 V.2.2　（i）$\{f_n(z)\}$ は A 上の連続関数列とし，A で $f(z)$ に一様収束するならば，$f(z)$ は A で連続になる．

（ii）正則曲線 C 上の連続関数列 $\{f_n(z)\}$ が C で $f(z)$ に一様収束するならば

1）例

（i）$f_n(x)=\begin{cases}0, & (x\leqq 0)\\ x^n, & (0<x<1)\\ 1, & (x\geqq 1),\end{cases}$

（ii）$f_n(x)=\begin{cases}n^2x, & (0\leqq x\leqq 1/n),\\ -n^2x+2n, & (1/n\leqq x\leqq 2/n)\\ 0, & (2/n\leqq x)\end{cases}$

C は実軸上の区間 $[0,1]$．

$$\lim_{n\to\infty}\int_C f_n(z)dz = \int_C f(z)dz.$$

(つまり積分記号と極限とが交換可能である.)

証明　(i)　任意の$\varepsilon>0$に対し，番号Nが定まり，$N<n$ならば$z\in A$は何であっても

$$|f_n(z)-f(z)|<\varepsilon/3$$

となるようにできる．nを$N<n$に1つ固定する．$f_n(z)$は$z'\in A$で連続だから$\delta>0$が定まり，

$$|z''-z'|<\delta,\ z''\in A \text{ なら } |f_n(z'')-f_n(z')|<\varepsilon/3$$

とできる．$|z''-z'|<\delta, z''\in A$のとき

$$\begin{aligned}|f(z'')-f(z')| &\leqq |f(z'')-f_n(z'')|+|f_n(z'')-f_n(z')| \\ &\quad +|f_n(z')-f(z')| \\ &< \varepsilon/3+\varepsilon/3+\varepsilon/3=\varepsilon\end{aligned}$$

となり，$f(z)$はz'で連続になる．

(ii)　(i)により$f(z)$は連続である．曲線Cの長さをlとしよう．任意の$\varepsilon>0$に対し番号Nをとり，$N<n$ならば

$$|f_n(z)-f(z)|<\varepsilon/l,\ (z\in C)$$

とできる．このとき

$$\begin{aligned}\left|\int_C f_n(z)dz-\int_C f(z)dz\right| &\leqq \int_C |f_n(z)-f(z)||dz| \\ &\leqq \frac{\varepsilon}{l}\int_C |dz|=\varepsilon\end{aligned}$$

となり証明を終わる．

$\{f_n(z)\}$を領域Dでの連続関数列としよう．極限関数の連続性などをいうのにはD全体で一様収束しなくてもD

の各点の近傍において一様収束すれば十分である．D の有限個の部分集合 A_i $(i=1,\cdots,k)$ に対し各 A_i 上で一様収束すれば $\bigcup_{i=1}^{k} A_i$ の上でも一様収束するから，各点の近傍で一様収束という条件は次の定義と同値になる．

定義 V.2.3　$\{f_n(z)\}$ を領域 D での関数列とし，D のすべてのコンパクト部分集合上で一様収束するとき，$\{f_n(z)\}$ は D において**コンパクト一様収束**（または**広義一様収束**，**局所一様収束**）という．

注意　閉区間 $[\alpha,\beta]$ で連続な実変数実数値関数列 $\{f_n(x)\}$ を考え，$[\alpha,\beta]$ で $f(x)$ に一様収束していれば $\int_\alpha^\beta f_n(x)dx\to\int_\alpha^\beta f(x)dx$ である．しかし，各 $f_n(x)$ が微分可能であっても $f(x)$ は微分可能とは限らないし，たとえ $f(x)$ が微分可能であっても $f_n'(x)$ が $f'(x)$ に近づくとは限らない．（例となる $f_n(x)$ のグラフを書いてみよ[1]．）このことは大変に不都合で，実験などから近似値を求めて真の関数を推測してもその導関数については何もいえないことを意味する．しかし，正則関数列に対しては，$\{f_n(z)\}$ が $f(z)$ にコンパクト一様収束すれば $\{f_n'(z)\}$ が $f'(z)$ にコンパクト一様収束することがいえる（定理 2.3.1）．これは正則関数の有用性の1つであろう．

V.3　一様収束の判定法

前節で述べたように，点ごとの収束はあまり役に立た

1）　一様収束の意味で $f_n(x)$ が $f(x)$ に‘近い’というのは，$f(x)$ のグラフに $\pm\varepsilon$（$\varepsilon>0$ は十分小）の幅をつけた帯の中に $f_n(x)$ のグラフがはいっているということである．いくら ε が小さくても $2\varepsilon>0$ の幅があれば，接線の傾きについてはいくらでも細工できるではないか．

ず，一様収束してくれればありがたいのだが，一様収束を判定するのは難しい．一番重要な正規収束（ワイエルストラスの M 判定法）を説明する．まずコーシーの収束条件を一様収束の場合に述べよう．

定理V.3.1　関数列 $\{f_n(z)\}$ が A において一様収束する $\Longleftrightarrow$ 任意の $\varepsilon>0$ に対し番号 n_0 が定まり，$n_0<p<q$ をみたす任意の p, q に対し

$$\sup_{z\in A}|f_q(z)-f_p(z)|<\varepsilon$$

が成立．

証明　$\Rightarrow$ の証明．$\{f_n(z)\}$ が A で $f(z)$ に一様収束するとしよう．そのとき，任意の $\varepsilon>0$ に対し番号 n_0 を，$n_0<n$ ならば

$$\sup_{z\in A}|f_n(z)-f(z)|<\frac{\varepsilon}{2}$$

をみたすようにとれる．$n_0<p<q$ ならば

$$\begin{aligned}\sup_{z\in A}|f_q(z)-f_p(z)| &\leqq \sup_{z\in A}|f_q(z)-f(z)| \\ &\quad +\sup_{z\in A}|f_p(z)-f(z)| \\ &<\frac{\varepsilon}{2}+\frac{\varepsilon}{2}=\varepsilon\end{aligned}$$

となる．

$\Leftarrow$ の証明．仮定より $z\in A$ を固定すると数列 $\{f_n(z)\}$ はコーシーの収束条件をみたし収束するから，極限を $f(z)$ とおく．任意の $\varepsilon>0$ に対し仮定のように n_0 をとり，$n_0<p<q$ とする．$\sup_{z\in A}|f_q(z)-f_p(z)|<\varepsilon$ より，各 $z\in A$ に

対し $|f_q(z)-f_p(z)|<\varepsilon$ となり，$q\to\infty$ として $|f(z)-f_p(z)|\leqq\varepsilon$ をうる．各 $z\in A$ に対してだから，$\sup_{z\in A}|f(z)-f_p(z)|\leqq\varepsilon$ となり，証明を終わる．

定理V.3.2　$\{f_n(z)\}$ は A 上で定義された関数列とする．収束する正数の級数 $\sum_{n=1}^{\infty}c_n$ があり，A 上で $|f_n(z)|\leqq c_n$ $(n=1,2,\cdots)$ が成り立つならば，関数項級数 $\sum_{n=1}^{\infty}f_n(z)$ は A 上で一様収束し，また絶対収束でもある．（この定理の仮定をみたすとき，$\sum_{n=1}^{\infty}f_n(z)$ は A 上で**正規収束**するという．）

証明　$\sum c_n$ にコーシーの収束条件を適用すると，$\varepsilon>0$ に対し番号 n_0 がとれて，$n_0<p<q$ ならば $c_{p+1}+c_{p+2}+\cdots+c_q<\varepsilon$ となるようにできる．仮定より，任意の $z\in A$ に対し

$$|f_{p+1}(z)+\cdots+f_q(z)|\leqq|f_{p+1}(z)|+\cdots+|f_q(z)|<\varepsilon$$

となり，定理V.3.1より結論をうる．

この定理を適用するときに，収束する正項級数が必要となるが，重要なのは次の2つである：

(1)　$0\leqq r<1$ に対し $\sum_{n=1}^{\infty}r^n$ は収束，

(2)　$k>1$ のとき，$\sum_{n=1}^{\infty}1/n^k$ は収束．

問1　$\sum_{n=1}^{\infty}f_n(z),\ \sum_{n=1}^{\infty}g_n(z)$ が A 上で一様かつ絶対収束ならば $\sum_{n=1}^{\infty}(f_n(z)+g_n(z))$ もそうである．

問2　$g(z)$ を A 上の有界関数（すなわち，$K>0$ があり任意の $z\in A$ に対し $|g(z)|<K$）とする．このとき，$\sum_{n=1}^{\infty}f_n(z)$ が A 上で一様かつ絶対収束するならば $\sum_{n=1}^{\infty}g(z)f_n(z)$ もそうである．

V.4　整級数

a, c_n $(n=0,1,2,\cdots)$ を複素定数として，関数項級数 $\sum_{n=0}^{\infty} c_n(z-a)^n$ を a を中心とする**整級数**（または**べき級数**，**テイラー級数**）という．$z-a=Z$ とおけば 0 を中心とする Z の整級数になるから，$a=0$ として議論をしてよいだろう．以後，$\sum_{n=0}^{\infty} c_n z^n$ という形の整級数を考える．

定理 V.4.1　$z_0 \neq 0$ に対し，(i) $\{c_n z_0{}^n\}_{n=0,1,\cdots}$ が有界，または (ii) $\sum_{n=0}^{\infty} c_n z_0{}^n$ が収束するとしよう．このとき，$\sum_{n=0}^{\infty} c_n z^n$ は $\{z; |z|<|z_0|\}$ でコンパクト一様かつ絶対収束する．

証明　(i)　$|c_n z_0{}^n| \leqq K$ $(n=0,1,2,\cdots)$ としよう．$|z_0|>r$ に $r>0$ をとり，$|z| \leqq r$ とする．このとき

$$|c_n z^n| = |c_n z_0{}^n (z/z_0)^n| \leqq K(r/|z_0|)^n$$

となり，等比級数 $\sum(r/|z_0|)^n$ は収束するから，$\{z; |z| \leqq r\}$ で $\sum c_n z^n$ は正規収束する．

(ii)　$\sum_{n=0}^{\infty} c_n z_0{}^n$ が収束すれば，コーシーの収束条件より $\lim_{n\to\infty} c_n z_0{}^n = 0$ となり，$\{c_n z_0{}^n\}_{n=0,1,\cdots}$ は有界である．

定理 V.4.2　整級数 $\sum_{n=0}^{\infty} c_n z^n$ に対し**収束半径**とよばれる次のような ρ $(0 \leqq \rho \leqq +\infty)$ が存在する．

(i)　$\{z; |z|<\rho\}$ において $\sum_{n=0}^{\infty} c_n z^n$ はコンパクト一様かつ絶対収束．

(ii)　$|z|>\rho$ ならば，$\sum_{n=0}^{\infty} c_n z^n$ は収束しない．

証明　$\rho = \sup\{|z|; \{c_n z^n\}_{n=0,1,\cdots}$ が有界$\}$ とおけばよい．

注意　$\{z; |z|<\rho\}$ を $\sum c_n z^n$ の**収束円**という．($\rho=0$ なら収束円は空集合，$\rho=+\infty$ なら全平面と拡大解釈する．) 収束円の中では収束，外では発散であるが，収束円周上ではいろいろの場合が

あり，この定理は何もいっていない．

定理 V.4.3　$\sum_{n=0}^{\infty} c_n z^n$ の収束半径を ρ とすると，$\overline{\lim_{n\to\infty}}\sqrt[n]{|c_n|}=1/\rho$.（ただし，$\dfrac{1}{0}=+\infty$，$\dfrac{1}{+\infty}=0$ とみる．）（コーシー・アダマールの公式）

証明　$\overline{\lim}\sqrt[n]{|c_n|}=r$ とおく．$r=0, +\infty$ のときは少しの修正でよいから，$r\neq 0, +\infty$ として証明しておく．（復習：$\overline{\lim}\sqrt[n]{|c_n|}=r \Longleftrightarrow$ 任意の $\varepsilon>0$ に対し，(i) $r-\varepsilon<\sqrt[n]{|c_n|}$ をみたす番号 n は無限個あり，(ii) 番号 n_0 が定まり，$n_0<n$ ならば $\sqrt[n]{|c_n|}<r+\varepsilon$ となる．）

$|z|<1/r$ としよう．$|z|<|z'|<1/r$ に z' をとる．$1/|z'|>r$ より，番号 n_0 があり $n_0<n$ なら $\sqrt[n]{|c_n|}<1/|z'|$，すなわち $|c_n z'^n|<1$ となる．定理 V.4.1 より $\sum c_n z^n$ は収束し，z は収束円に属する．

$|z|>1/r$ のとき．$|z|>|z'|>1/r$ に z' をとる．$1/|z'|<r$ より，無限個の n に対し $1/|z'|<\sqrt[n]{|c_n|}$，すなわち $1<|c_n||z'|^n$ となり，$\sum_{n=0}^{\infty}|c_n z'|^n$ は発散する．したがって，z は収束円の外点である．

例　$\lim_{n\to\infty}\sqrt[n]{n}=1$ より，$\sum_{n=1}^{\infty} nz^n$ は $|z|<1$ のとき収束．

定理 V.4.4　2つの整級数 $\sum_{n=0}^{\infty} c_n z^n$, $\sum_{n=1}^{\infty} nc_n z^{n-1}$ は同じ収束半径をもつ．

証明　$\sum c_n z^n, \sum nc_n z^{n-1}$ の収束半径を ρ, ρ' とする．$\rho, \rho'\neq 0, +\infty$ として，そうでないときはまた読者にまかす．$r<\rho'$ とする．$\sum n|c_n|r^{n-1}<+\infty$ より，$\sum_{n=1}^{\infty}|c_n|r^n\leqq r\sum_{n=1}^{\infty} n\cdot|c_n|r^{n-1}<+\infty$ となり $r\leqq\rho$ となる．したがって，$\rho'\leqq\rho$.

$r<\rho$ としよう．$r<r'<\rho$ とすると，$\sum_{n=0}^{\infty}|c_n|r'^n=K<+\infty$ である．

$$n|c_n|r^{n-1}=\frac{1}{r'}|c_n|r'^n\cdot n\left(\frac{r}{r'}\right)^{n-1}\leqq\frac{K}{r}n\left(\frac{r}{r'}\right)^n$$

となり，$\sum n(r/r')^n$ は収束するから $r\leqq\rho'$ がわかり $\rho\leqq\rho'$ をうる．

V.5 無限積

数列 $\{a_n\}_{n=1,2,\cdots}$ に対し，部分積 $p_n=\prod_{k=1}^{n}a_k=a_1a_2\cdots a_n$ を考え，$\lim_{n\to+\infty}p_n=p$ が存在し $p\neq0$ のとき，**無限積** $\prod_{n=1}^{\infty}a_n$ **は収束**し極限が p であるといい，$\prod_{n=1}^{\infty}a_n=p$ とかく．（$p_n\to p=0$ のときは，収束するとはいわないことに注意．） $p_n\to p\neq0$ のとき，$p_n/p_{n-1}=a_n\to p/p=1$ となり，無限積 $\prod_{n=1}^{\infty}a_n$ が収束するための必要条件として $a_n\to1$ をうる．このために，a_n を $1+a_n$ とかきなおし，$\prod_{n=1}^{\infty}(1+a_n)$ とかくと，これが収束するなら $a_n\to0$ でなければならない．

複素数 $z\neq0$ の対数は $\log z=\log|z|+i\arg z$ と定義される．ただし，右辺の log は正の実数 $|z|$ の自然対数で，$\arg z$ には 2π の整数倍だけ自由度がある．この節では $\arg z$ を $-\pi<\arg z\leqq\pi$ にとったとき，$\log z$ の主値といって $\mathrm{Log}\,z$ とかくことにする．

定理 V.5.1 $1+a_n\neq0$ $(n=1,2,\cdots)$ とするとき，$\prod_{n=1}^{\infty}(1+a_n)$ が収束 $\Longleftrightarrow\sum_{n=1}^{\infty}\mathrm{Log}(1+a_n)$ が収束．

証明 $p_n=\prod_{k=1}^{n}(1+a_k)$, $s_n=\sum_{k=1}^{n}\mathrm{Log}(1+a_k)$ とおく．

$\Leftarrow$ の証明．$s_n \to s$ ならば，$p_n = e^{s_n} \to e^s \neq 0$ である．

$\Rightarrow$ の証明．$p_n \to p \neq 0$ とせよ．$\log p_n \to \mathrm{Log}\, p$ である．ただし，$\mathrm{Im}\log p_n = \arg p_n$ は，$-\pi + \mathrm{Im}\,\mathrm{Log}\, p < \mathrm{Im}\log p_n \leqq \pi + \mathrm{Im}\,\mathrm{Log}\, p$ にとっておく．s_n と $\log p_n$ は $2\pi i \times$ 整数だけちがっているかもしれず，$s_n = \log p_n + 2\pi i \cdot m_n$ とおく（m_n は整数）．一方，$p_n \to p$ より $a_n \to 0$ で，$s_{n+1} - s_n = \mathrm{Log}(1 + a_{n+1}) \to 0$ となり，$\log p_{n+1} - \log p_n \to 0$ である．これから $m_{n+1} - m_n \to 0$ をうるが，整数だから n が大きければ，$m_n = m_{n+1} = m_{n+2} = \cdots$ $(= m)$ をうる．これで，$s_n \to \log p + 2\pi i m$ がわかる．

定理V.5.2　$1 + a_n \neq 0$ とすると，$\sum_{n=1}^{\infty} |\mathrm{Log}(1 + a_n)|$ が収束 $\Longleftrightarrow \sum_{n=1}^{\infty} |a_n|$ が収束．

証明　$\mathrm{Log}(1+z) = z - z^2/2 + z^3/3 - z^4/4 + \cdots$ $(|z|<1)$ が成立し，これから $\lim_{z \to 0} \dfrac{\mathrm{Log}(1+z)}{z} = 1$ をうる．つまり，任意の $0 < \varepsilon < 1$ に対し $\delta > 0$ がとれ，$|z| < \delta$ なら $|\mathrm{Log}(1+z) - z| \leqq \varepsilon |z|$ となり，これから $(1-\varepsilon)|z| \leqq |\mathrm{Log}(1+z)| \leqq (1+\varepsilon)|z|$ をうる．$\sum_{n=1}^{\infty} |\mathrm{Log}(1+a_n)|$ が収束しても $\sum_{n=1}^{\infty} |a_n|$ が収束しても $a_n \to 0$ だから，$n > n_0$ なら $|a_n| < \delta$ としてよく，$(1-\varepsilon)|a_n| \leqq |\mathrm{Log}(1+a_n)| \leqq (1+\varepsilon)|a_n|$ となり，定理をうる．

$\sum_{n=1}^{\infty} |\mathrm{Log}(1+a_n)|$ が収束するとき，無限積 $\prod_{n=1}^{\infty} (1+a_n)$ は**絶対収束**するという．このときは，積の順序をかえても途中をかっこでくくっても極限がかわらないことがいえる．

定義V.5.3　$f_n(z)$ は領域 D で連続関数とする．無限積 $\prod_{n=1}^{\infty} f_n(z)$ が D で**コンパクト一様収束** $\Longleftrightarrow$ D の任意のコン

パクト集合 K に対し,

(i) $n_0>0$ がきまり $n \geqq n_0$ なら K の各点 z において $f_n(z) \neq 0$ で,

(ii) $p_n(z)=\prod_{k=n_0}^{n} f_n(z)$ は $n \to \infty$ のとき K で一様収束する.(つまり,各 $z \in K$ に対し $p(z)=\prod_{n=n_0}^{\infty} f_n(z)$ が存在し,$\lim_{n \to \infty}(\sup_{z \in K}|p_n(z)-p(z)|)=0.$)

定理 V.5.4 $f_n(z)$ は領域 D で連続(正則)関数とする.D の任意のコンパクト集合 K に対し,

(i) $n_0>0$ があり,$n \geqq n_0$ なら各 $z \in K$ で $f_n(z) \neq 0$,

(ii) K で $|f_n(z)-1| \leqq c_n$ をみたす c_n で $\sum_{n=n_0}^{\infty} c_n<+\infty$ となるものがあると仮定する.このとき,$\prod_{n=1}^{\infty} f_n(z)=f(z)$ は D でコンパクト一様収束で,$f(z)$ は D で連続(正則)になる.

証明は,連続関数についてはこの V.5 節の説明と定理 V.3.2 の証明などからえられ,正則関数のときは 2.3 節の結果を使う.詳細は省略する.

付録Ⅵ　正則関数とベクトル解析

正則関数 $f(z)$ と $\mathrm{rot}\,\boldsymbol{v}=\mathrm{div}\,\boldsymbol{v}=0$ をみたすベクトル場 $\boldsymbol{v}$ とは同値であり，一方の研究は他方の研究と等しいことを説明したい．

定理 Ⅵ.1　領域 D で（C^1 級）ベクトル場 $\boldsymbol{v}=(u(x,y), v(x,y))$ を考え，$f(z)=u(x,y)-iv(x,y)$ とおく．（$u+iv$ でなく $u-iv$ とおいた！　もちろん，$z=x+iy$.）このとき，

（i）　$\mathrm{div}\,\boldsymbol{v}=0, \mathrm{rot}\,\boldsymbol{v}=0 \Longleftrightarrow f(z)$ は正則，

（ii）　$\boldsymbol{v}$ がポテンシャル U と流れの関数 V をもつ $\Longleftrightarrow$ $f(z)$ が原始関数 $F(z)=U+iV$ をもつ．（このとき，$F(z)$ をベクトル場 $\boldsymbol{v}$ の**複素速度ポテンシャル**という．）

証明（i）$\displaystyle \mathrm{div}\,\boldsymbol{v}=\frac{\partial u}{\partial x}+\frac{\partial v}{\partial y}=0 \Longleftrightarrow \frac{\partial u}{\partial x}=\frac{\partial(-v)}{\partial y},$

$$\mathrm{rot}\,\boldsymbol{v}=\frac{\partial v}{\partial x}-\frac{\partial u}{\partial y}=0 \Longleftrightarrow \frac{\partial u}{\partial y}=-\frac{\partial(-v)}{\partial x}$$

から，$\mathrm{div}\,\boldsymbol{v}=\mathrm{rot}\,\boldsymbol{v}=0$ は $f(z)=u+i(-v)$ がコーシー・リーマンの方程式をみたすこと，すなわち $f(z)$ が正則であることと同値である．

（ii）　$\mathbf{grad}\,U=\boldsymbol{v}$，$\mathbf{grad}\,V={}^*\boldsymbol{v}$

$$\Longleftrightarrow \frac{\partial U}{\partial x}=u,\ \ \frac{\partial U}{\partial y}=v,\ \ \frac{\partial V}{\partial x}=-v,\ \ \frac{\partial V}{\partial y}=u$$

$$\Longleftrightarrow \frac{\partial U}{\partial x}=\frac{\partial V}{\partial y}=u,\ \ \frac{\partial U}{\partial y}=-\frac{\partial V}{\partial x}=v$$

$$\Longleftrightarrow F(z) = U + iV \text{ は正則,}$$

$$F'(z) = \frac{\partial U}{\partial x} + i\frac{\partial V}{\partial x} = u - iv = f(z).$$

問1 付録Ⅲ 例1〜5の複素速度ポテンシャルを求めよ.

補題 VI. 2 $\boldsymbol{v} = (u, v)$ を C^1 級のベクトル場, $f(z) = u - iv$ とおく. $C : \boldsymbol{r} = \boldsymbol{r}(t)$ を曲線とする. このとき,

(i) $\dfrac{\partial f}{\partial \bar{z}} = \dfrac{1}{2}(\operatorname{div} \boldsymbol{v} - i \operatorname{rot} \boldsymbol{v})$,

(ii) $\displaystyle\int_C f(z)\,dz = \int_C \boldsymbol{v} \cdot d\boldsymbol{r} + i\int_C {}^*\boldsymbol{v} \cdot d\boldsymbol{r}$

$= (C$ にそう $\boldsymbol{v}$ の循環$)$

$+ i(C$ にそう $\boldsymbol{v}$ の流量積分$)$.

証明 (i)

$$\frac{\partial f}{\partial \bar{z}} = \frac{1}{2}\left\{\frac{\partial(u - iv)}{\partial x} + i\frac{\partial(u - iv)}{\partial y}\right\}$$

$$= \frac{1}{2}\left\{\left(\frac{\partial u}{\partial x} + \frac{\partial v}{\partial y}\right) - i\left(\frac{\partial v}{\partial x} - \frac{\partial u}{\partial y}\right)\right\}$$

$$= \frac{1}{2}\{\operatorname{div} \boldsymbol{v} - i \operatorname{rot} \boldsymbol{v}\}.$$

(ii)

$$\int_C f(z)\,dz = \int_C (u - iv)(dx + idy)$$

$$= \int_C (udx + vdy) + i\int_C (-vdx + udy)$$

$$= \int_C \boldsymbol{v} \cdot d\boldsymbol{r} + i\int_C {}^*\boldsymbol{v} \cdot d\boldsymbol{r}.$$

$f(z)$ に対するコーシー・リーマンの方程式は $\partial f/\partial \bar{z} = 0$

だから，それは div $\boldsymbol{v}$=rot $\boldsymbol{v}$=0 と同値で，前定理はますます明らかになる．複素積分 $\int_C f(z)dz$ は，C にそうベクトル場 $\boldsymbol{v}$ の循環と流量積分を同時に計算しているわけで，グリーン・ストークスの定理を媒介としてコーシーの積分定理も自然なものであることがわかる．

与えられた孤立集合を極とし，そこで与えられた主要部をもつ有理形関数を作るというミッタグ・レフラーの定理（定理 5.5.4）の証明の核心は非同次のコーシー・リーマン方程式（定理 5.5.3）である．つまり，$\varphi(z)$ が正則関数でないのは $\partial\varphi/\partial\bar{z}\neq 0$ だからで，$g(z)=\partial\varphi/\partial\bar{z}$ とおき，

(VI.1)　$$\partial f/\partial\bar{z} = g$$

をみたす $f(z)$ が求まれば，$\varphi(z)-f(z)$ は正則関数となる．$g(z)$ が与えられたとき，非同次コーシー・リーマン方程式（VI.1）の解 $f(z)$ を求めることは関数論では重要な問題である．（とくに，多変数関数論では重要になる．）これは補題VI.2(i) をみれば，実数値関数 $\rho(x,y),\sigma(x,y)$ が与えられたときに，

$$\operatorname{div}\boldsymbol{v} = \rho,\ \ \operatorname{rot}\boldsymbol{v} = \sigma$$

をみたすベクトル場 $\boldsymbol{v}$ を求める問題となる．これは，任意に与えられた実関数 ρ に対し，

(VI.2)　$$\operatorname{div}\boldsymbol{v} = \rho,\ \ \operatorname{rot}\boldsymbol{v} = 0$$

をみたすベクトル場 $\boldsymbol{v}$ を求める問題に帰着される．なぜなら，ρ,σ が与えられると，

$$\operatorname{div}\boldsymbol{v}_1 = \rho,\ \ \operatorname{rot}\boldsymbol{v}_1 = 0,$$
$$\operatorname{div}\boldsymbol{v}_2 = \sigma,\ \ \operatorname{rot}\boldsymbol{v}_2 = 0$$

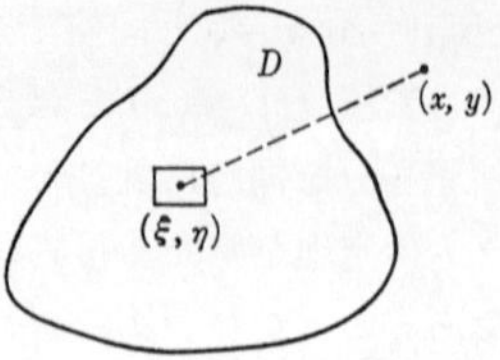

をみたすベクトル場 $\boldsymbol{v}_1, \boldsymbol{v}_2$ をみつけると，$\boldsymbol{v}=\boldsymbol{v}_1+{}^*\boldsymbol{v}_2$ は $\mathrm{div}\,\boldsymbol{v}=\rho, \mathrm{rot}\,\boldsymbol{v}=\sigma$ をみたすからである．

$\rho(\xi,\eta)$ を領域 D で C^1 級の実関数としよう．$\rho(\xi,\eta)$ を点 (ξ,η) でのわき出しの面密度と考える．(ξ,η) を中心とする辺の長さ $\Delta\xi, \Delta\eta$ の微小長方形からのわき出し量は $\rho(\xi,\eta)\Delta\xi\Delta\eta$ となる．（もちろん，高位の無限小は無視.）このわき出しから生ずる中心力のポテンシャル場は（Ⅲ.4）により

（Ⅵ.3）
$$\frac{\rho(\xi,\eta)\Delta\xi\Delta\eta}{2\pi r}\left(\frac{x-\xi}{r}, \quad \frac{y-\eta}{r}\right)$$

となる（ただし，$r=\sqrt{(x-\xi)^2+(y-\eta)^2}$）．$D$ を微小長方形の和に分割し，それから生ずる中心力のポテンシャル場（Ⅵ.3）を加えて，ベクトル場

（Ⅵ.4）
$$\boldsymbol{v}(x,y)=\frac{1}{2\pi}\iint_D \rho(\xi,\eta)\left(\frac{x-\xi}{r^2}, \frac{y-\eta}{r^2}\right)d\xi d\eta$$

をうる[1)]．実は，この $\boldsymbol{v}$ が（Ⅵ.2）の解になる．

定理Ⅵ.3 $\rho(\xi,\eta)$ を領域 D で C^1 級の実関数とする．このとき，（Ⅵ.4）のベクトル場 $\boldsymbol{v}$ は，D において（Ⅵ.2）をみたす．

証明の方針　任意に$(x_0, y_0)\in D$をとり，そこで（VI.2）を示す．(x_0, y_0)を中心，半径εの円をΔ_εとし，$(x,y)\in\Delta_\varepsilon$とする．$\iint_D=\iint_{D-\Delta_\varepsilon}+\iint_{\Delta_\varepsilon}$とわけると，

$$\mathrm{div}\left\{\frac{1}{2\pi}\iint_{D-\Delta_\varepsilon}\rho(\xi,\eta)\left(\frac{x-\xi}{r^2},\frac{y-\eta}{r^2}\right)d\xi d\eta\right\}$$

$$\underset{(イ)}{=}\frac{1}{2\pi}\iint_{D-\Delta_\varepsilon}\rho(\xi,\eta)\left\{\frac{\partial}{\partial x}\left(\frac{x-\xi}{r^2}\right)+\frac{\partial}{\partial y}\left(\frac{y-\eta}{r^2}\right)\right\}d\xi d\eta$$

$$=\frac{1}{2\pi}\iint_{D-\Delta_\varepsilon}\rho\cdot\left\{\frac{1}{r^2}-\frac{2}{r^3}\cdot\frac{(x-\xi)^2}{r}+\frac{1}{r^2}-\frac{2}{r^3}\cdot\frac{(y-\eta)^2}{r}\right\}d\xi d\eta=0$$

となる．$\iint_{\Delta_\varepsilon}$の方は，点$(x,y)$で$r=0$となり被積分関数は不連続であるが，$(x,y)$の近傍で$\xi=x+r\cos\theta, \eta=y+r\sin\theta$と極座標でかくと

$$\left(\frac{x-\xi}{r^2},\frac{y-\eta}{r^2}\right)d\xi d\eta=\left(\frac{-r\cos\theta}{r^2},\frac{-r\sin\theta}{r^2}\right)rdrd\theta$$

$$=-(\cos\theta,\sin\theta)drd\theta$$

となり，積分が存在することはわかる．しかし，

$$\frac{\partial}{\partial x}\left\{\rho(\xi,\eta)\frac{x-\xi}{r^2}\right\}=\rho(\xi,\eta)\left\{\frac{1}{r^2}-\frac{2}{r^3}\cdot\frac{(x-\xi)^2}{r}\right\}$$

1）　これは，$\rho(\xi,\eta)$を面密度，$\rho(\xi,\eta)\Delta\xi\Delta\eta$が微小長方形の質量，それが点$(x,y)$におよぼす平面での万有引力（すなわち，中心力の場で中心以外にはわき出しとうずのないベクトル場）が（VI.3）で，それを全部加えたもの，すなわち面Dが点(x,y)におよぼす万有引力と考えた方がわかりやすい．（ただし，このときは引力だから符号をかえるか，または$\rho(\xi,\eta)<0$とみる．）

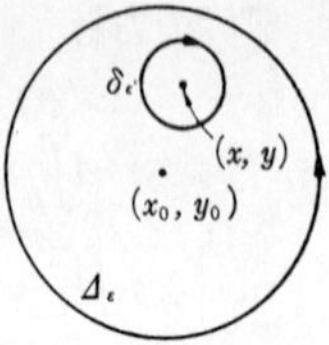

の方は積分が存在せず，偏微分を積分記号と交換して上記の $\underset{(イ)}{=}$ のように計算するわけにはいかない．$\partial r/\partial x=(x-\xi)/r=-\partial r/\partial\xi$ に注意し，(x, y) を中心，半径 ε' の円 $\delta_{\varepsilon'}$ をとり $\Delta_\varepsilon-\delta_{\varepsilon'}$ にグリーン・ストークスの定理を適用し $\varepsilon'\to 0$ とすることにより

$$\iint_{\Delta_\varepsilon}\frac{\partial}{\partial\xi}\{\rho(\xi,\eta)\log r\}d\xi d\eta=\int_{\partial\Delta_\varepsilon}\rho(\xi,\eta)\log r\,d\eta$$

に注意する．（$r\to+0$ のとき $r\log r\to 0$ を用いた．）

$$\begin{aligned}&\iint_{\Delta_\varepsilon}\frac{\rho(\xi,\eta)}{r^2}(x-\xi)d\xi d\eta\\ &\quad=\iint_{\Delta_\varepsilon}\left\{-\frac{\partial}{\partial\xi}(\rho\log r)+\log r\frac{\partial\rho}{\partial\xi}\right\}d\xi d\eta\\ &\quad=-\int_{\partial\Delta_\varepsilon}\rho\log r\,d\eta+\iint_{\Delta_\varepsilon}\log r\frac{\partial\rho}{\partial\xi}d\xi d\eta\end{aligned}$$

となり，こうなれば偏微分と積分記号が交換できる[1)]．

---

1)　$\boldsymbol{v}$ の定義式（VI.4）において，偏微分と積分記号を交換してよいなら，$\iint_{D-\Delta_\varepsilon}$ でやったように $\operatorname{div}\boldsymbol{v}=0$ となってしまう．そこでは偏微分と積分記号は交換できず，$\underset{(イ)}{=}$ と $\underset{(ロ)}{=}$ ではしてよいのである．その証明は省略する．微積分学の講義・教科書で極限（ε-δ 論法）を厳密に扱う流儀とおおざっぱに扱う方法とがあるが，後者で困る最大の問題点はここあたりだと思う．いいかげんに交換すると $\operatorname{div}\boldsymbol{v}=0$ となってしまい，きちんとやると $\operatorname{div}\boldsymbol{v}=\rho$ がでてくるのである．

$$\mathrm{div}\left\{\frac{1}{2\pi}\iint_{\Delta_\varepsilon}\rho(\xi,\eta)\left(\frac{x-\xi}{r^2},\frac{y-\eta}{r^2}\right)d\xi d\eta\right\}$$

$$=\frac{\partial}{\partial x}\left\{\frac{-1}{2\pi}\int_{\partial\Delta_\varepsilon}\rho\log r\,d\eta+\frac{1}{2\pi}\iint_{\Delta_\varepsilon}\log r\frac{\partial\rho}{\partial\xi}d\xi d\eta\right\}$$

$$+\frac{\partial}{\partial y}\left\{\frac{1}{2\pi}\int_{\partial\Delta_\varepsilon}\rho\log r\,d\xi+\frac{1}{2\pi}\iint_{\Delta_\varepsilon}\log r\frac{\partial\rho}{\partial\eta}d\xi d\eta\right\}$$

$$\underset{(\text{ロ})}{=}\frac{-1}{2\pi}\int_{\partial\Delta_\varepsilon}\rho\cdot\frac{x-\xi}{r^2}d\eta+\frac{1}{2\pi}\iint_{\Delta_\varepsilon}\frac{x-\xi}{r^2}\cdot\frac{\partial\rho}{\partial\xi}d\xi d\eta$$

$$+\frac{1}{2\pi}\int_{\partial\Delta_\varepsilon}\rho\cdot\frac{y-\eta}{r^2}d\xi+\frac{1}{2\pi}\iint_{\Delta_\varepsilon}\frac{y-\eta}{r^2}\cdot\frac{\partial\rho}{\partial\eta}d\xi d\eta$$

となる．結局，(x,y) を (x_0,y_0) とおき，(x_0,y_0) を中心とする極座標で計算すると，$\partial\Delta_\varepsilon$ は $\xi=x_0+\varepsilon\cos\theta,\eta=y_0+\varepsilon\sin\theta$ で，

$$\mathrm{div}\,\boldsymbol{v}(x_0,y_0)=\frac{1}{2\pi}\int_0^{2\pi}\rho(x_0+\varepsilon\cos\theta,y_0+\varepsilon\sin\theta)d\theta$$

$$-\frac{1}{2\pi}\int_0^{\varepsilon}dr\int_0^{2\pi}\left(\frac{\partial\rho}{\partial\xi}\cos\theta+\frac{\partial\rho}{\partial\eta}\sin\theta\right)d\theta$$

となり，$\varepsilon\to 0$ として $\mathrm{div}\,\boldsymbol{v}(x_0,y_0)=\rho(x_0,y_0)$ をうる．同様にして，$\mathrm{rot}\,\boldsymbol{v}(x_0,y_0)=0$ も示しうる．

問2　$g(z)$ を領域 D で C^1 級の関数とするとき，方程式 $\partial f/\partial\bar{z}=g$ の解 $f(z)$ は

$$f(z)=-\frac{1}{\pi}\iint_D\frac{g(\zeta)}{\zeta-z}d\xi d\eta,\quad(\zeta=\xi+i\eta)$$

で与えられる（定理5.5.3参照）．

正則関数を複素速度ポテンシャルとみて，そのベクトル場はどんなものかみておこう．$F_k(z)$ をベクトル場 $\boldsymbol{v}_k$ の

複素速度ポテンシャル（$k=1,2$）とすると，$F_1(z)+F_2(z)$ は $\boldsymbol{v}_1+\boldsymbol{v}_2$ のそれとなる．つまり，うずなしのポテンシャル場の和はまたうずなしで，複素速度ポテンシャルはおのおのの和になる（**重ね合わせの原理**）．

問 3 複素速度ポテンシャル $F(z)$ のベクトル場を $\boldsymbol{v}$ とすると，定数倍した $\alpha F(z)$ に対するベクトル場はどうなるか．

原点がたかだか孤立特異点であるようなベクトル場 $\boldsymbol{v}=(u,v)$ で $\mathrm{div}\,\boldsymbol{v}=\mathrm{rot}\,\boldsymbol{v}=0$ をみたすものを考えると，$f(z)=u-iv$ は原点をたかだか孤立特異点とする正則関数となり，ローラン級数に展開できる．ゆえに，z^n （$n=0,\pm1,\pm2,\cdots$）の 1 次結合である（無限個の和で収束の問題はあるが）．複素速度ポテンシャル $F(z)$ はその積分で，z^n（$n=0,\pm1,\pm2,\cdots$）と $\log z$ で生成されることになる．$F(z)$ を複素速度ポテンシャルとして，そのベクトル場 $\boldsymbol{v}$ を例示しよう．$F(z)=U+iV$ とおくと $\{U=一定\}$ が等高線，$\{V=一定\}$ が流線であることを思い出し，流線を実線で等高線を点線でかく．

例 1 $F(z)=\alpha z$，（ただし，$\alpha=|\alpha|e^{-i\theta}$），（**一様な流れ**）．

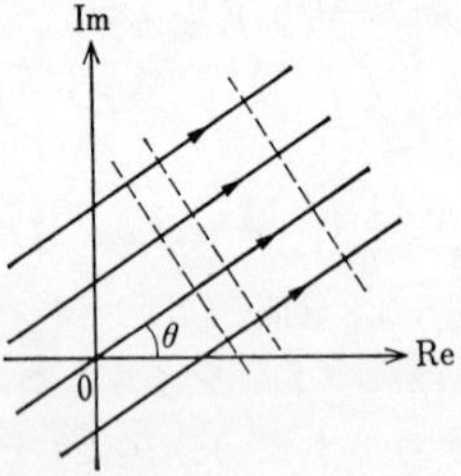

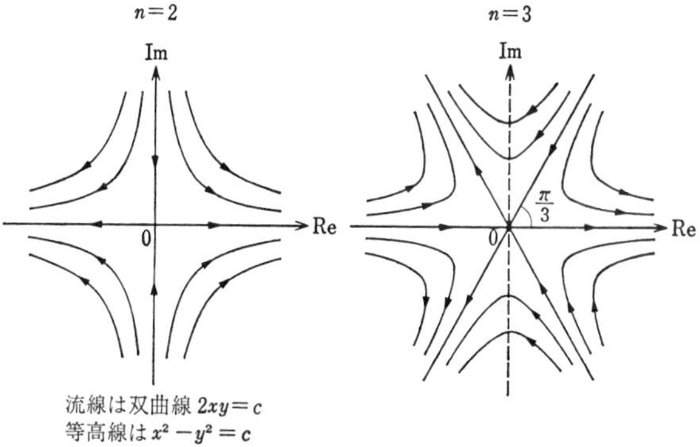

くさび型の流れ

例2　$F(z)=z^n$ $(n=2, 3, \cdots)$．極座標 (r, θ) でかくと，$z^n=(re^{i\theta})^n=r^n\cos n\theta+ir^n\sin n\theta$ より $r^n\sin n\theta=$ 一定 が流線である．とくに，直線 $\theta=\pi/n$ は流線である．$n=2, 3$ を上に図示する．

例3　$F(z)=a\log z$ ($a>0$，わき出し)．$a\log r=$一定，つまり $r=$一定 が等高線，$\theta=$一定が流線になる．($a<0$ なら向きが逆で吸い込み．)

$F'(z)=a/z$ より，原点を一周する円周を C とすると $\int_C F'(z)dz=2\pi ia$ となり，ゆえに C にそう循環は 0，流量積分は $2\pi a$ である．($\mathrm{Im}\,F(z)=a\arg z$ は原点の近傍では 1 価関数でなく，このベクトル場の流れの関数とはいえない．しかし，原点と異なる点の近傍では 1 価の枝がとれ，流れの関数になっている．)

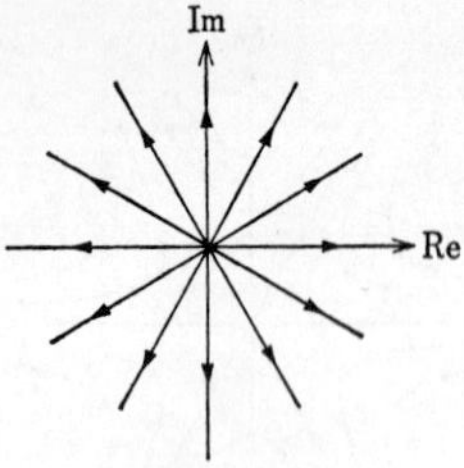

わきだし

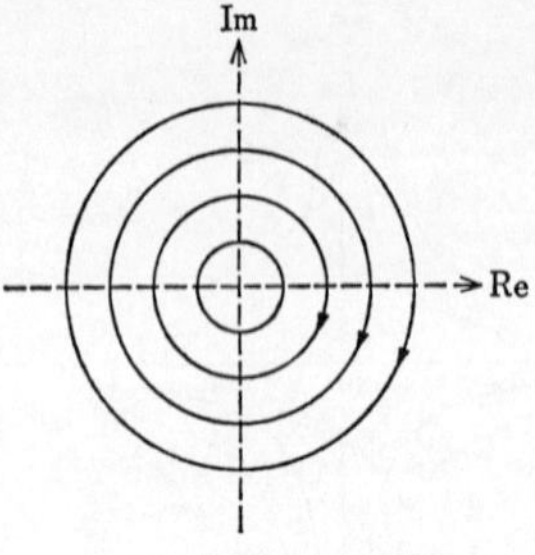

うず糸

例 4　$F(z)=ia\log z$,（$a>0$, うず糸）. i をかけたので $r=$一定が流線になる. 原点中心の円周にそう循環は $-2\pi a$, 流量積分は 0 である.

例 5　$F(z)=1/z$. $1/z=(\log z)'=\lim_{h\to 0}(\log(z+h)-\log z)/h$ に注意する. $h>0$ としよう. $(1/h)\log(z+h)$ は点 $-h$ にわき出しをもち（わき出し量は $2\pi/h$（例 3 参照））, $-(1/h)\log z$ は原点に吸い込みをもつ（吸い込み量は

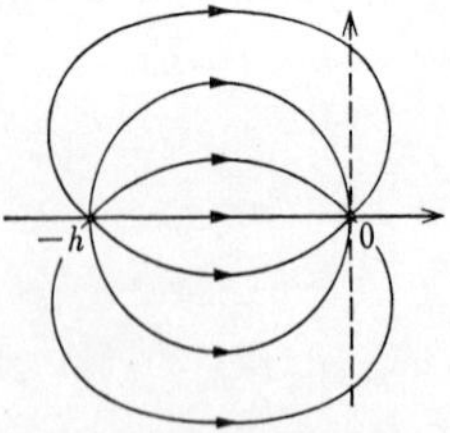

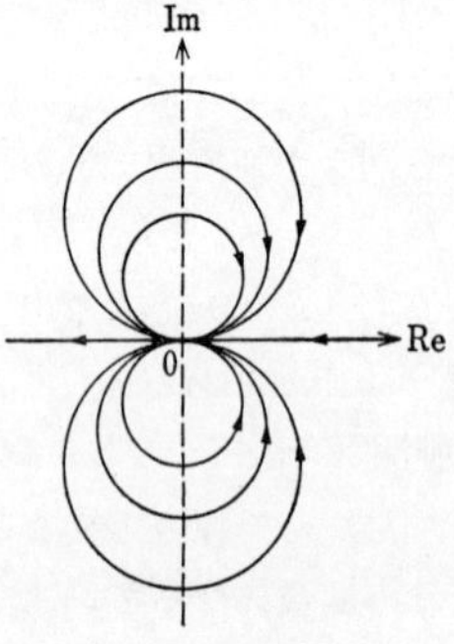

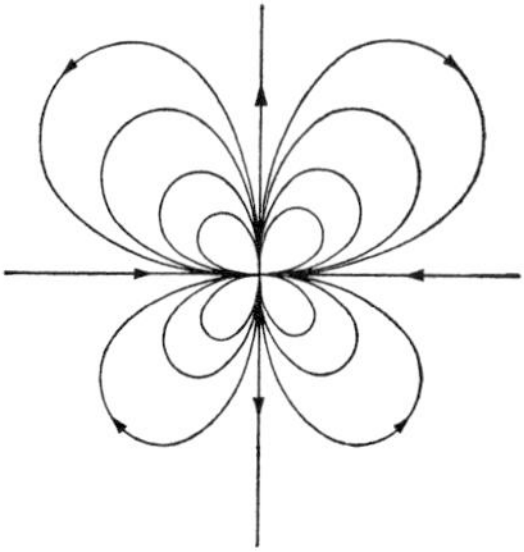

$2\pi/h$). この $h\to 0$ とした極限が $1/z$ である. $F(z)=1/z$ のベクトル場を**2重極**という.

$1/z^2=(-1/z)'$ だから, 同様にして h だけはなれたところに2重極が2つあり, それを重ね合わせ $h\to 0$ としたものである (**4重極**という).

$F(z)=1/z^n$ のベクトル場は **2^n 重極**とよばれている.

問4　$w=\varphi(z)$ は領域 D を領域 Δ の上に1対1に写す正則関数, $F(w)$ は Δ でのうずなしのポテンシャル場 $\boldsymbol{v}_w$ の複素速度ポテンシャルとし, $G(z)=F(\varphi(z))$ を考えると, これを複素速度ポテンシャルとする D でのベクトル場 $\boldsymbol{v}_z$ ができる. このとき, 次のことを示せ.

(i)　$\boldsymbol{v}_z$ の等高線, 流線の φ による像は $\boldsymbol{v}_w$ の等高線, 流線である. (つまり, φ により $\boldsymbol{v}_z$ の等高線は $\boldsymbol{v}_w$ の等高線に, 流線は流線に写る.)

(ii)　D 内の曲線 C にそう $\boldsymbol{v}_z$ の循環, 流量積分はそれぞれ曲線 $\varphi(C)$ にそう $\boldsymbol{v}_w$ のそれに等しい.

(iii)　$z_0\in D$ が $\boldsymbol{v}_z$ の孤立特異点なら $\varphi(z_0)$ は $\boldsymbol{v}_w$ の孤立特異点で, z_0 が $\boldsymbol{v}_z$ のわき出し, 吸い込み, うず糸, 2^n 重極なら[1] $\varphi(z_0)$

も $\boldsymbol{v}_w$ のそれになる．

この問題を応用して D を $\varDelta$ の上に1対1に写す等角写像（正則関数）φ をみつけることができる．指導原理は $\varDelta$ 内での自然な流れ（流線が $\varDelta$ の境界にぶつからない，または $\varDelta$ の境界が流線になっている）をとり，対応する D での流れを想像することである．もちろん，この方法は写像を発見する手段で証明ではなく，証明は別にしなければならない．

例6　$D=\{z\,;\operatorname{Im} z>0\}, \varDelta=\{w\,;|w|<1\}$．$\varDelta$ での流れとして，うず糸 $F(w)=i\log w$ は自然であろう．$w=0$ に対応する D の点を z_0 とする．z_0 がうず糸で実軸が流線になるためには，z_0 の実軸に関する対称点 $\bar{z}_0$ に逆向きのうず糸をおき合成すればよい．ゆえに，$G(z)=i\log(z-z_0)-i\log(z-\bar{z}_0)+ic'$（$c'$ は定数）となる．これから，

$$i\log\varphi(z) = i\log(z-z_0)-i\log(z-\bar{z}_0)+ic',$$

$$\therefore\quad \varphi(z) = c(z-z_0)/(z-\bar{z}_0),\ (c\ \text{は定数})$$

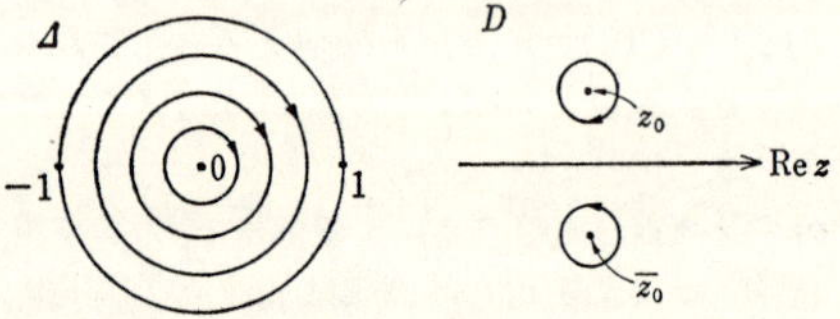

1)　z_0 の近傍で $G(z)=g(z)/(z-z_0)^n$, $g(z)$ は z_0 で正則，$g(z_0)\neq 0$ のとき，z_0 は $\boldsymbol{v}_z$ の 2^n 重極という．$G(z)=a\log(z-z_0)+g(z)$, $g(z)$ は z_0 で正則，$a>0$ のときわき出し，$a<0$ のとき吸い込み，a が純虚数のときうず糸という．

がわかる．z が実数なら $|z-z_0|=|z-\bar{z}_0|$ だから，$|c|=1$ がわかり，求める $\varphi(z)$ は，

$$w=(z-z_0)/(z-\bar{z}_0)$$

である．（前述のようにこれは予想であり証明ではない．証明は 137 頁問 2．）

例 7　$D=\{z\,;\mathrm{Im}\,z>0\}$，$\varDelta$ は上半平面から原点を端点とする線分を抜いたもの．抜いた線分のもう 1 つの端点を α とし，$\arg\alpha=\theta$ とする（下の図参照，$0<\theta<\pi$）．$\varDelta$ での流れとして原点にわき出しをおく．つまり $F(w)=\log w$．$\varphi:D\to\varDelta$ による境界の対応は，実軸上を z が $-\infty$ から $+\infty$ まで動くときに w は $-\infty$ から 0，0 から α，α から 0，0 から $+\infty$ と動く．$-\infty$ から 0 までが $-\infty$ から 0 に，0 から α' までが 0 から α に，α' から 1 までが α から 0 に，1 から $+\infty$ までが 0 から $+\infty$ に対応するとしよう．角領域 $\angle\alpha 0(+\infty)$ での原点からのわき出し量は $2\pi(\theta/2\pi)=\theta$，$\angle(-\infty)0\alpha$ でのわき出し量は $2\pi(\pi-\theta)/2\pi=\pi-\theta$ である．ゆえに，$\varDelta$ での $F(w)$ に対応する D での流れは，0 と 1 にわき出しがあり，そこでの上半平面へのわき出し量がそれぞれ $\pi-\theta,\theta$ である．つまり，$G(z)=((\pi-\theta)/\pi)\log z+(\theta/\pi)\log(z-1)+c'$ となり，$w=\varphi(z)=cz^{1-\theta/\pi}(z-1)^{\theta/\pi}$

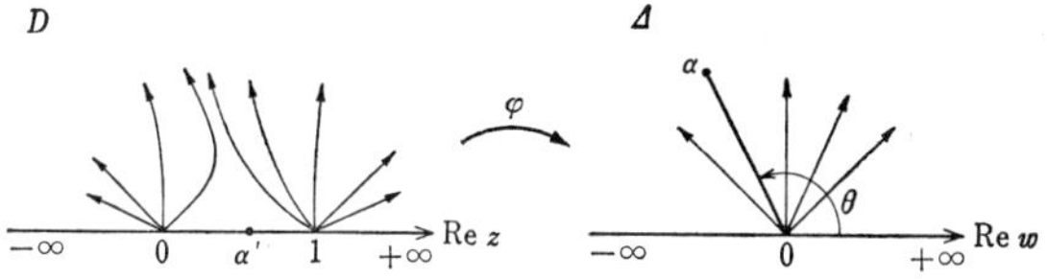

をうる．($z^{1-\theta/\pi}=e^{(1-\theta/\pi)\log z}$ で $0<\arg z<\pi$ に枝をとり，$(z-1)^{\theta/\pi}$ の方も $0<\arg(z-1)<\pi$ に枝をとる．) $c=1$ としてみる．

$$\varphi(z)=|z|^{1-\theta/\pi}|z-1|^{\theta/\pi}\cdot \exp\left[i\left\{\left(1-\frac{\theta}{\pi}\right)\arg z+\frac{\theta}{\pi}\arg(z-1)\right\}\right]$$

で，z が実軸上 $-\infty$ から $+\infty$ まで動くと w は都合よく上記のように動くことがわかる．α では流速は 0 だから，α' でも流速は 0 で，$G'(\alpha')=0$ より $\alpha'=1-\theta/\pi$ がわかる．

例 8　$D=\{z;|z|>1\}$，$\Delta=\boldsymbol{C}-[-1,1]$．ただし，$[-1,1]$ は実軸上の閉区間 $-1\leqq z\leqq 1$ である．Δ での流れとして原点にわき出しをおき，$F(w)=\log w$ としよう．$-1,1$ では $\boldsymbol{v}_w=0$ である．境界の対応は，i から反時計まわりに ∂D を 1 周するとき，$\partial\Delta$ を 0 から -1 にいき，折り返して -1 から 1 にさらに折り返して 0 にもどるとしよう．i と $-i$ が 0 に写るとする．i と $-i$ にわき出しがあり，$0\in\overline{\Delta}$ での上半平面へのわき出し量 $2\pi(\pi/2\pi)$ が i での D へのわき出し量だから $\log(z-i)$ というわき出しをおけばよい．$-i$ でも同じで，結局 $\log(z-i)+\log(z+i)$ を考える

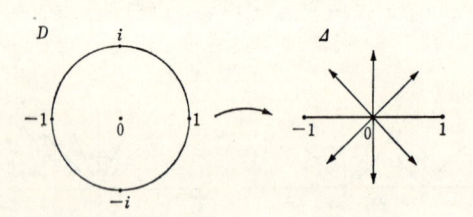

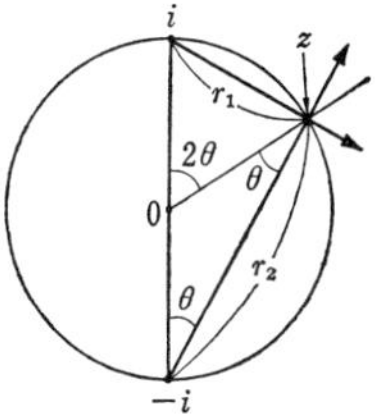

ことになる．∂D が流線にならなければならないから，∂D の点 z で，複素速度ポテンシャル $\log(z-i)+\log(z+i)$ からできるベクトルの法線方向の成分を計算してみよう．$\log(z-i)$ は i を中心とする中心力の場でベクトルの大きさは $1/|z-i|$ である．右図のように θ をとると，∂D の法線方向への成分は $(1/|z-i|)\sin\theta$ で，$\log(z+i)$ からくるそれを加えると

$$(1/|z-i|)\sin\theta+(1/|z+i|)\cos\theta$$

となる．$|z-i|^2=1+1-2\cos 2\theta=4\sin^2\theta, |z+i|^2=4\cos^2\theta$ より，これは 1 に等しい．原点に吸い込み $-\log z$ をおくとこれは消える．$G(z)=\log(z-i)+\log(z+i)-\log z+c'$ をとると，∂D が流線になることがわかった．$\log w=\log(z-i)+\log(z+i)-\log z+c'$ より，$w=c(z^2+1)/z$ がわかり，$G'(z)=0$ より $z=\pm1$ でベクトルが 0 となり，それは $w=\pm1$ に対応するべきだから $c=1/2$ をうる．結局，$\varphi(z)=\dfrac{z^2+1}{2z}$ が目的のものである．

付録VII　解析接続，1価性定理，コーシーの積分定理

VII.1　解析接続

f を領域 D での正則（有理形）関数とする．別に領域 D_1 での正則（有理形）関数 f_1 があり，$D\cap D_1\neq\emptyset$ で $D\cap D_1$ の1つの連結成分の上で $f=f_1$ となっているとき，f_1 を f の D_1 への**解析接続**という．

例　$D=\{z\,;\,\mathrm{Re}\,z<0\}, f(z)$ は $\log z$ で $\mathrm{Im}\,f(z)=\arg z$ を $\pi/2$ と $(3/2)\pi$ の間にとる．$D_1=\{z\,;\,r_1<|z|<r_2, |\arg z|<(2/3)\pi\}, f_1(z)$ は $\log z$ で $\arg z$ を $-(2/3)\pi$ と $(2/3)\pi$ の間にとる．このとき，$D\cap D_1$ の連結成分は2つで，上半平面にある成分では $f=f_1$ だが，もう1つの成分上では $f\neq f_1$ である．このときも，f_1 を f の D_1 への解析接続という．

領域 D での正則関数 f は各 $b\in D$ を中心とする整級数（${}_bf$ とかき f の b における**関数芽**という）に展開され，整

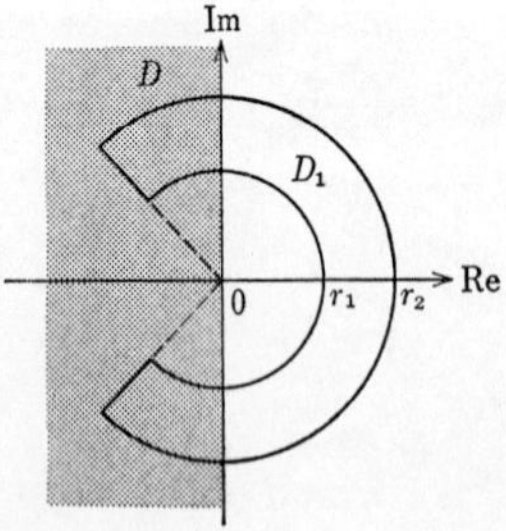

級数の集合$\{{}_bf\,;\,b\in D\}$をうる．逆に，整級数の集合から出発して解析接続を論じよう．$a\in\boldsymbol{C}$を中心とする収束半径が正の整級数をaでの正則関数芽といい，その全体を$\mathcal{O}_a$とかく．$\bigcup_{a\in\boldsymbol{C}}\mathcal{O}_a=\mathcal{O}$とし，$\pi:\mathcal{O}\to\boldsymbol{C}$を$p\in\mathcal{O}_a$なら$\pi(p)=a$として定義する．$p\in\mathcal{O}$を任意にとる．$\pi(p)=a$とすると$p\in\mathcal{O}_a$で，$p=\sum_{\nu=0}^{\infty}c_\nu(z-a)^\nu$とかけ収束半径$\rho$は正である．$0<\varepsilon\leqq\rho$とすると，$\sum c_\nu(z-a)^\nu$は$\varDelta=\varDelta_\varepsilon(a)=\{|z-a|<\varepsilon\}$で正則関数$f(z)$を定義する．$f(z)$は各$b\in\varDelta$を中心として整級数$\sum d_\mu(z-b)^\mu$とあらわされるが，これを${}_bf$とかこう．${}_bf$の収束半径は$\rho-|b-a|$以上で正であり${}_bf\in\mathcal{O}_b$となる．$\tilde{f}=\{{}_bf\,;\,b\in\varDelta\}$とおき，正則関数芽$p$の**ε近傍**とよぶことにする．$\pi|_{\tilde{f}}:\tilde{f}\to\varDelta$は1対1上への写像で，地図の条件をみたす（4.5節参照）．この地図の全体を地図帳として，$\mathcal{O}$がリーマン面になり$\pi:\mathcal{O}\to\boldsymbol{C}$は正則写像となることをみよう．$p_1\in\mathcal{O}_{a_1}$の$\varepsilon_1$近傍$\tilde{f}_1$と地図$\pi|_{\tilde{f}_1}:\tilde{f}_1\to\varDelta_1$を上と同じ手続きで作る．まず，この地図帳が複素解析的に同調していることを示す．$\tilde{f}\cap\tilde{f}_1\neq\emptyset$なら，$\tilde{f}\cap\tilde{f}_1\ni q,\pi(q)=b,q={}_bf={}_bf_1$となり，$\varDelta$での正則関数$f$と$\varDelta_1$での正則関数$f_1$とは$b\in\varDelta\cap\varDelta_1$の近傍で一致し，$\varDelta\cap\varDelta_1$は円の共通部分として連結だから一致の定理より，$\varDelta\cap\varDelta_1$で$f=f_1$となる．ゆえに任意の$c\in\varDelta\cap\varDelta_1$で${}_cf={}_cf_1$となり$\pi(\tilde{f}\cap\tilde{f}_1)=\varDelta\cap\varDelta_1$で定義4.5.1の（i）は成り立つ．$(\pi|_{\tilde{f}_1})\circ(\pi|_{\tilde{f}})^{-1}$は$\varDelta\cap\varDelta_1$の上で恒等写像で正則だから（ii）も成り立つ．ハウスドルフ的は，$p\neq p_1$としたとき，$a\neq a_1$なら$\varepsilon,\varepsilon_1$を小さく$\varDelta\cap\varDelta_1=\emptyset$にとっておけば

$\tilde{f}\cap\tilde{f_1}=\emptyset$ になるし，$a=a_1$ なら $\tilde{f}\cap\tilde{f_1}=\emptyset$ が一致の定理からわかる．

$\mathcal{O}$ の中の曲線 $\widetilde{C}$ とは，実数の閉区間 $[\alpha,\beta]$ から $\mathcal{O}$ への「連続」写像 $p=\varphi(t)$ のことである．（「連続」とは，各 $t_0\in[\alpha,\beta]$ と任意の小さい $\varepsilon>0$ に対し $\delta>0$ がとれ，$|t-t_0|<\delta$ なら $\varphi(t)$ が $\varphi(t_0)$ の ε 近傍に含まれること．）このとき，$C=\pi(\widetilde{C}):z=z(t)=\pi\circ\varphi(t)$ は平面 $\boldsymbol{C}$ 内の曲線になる．$\mathcal{O}$ 内の曲線 $\widetilde{C}:p=\varphi(t)$ をいいかえよう．$\boldsymbol{C}$ 内の曲線 C があり，曲線 C の各点 $z(t_0)$ に $z(t_0)$ を中心とする収束整級数 $\varphi(t_0)$ が与えられていて，$|t-t_0|<\delta$ ならば $z(t)$ は $\varphi(t_0)$ の収束円 $\varDelta_0$ にはいるように δ をとると，$|t-t_0|<\delta$ のとき $\varphi(t)$ は，$\varphi(t_0)$ が定義する $\varDelta_0$ での正則関数の $z(t)$ での関数芽になっている．（このとき，$\varphi(t_0),\varphi(t)$ をその収束円 $\varDelta_0,\varDelta$ 内での正則関数とみると，$\varphi(t)$ は $\varphi(t_0)$ の $\varDelta$ への解析接続になっている．）

平面内の曲線 $C:z=z(t)$ $(\alpha\leqq t\leqq\beta)$ と，$p_\alpha\in\mathcal{O}_{z(\alpha)}$ を与えたときに，$\widetilde{\mathcal{O}}$ 内の曲線 $\widetilde{C}:p=\varphi(t)$ $(\alpha\leqq t\leqq\beta)$ で $\pi(\widetilde{C})=C,p_\alpha=\varphi(\alpha)$ をみたすものが存在するならば，正則関数芽 p_α は**曲線 C にそって解析接続可能**といい，$\varphi(\beta)$ を曲線 C にそう p_α の解析接続という．p_α の C にそう解析接続が

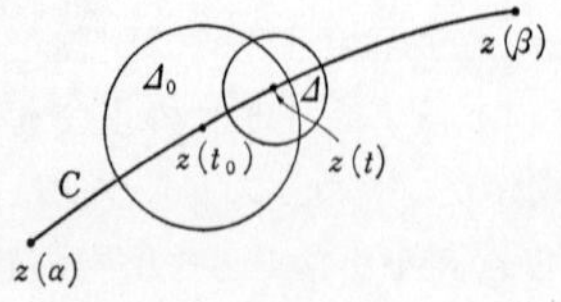

可能なら一意的に$\varphi(\beta)$は定まる（補題7.3.4の証明参照）．またこのとき，C^{-1}をCの逆向きの曲線とすると，$\varphi(\beta)$はC^{-1}にそって解析接続可能で，$\varphi(\beta)$のC^{-1}にそう接続は$\varphi(\alpha)=p_\alpha$となることもいえる．

問 $f(z)=1/\{(z-i)(z-1-(1/2)i)(z-2)\}$の$z=t$での関数芽を${}_tf$とかく．曲線$z=t$ $(0\leqq t\leqq a)$をC_aとかく．

（i） ${}_tf$の収束半径を求めよ，

（ii） ${}_0f$は曲線C_3にそっては解析接続できない，

（iii） $0<a<2$ならば，${}_0f$はC_aにそって解析接続可能で接続したものは${}_af$，しかし，${}_0f$はC_2にそっては接続できない．（ヒント：(i) 具体的に整級数展開を求めるよりは，定理1.5.1, 1.5.2より直観的に求めよ．）

補題 VII.1.1 曲線$C:z=z(t)$ $(\alpha\leqq t\leqq\beta)$にそって正則関数芽$p_\alpha\in\mathcal{O}_{z(\alpha)}$が解析接続できて，$C$にそう$p_\alpha$の接続を$p_\beta\in\mathcal{O}_{z(\beta)}$とする．このとき，$\varepsilon>0$が存在し，両端点をとめたまま$C$を$\varepsilon$以下の範囲で動かした任意の曲線$C_1$に対し，$p_\alpha$は$C_1$にそって解析接続できその接続は$p_\beta$である．（$C_1$の条件をきちんとかけば，$C_1:z=z_1(t)$ $(\alpha\leqq t\leqq\beta)$で，$z_1(\alpha)=z(\alpha), z_1(\beta)=z(\beta)$，各$t$に対し$|z_1(t)-z(t)|\leqq\varepsilon$をみたすということ．）

証明 $\widetilde{C}:p=\varphi(t)$ $(\alpha\leqq t\leqq\beta)$を$\mathcal{O}$内の曲線で，$\pi(\widetilde{C})=C, p_\alpha=\varphi(\alpha), p_\beta=\varphi(\beta)$とする．$\varphi(t)\in\mathcal{O}_{z(t)}$の収束半径を$\rho(t)>0$とおくと，$\rho(t)$は$t$の連続関数である．（$\varphi(t)$の収束円$\Delta_{\rho(t)}(z(t))$の中に$z(t')$をとると，$\Delta_{\rho(t)}(z(t))\supset\Delta_{\rho(t)-|z(t')-z(t)|}(z(t'))$より$\rho(t')\geqq\rho(t)-|z(t')-z(t)|$をうる．またこのとき，$\rho(t)\geqq\rho(t')-|z(t')-z(t)|$が，

$\rho(t')>\rho(t)$ なら $z(t')\in\varDelta_{\rho(t)}(z(t))$ より $z(t)\in\varDelta_{\rho(t')}(z(t'))$ となり同様にして，$\rho(t')\leqq\rho(t)$ なら自明にえられる．結局 $|z(t')-z(t)|<\rho(t)$ なら $|\rho(t')-\rho(t)|\leqq|z(t')-z(t)|$ となり，$t'\to t$ で $\rho(t')\to\rho(t)$ をうる．）$\alpha\leqq t\leqq\beta$ での $\rho(t)$ の最小値 ρ が存在し $\rho>0$ である．$0<\varepsilon<\rho$ に ε をとり，C_1 を補題の条件をみたす曲線としよう．$\varphi(t)\in\mathcal{O}_{z(t)}$ は円 $\varDelta_\rho(z(t))$ で正則関数を与え，$z_1(t)\in\varDelta_\rho(z(t))$ だからこの正則関数の $z_1(t)$ での関数芽を $\varphi_1(t)$ とおく．$\widetilde{C}_1:p=\varphi_1(t)$ $(\alpha\leqq t\leqq\beta)$ は $\mathcal{O}$ 内の曲線になることが確かめられ，$\pi(\widetilde{C}_1)=C_1,\varphi_1(\alpha)=p_\alpha,\varphi_1(\beta)=p_\beta$ で証明を終わる．

VII. 2　1価性定理

定義 VII. 2. 1　$C_0:z=z_0(t),C_1:z=z_1(t)$ $(0\leqq t\leqq1)$ を領域 D 内の2曲線とする．C_0 と C_1 が D でホモトープとは，$z_0(0)=z_1(0)(=a),z_0(1)=z_1(1)(=b)$ が成立し，連続写像 $[0,1]\times[0,1]\ni(t,u)\mapsto h(t,u)\in D$ で，$h(t,0)=z_0(t)$, $h(t,1)=z_1(t),h(0,u)=a,h(1,u)=b$ をみたすものが存在することである．（このとき，$C_0\simeq C_1\ (D)$ とかき，$h(t,$

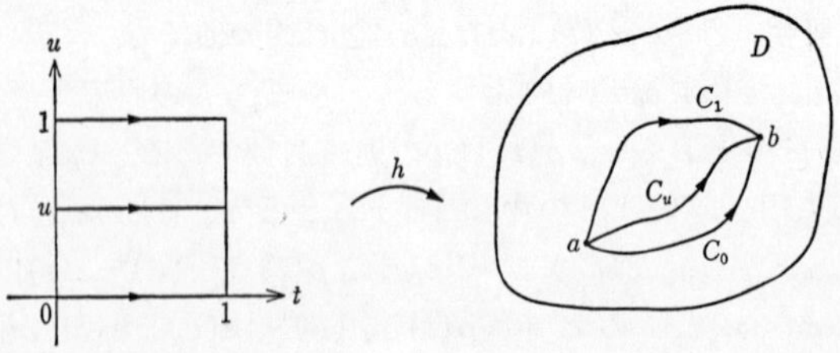

u)を C_0 と C_1 の**ホモトピーの橋**という.)

$C_0 \simeq C_1 (D)$ の意味は，D の中で C_0 を連続的に変形して C_1 にもっていけることである．u を固定して，曲線 $C_u : z = h(t, u)$ $(0 \leqq t \leqq 1)$ を考えるとわかりやすいだろう．u が 0 から 1 まで動くと，C_u は連続的に C_0 から C_1 に動いていく．

定理 VII.2.2　$C_0 \simeq C_1 (D)$ とし，始点 a に正則関数芽 p_0 があり，p_0 は D 内の a から出るすべての曲線にそって解析接続可能とする．このとき，p_0 の C_0 にそう解析接続と C_1 にそうそれとは同じになる．

証明　補題VII.1.1 を各 C_u に適用し $\varepsilon_u > 0$ をとる．正方形 $[0, 1] \times [0, 1]$ はコンパクトだから h は一様連続で（定理 I.3)，$|u' - u| < \delta_u$ ならすべての t に対し $|h(t, u') - h(t, u)| < \varepsilon_u$ をみたすように $\delta_u > 0$ がとれる．C_0 にそう p_0 の解析接続を p_1 とし，$A = \{u\ ;\ 0 \leqq u \leqq 1, p_0$ の C_u にそう解析接続が $p_1\}$ とおく．$\sup A = u_0$ とおくと，補題VII.1.1 より $u_0 \in A$ がいえ，$u_0 < 1$ とすると $u_0 < u < u_0 + \varepsilon_{u_0}$ なら $u \in A$ となり矛盾し，$u_0 = 1 \in A$ をうる．

ホモトープということについて，次のようなことが示されるが証明は省略する：曲線 C_1 の終点と C_2 の始点が等しいときに，C_1 と C_2 をつないで曲線ができるが，それを $C_1 C_2$ とかく[1]．C_1^{-1} は C_1 の向きを逆にした曲線，1 は 1 点からなる曲線（すなわち，$z(t) =$ 一定）とする．(0) $C_1 \simeq C_2 (D)$ という概念は C_1, C_2 の助変数のとりかえによらない，(i) $(C_1 C_2) C_3 \simeq C_1 (C_2 C_3)$ (D)，(ii) $C_1 \cdot 1 \simeq C_1$ (D)，

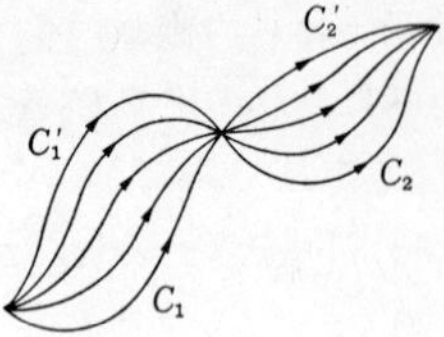

$1\cdot C_1 \simeq C_1\ (D)$, (iii) $C_1C_1^{-1} \simeq 1\ (D), C_1^{-1}C_1 \simeq 1\ (D)$, (iv) $C_1 \simeq C_1'\ (D), C_2 \simeq C_2'\ (D) \Rightarrow C_1C_2 \simeq C_1'C_2'\ (D)$, (v) $C_1 \simeq C_2, C_2 \simeq C_3\ (D) \Rightarrow C_1 \simeq C_3\ (D)$. 例えば (iv) について図をかいておく. C_1 を C_1' へ連続変形する橋 $C_u^{(1)}$ と C_2 を C_2' へ連続変形する橋 $C_u^{(2)}$ をつないだ $C_u^{(1)}C_u^{(2)}$ が, C_1C_2 を $C_1'C_2'$ へ連続変形する橋となろう. これから, (vi) $C_1 \simeq C_2\ (D) \Longleftrightarrow C_1C_2^{-1} \simeq 1\ (D)$ がいえる. ($C_1 \simeq C_2$ なら $C_1C_2^{-1} \simeq C_2C_2^{-1} \simeq 1$ となり, $C_1C_2^{-1} \simeq 1$ なら $(C_1C_2^{-1})C_2 \simeq 1\cdot C_2 \simeq C_2$ で一方 $(C_1C_2^{-1})C_2 \simeq C_1(C_2^{-1}C_2) \simeq C_1\cdot 1 \simeq C_1$ だから.)

補題 VII. 2. 3　領域 D が単連結 (定義 1. 4. 3) $\Longleftrightarrow$ 領域 D 内の任意の閉曲線 C が $C \simeq 1\ (D)$.

この証明はあとにまわす. 次の定理も 1 価性定理とよばれることがある.

定理 VII. 2. 4　D を単連結領域, $a \in D, p_a \in \mathcal{O}_a$ とし, a から出る D 内のすべての曲線にそって p_a は解析接続可能とする. このとき, D で 1 価正則関数 f が存在し, p_a の a か

1) 付録 II では C_1+C_2 とかいた. ホモトピーのときには C_1C_2 とかく. C_1^{-1} と $-C_1$ についても同様である. $(C_1C_2)C_3$ とかけば, C_1 の終点が C_2 の始点, (C_1C_2) の終点が C_3 の始点ということは仮定されている.

ら出る D 内の曲線にそう解析接続は途中の道によらず終点だけできまり，それは終点での f の関数芽である．（とくに，${}_af=p_a$ である．）

証明　a から出て b に終わる D 内の 2 曲線を C_1, C_2 とすると，単連結だから $C_1C_2^{-1}\simeq 1\ (D)$ で $C_1\simeq C_2\ (D)$ となり，定理VII.2.2 より p_a の C_1 にそう接続と C_2 にそう接続とは等しい．それを p_b とかくと，p_b はその収束円で正則関数を定義し b におけるその正則関数の値がきまる．その値を $f(b)$ とせよ．f は D で定義された関数となりこれが定理の結論をみたすことは容易にわかる．

VII.3　コーシーの積分定理

定理 VII.3.1　$f(z)$ は領域 D で正則関数とし，C_1, C_2 は D 内の正則曲線で $C_1\simeq C_2\ (D)$ とする．このとき，$\int_{C_1} f(z)\cdot dz=\int_{C_2} f(z)dz$ である．（とくに，C が D 内の正則閉曲線で $C\simeq 1\ (D)$ なら $\int_C f(z)dz=0$ である．）

証明　C_1, C_2 の始点を a とし，a の近傍で $F'(z)=f(z)$, $F(a)=0$ という $F(z)$ をとり，F の解析接続を考える．D 内の曲線 $C: z=z(t)$ $(0\leqq t\leqq 1), z(0)=a$ に対し，$z(t)$ を中心とする円 $\Delta(z(t))\subset D$ をとり，$z\in\Delta(z(t))$ として $\varphi_t(z)=\int_a^{z(t)} f(\zeta)d\zeta+\int_{z(t)}^{z} f(\zeta)d\zeta$ とおく．ただし，最初の積分の道は曲線 C の上を a から $z(t)$ まで，第 2 の積分の道は $\Delta(z(t))$ の中にとる．$\varphi_t(z)$ は $\Delta(z(t))$ で正則で，$\varphi_t'(z)=f(z)$ である．$\varphi_t\in\mathcal{O}_{z(t)}$ は $\mathcal{O}$ 内の曲線で，φ_1 が F

$=\varphi_0$ の C にそう解析接続になる．定理 VII. 2.2 が適用でき，結論をうる．

定理 VII. 3.1 はコーシーの積分定理とよばれるが，この証明はあまりよくない．C_1 と C_2 のホモトピーの橋 C_u をとり，C_u をちょっと変形して $C_{u+\varepsilon}$ にしたときに $f(z)$ の積分の値がかわらないことを示すのが普通のやり方である．ただ，途中の道 C_u は正則曲線とは限らないのでその上の積分とは何か問題があり，そのへんの議論を逃げたのである．悪い証明のしついでに，補題 VII. 2.3 のひどい証明をつけておく．（それは純粋に位相幾何的問題なのに，関数論の大定理を使ってやる．）

補題 VII. 2.3 の証明　⇒ の証明．D が単連結なら，リーマンの写像定理（5.7.1）より，$D=\mathbf{C}$ かまたは単位円と D は位相同形である．$\varphi: D\to D'$ が位相同形（1 対 1 上への写像で φ も φ^{-1} も連続）なら $C_1\simeq C_2\ (D) \Longleftrightarrow \varphi(C_1)\simeq\varphi(C_2)\ (D')$ は明らかだから，$D=\mathbf{C}$ または $D=\{|z|<1\}$ としてよい．D 内の閉曲線 $C: z=z(t)$ $(0\leqq t\leqq 1)$ に対し，$h(t,u)=(1-u)(z(t)-z(0))$ $(0\leqq t\leqq 1, 0\leqq u\leqq 1)$ とおくと，$h(t,u)\in D$ となりこれで $C\simeq 1\ (D)$ がわかる．

⇐ の証明．D 内の任意の閉曲線 C は $C\simeq 1\ (D)$ で，D は定義 1.4.3 の意味で単連結でないとしよう．閉多角形の周 $C\subset D$ で，C の内部に $a\notin D$ という点をもつものがある．$\int_C 1/(z-a)\cdot dz=2\pi i$ だが，$C\simeq 1\ (D)$ と定理 VII. 3.1 によれば $\int_C 1/(z-a)\cdot dz=0$ でなければならず矛盾である．

あとがき

この本を書くにあたり多くの書物を参考にしたが，とくに下記の書物にはいろいろお世話になった．お礼を申し上げる．

〔1〕 田村二郎：解析函数（裳華房）
〔2〕 アールフォルス（笠原乾吉訳）：複素解析（現代数学社）
〔3〕 Saks-Zygmund: Analytic Functions (Warszawa-Wrocław)
〔4〕 Hurwitz-Courant: Funktionentheorie (Springer)
〔5〕 ヘルマンダー（笠原乾吉訳）：多変数複素解析学入門（東京図書）
〔6〕 Kobayashi: Hyperbolic Manifolds and Holomorphic Mappings (Dekker)
〔7〕 笠原晧司：対話・微分積分学（現代数学社）
〔8〕 今井　功：流体数学のすすめ（雑誌『数理科学』1968年4月より連載）

第5章7,8節，第6章は〔2〕に負うところが多く，第7章は〔6〕に，付録Ⅲは〔7〕に，付録Ⅵは〔8〕に負うところが多い．そのほか，細かくあげると長くなるので省略させていただく．お許しを願いたい．

〔1〕～〔4〕は複素関数論の書物として，それぞれに持ち味の異なる名著である．このほかに日本語にかぎっても，吉田洋一：函数論（岩波全書），能代清：初等函数論（培風館）など良書が数多くある．高木貞治：解析概論（岩波）にも簡にして要をえたすぐれた記述がある．適当に参考にしてほしい．

この本のあとに続く複素解析学の書物をいくつかあげよう．

〔9〕 岩澤健吉：代数函数論（岩波書店）
〔10〕 楠　幸男：函数論（朝倉書店）
〔11〕 ワイル（田村二郎訳）：リーマン面（岩波書店）
〔12〕 一松　信：多変数解析函数論（培風館）
〔13〕 小平邦彦：複素多様体と複素構造の変形 I，II（東京大学数学教室セミナリー・ノート No. 19, 31）
〔14〕 久賀道郎：ガロアの夢（日本評論社）
〔15〕 長野　正：曲面の数学（培風館）

まず1つは，本書の第4章や付録 VII のあとに続いて，リーマン面を学ぶことである．〔9〕,〔10〕,〔11〕を推薦しておくが，とくに〔11〕をすすめたい．もう1つは多変数関数論への道である．111頁問2で示したように複素平面 $\boldsymbol{C}$ の任意の領域は，ある正則関数の存在域になる（このことを正則領域であるという）．〔10〕では，コンパクトでない任意のリーマン面は正則領域であることが示されている．しかし，2次元以上のときは，正則領域でない領域が存在する．これが104頁問2で述べた正則凸性と関係し，このあたりから多変数関数論は1変数関数論とは異なった様相を呈す．この方面には〔5〕,〔12〕を推薦する．元気のよい青年の中には，1次元複素多様体（＝リーマン面）ではなく，一般の高次元複素多様体に進みたい方がいるかもしれない．いくつか本はあるがとりあえず〔13〕をあげておく．いずれの方向をとる人にも，栄養剤として〔14〕,〔15〕を読むことをすすめたい（余力があれば本書と平行して読んでほしい）．

（1978年8月11日　記）

文庫化に際して

新しく文庫本になり，新しい読者の方にお会いできると喜んでいます．改良すべき点も多々あると思いますが，改悪になるおそれもあり，ミスをなおすだけにしました．中田貴洋さん，長岡一昭さんに指摘された証明のまちがいを修正でき，ほっとしています．

文庫化にあたり，渡部美奈子さんのゲラチェックには感心しています．筑摩書房の海老原勇さんには隅々までお世話になりました．一番お礼申しあげたい文庫本に推薦して下さった方をはじめ，皆様に御礼申しあげます．

（2016年6月30日　記）

解　答

第1章

問1 (p. 21)　$w=u+iv$, $z=x+iy$ とおく.

$$\frac{\partial w}{\partial z}\frac{dz}{dt}+\frac{\partial w}{\partial \bar{z}}\frac{d\bar{z}}{dt} = \frac{1}{2}\left(\frac{\partial w}{\partial x}-i\frac{\partial w}{\partial y}\right)\left(\frac{dx}{dt}+i\frac{dy}{dt}\right) + \frac{1}{2}\left(\frac{\partial w}{\partial x}+i\frac{\partial w}{\partial y}\right)\left(\frac{dx}{dt}-i\frac{dy}{dt}\right)$$

$$= \frac{\partial w}{\partial x}\frac{dx}{dt}+\frac{\partial w}{\partial y}\frac{dy}{dt}$$

$$= \left(\frac{\partial u}{\partial x}+i\frac{\partial v}{\partial x}\right)\frac{dx}{dt}+\left(\frac{\partial u}{\partial y}+i\frac{\partial v}{\partial y}\right)\frac{dy}{dt}$$

$$= \left(\frac{\partial u}{\partial x}\frac{dx}{dt}+\frac{\partial u}{\partial y}\frac{dy}{dt}\right)+i\left(\frac{\partial v}{\partial x}\frac{dx}{dt}+\frac{\partial v}{\partial y}\frac{dy}{dt}\right)$$

$$= \frac{du}{dt}+i\frac{dv}{dt} = \frac{dw}{dt}.$$

問2* (p. 21)　$\zeta=\xi+i\eta$ とおく. 前問より, $\partial w/\partial\xi=(\partial w/\partial z)\cdot(\partial z/\partial\xi)+(\partial w/\partial\bar{z})(\partial\bar{z}/\partial\xi)$ が成立する.

$$\frac{\partial w}{\partial \zeta} = \frac{1}{2}\left(\frac{\partial w}{\partial \xi}-i\frac{\partial w}{\partial \eta}\right)$$

$$= \frac{1}{2}\left\{\frac{\partial w}{\partial z}\frac{\partial z}{\partial \xi}+\frac{\partial w}{\partial \bar{z}}\frac{\partial \bar{z}}{\partial \xi}-i\left(\frac{\partial w}{\partial z}\frac{\partial z}{\partial \eta}+\frac{\partial w}{\partial \bar{z}}\frac{\partial \bar{z}}{\partial \eta}\right)\right\}$$

$$= \frac{1}{2}\frac{\partial w}{\partial z}\left(\frac{\partial z}{\partial \xi}-i\frac{\partial z}{\partial \eta}\right)+\frac{1}{2}\frac{\partial w}{\partial \bar{z}}\left(\frac{\partial \bar{z}}{\partial \xi}-i\frac{\partial \bar{z}}{\partial \eta}\right)$$

$$= \frac{\partial w}{\partial z}\frac{\partial z}{\partial \zeta}+\frac{\partial w}{\partial \bar{z}}\frac{\partial \bar{z}}{\partial \zeta}.$$

問3* (p. 21)　$z=x+iy$, $z_0=x_0+iy_0$, $f(z)=u+iv$ と お き,

$\partial u/\partial x = u_x$ などとかく．定義にもとづいて強引に計算すると，

$$\partial f/\partial z = (1/2)\{(u_x+v_y)+i(v_x-u_y)\},$$
$$\partial f/\partial \bar{z} = (1/2)\{(u_x-v_y)+i(v_x+u_y)\},$$
$$\partial^2 f/\partial z^2 = (1/4)\{(u_{xx}+2v_{xy}-u_{yy})+i(v_{xx}-2u_{xy}-v_{yy})\},$$
$$\partial^2 f/\partial z\partial \bar{z} = (1/4)\{(u_{xx}+u_{yy})+i(v_{xx}+v_{yy})\},$$
$$\partial^2 f/\partial \bar{z}^2 = (1/4)\{(u_{xx}-2v_{xy}-u_{yy})+i(v_{xx}+2u_{xy}-v_{yy})\}$$

となる．これを問題の式に代入して実部を計算すると，

$$\begin{aligned} u(x,y) &= u(x_0,y_0)+u_x(x-x_0)+u_y(y-y_0) \\ &\quad +(1/2)\{u_{xx}(x-x_0)^2+2u_{xy}(x-x_0)(y-y_0) \\ &\qquad +u_{yy}(y-y_0)^2\}+o((x-x_0)^2+(y-y_0)^2) \end{aligned}$$

となり，これは u が C^2 級だから正しい式である．虚部についても同様．

問 1 (p. 22)　⇒の証明．$f(z)=f(z_0)+\delta_f(z_0)(z-z_0)+\{(\delta_f(z)-\delta_f(z_0))(z-z_0)\}$ となり，$\delta_f(z)$ は z_0 で連続だから，{ }の中は $o(|z-z_0|)$ である．⇐の証明．$z\neq z_0$ のとき $\delta_f(z)=(f(z)-f(z_0))/(z-z_0)$, $\delta_f(z_0)=\alpha$ とおくと，$\delta_f(z)$ は z_0 で連続になる．

問 3 (p. 25)　$f(z)=u+iv$ とおくと仮定より $v=0$ である．$v_x=v_y=0$ となり，コーシー・リーマン方程式から $u_x=u_y=0$ で，u は定数となる．

問 4 (p. 26)　(i) $|e^z|=e^x>0$．(ii) $e^{z_1}e^{z_2}=e^{x_1}(\cos y_1+i\sin y_1)\cdot e^{x_2}(\cos y_2+i\sin y_2)=e^{x_1+x_2}(\cos(y_1+y_2)+i\sin(y_1+y_2))=e^{z_1+z_2}$．(iii) 定義より $e^0=1$，(ii) から $e^{-z}=1/e^z$ がわかる．これから，$e^z=1 \Longleftrightarrow z=2n\pi i$ をいえばよい．これは定義から明らか．

問 (p. 29)　$r=1/2$ として，$C_1:|z+1|=r, C_2:|z-1|=r$（円周の向きは時計の反対まわり）とおく．$f(z)=2z/(z^2-1)$ に対しコーシーの積分定理より，$\int_C=\int_{C_1}+\int_{C_2}$ である．$f(z)=(1/(z-1))+(1/(z+1))$ として，また，積分定理を使うと $\int_C f(z)dz=\int_{C_1}\{1/(z+1)\}dz+\int_{C_2}\{1/(z-1)\}dz$ となる．定数関数 1 に対しコーシーの積分公式を用いることにより，$\int_C f(z)dz=2\pi i+$

$2\pi i=4\pi i$ をうる.

問 (p. 32) $|z|=1$ を助変数表示すると, $z=e^{it}$ $(0\leqq t\leqq 2\pi)$ である. $\int_{|z|=1}(1/z)dz=\int_0^{2\pi}e^{-it}\cdot ie^{it}dt=2\pi i$. (別解. 前問のように, 定数関数1にコーシーの積分公式を用いる.)

問1 (p. 35) 整級数は項別微分可能 (定理 1.5.2) だから, n 回項別微分して $z=a$ を代入せよ. $f^{(n)}(a)=n!\,c_n$ をうる.

問2 (p. 35) e^z は全平面で正則だから, 全平面で $f(z)=\sum_{n=0}^{\infty}(f^{(n)}(0)/n!)z^n$ と整級数展開できる. $(e^z)'=e^z$ より $f^{(n)}(0)=1$ である.

問* (p. 39) $w=f(z)$ を K 擬等角写像とし, $z=g(w)$ を逆写像とする. $z=g(f(z))$ の両辺に $\partial/\partial z, \partial/\partial\bar{z}$ を作用させ, $1=g_w f_z+g_{\bar{w}}\overline{f}_z, 0=g_w f_{\bar{z}}+g_{\bar{w}}\overline{f}_{\bar{z}}$ をうる. (補題 1.1.1, 21 頁問2参照). これをとくと, $J=|f_z|^2-|f_{\bar{z}}|^2$ とおいて, $g_w=\overline{f}_{\bar{z}}/J, g_{\bar{w}}=-f_{\bar{z}}/J$ をうる. $w_0=f(z_0)$ として, w_0 での $g(w)$ の変形率は, $(|g_w|+|g_{\bar{w}}|)/(|g_w|-|g_{\bar{w}}|)=(|f_z|+|f_{\bar{z}}|)/(|f_z|-|f_{\bar{z}}|)$ で, z_0 での $f(z)$ の変形率に等しい.

問 (p. 40) $u_x=3x^2-3y^2+4x, u_y=-6xy-4y$ である. $\Delta u=0$ はすぐ確かめられる. $f_1(z)=u_x-iu_y=3z^2+4z$ となる (ただし, $z=x+iy$). $f_1(z)$ の原始関数は z^3+2z^2 で, その虚部 $3x^2y-y^3+4xy$ が答.

第2章

問1 (p. 42) $f'(z)$ が0である開集合の中に円 U をとると, U で $f^{(n)}(z)$ はみな0となり, 整級数展開を考えると $f(z)$ は U で定数となる. 一致の定理から $f(z)$ は D 全体で定数になる.

問2 (p. 42) ヒントと同じ記号を用い, z_0 中心の円 U で正則関数 $u+iv$ を考える. $z_k\in U$ の近傍では $u\equiv 0$ だから, コーシー・リーマンの方程式から v は定数となる. z_k の近傍で $u+iv$ は純虚定数となり, 一致の定理から U でもそうなる. ゆえに,

$z_0 \in O_1$ で，O_1 は閉集合になる．一方，O_1 は定義と仮定から空でない開集合で，D は連結だから $D=O_1$ をうる．

問 5（p. 44）　整級数は絶対収束だから次のような計算が許される．

$$\begin{aligned} e^{iz} &= \sum_{n=0}^{\infty} \frac{(iz)^n}{n!} \\ &= \sum_{n=0}^{\infty} \frac{(iz)^{2n}}{(2n)!} + \sum_{n=0}^{\infty} \frac{(iz)^{2n+1}}{(2n+1)!} \\ &= \cos z + i \sin z. \end{aligned}$$

問 6（p. 44）　$\sin z=0 \Longleftrightarrow e^{iz}=e^{-iz} \Longleftrightarrow e^{2iz}=1 \Longleftrightarrow z=n\pi$（$n=0, \pm 1, \pm 2, \cdots$）．（前問（問 5）が示されたあとでは，26 頁問 4 を用いてよい．）

問 7（p. 44）　正しくない．例．$\sin 2i=(e^{-2}-e^{2})/2i=i(e^{2}-e^{-2})/2=(3.62\cdots)i$.

問 8*（p. 44）　$\log(1+x)$ の展開式の両辺に $x=(t-a)/a$ を代入せよ．正の実軸上では $\log x$ が与えられていることと，$\{z; \mathrm{Re}\, z>0\}=\bigcup_{k=1}^{\infty}\{z; |z-k|<k\}$ と一致の定理から，各 $\{z; |z-k|<k\}$ に $\log z=\log k+\sum_{n=1}^{\infty}\frac{(-1)^{n-1}(z-k)^n}{nk^n}$ を与えると，これは右半平面で 1 つの正則関数になる．$z_2=x_2>0$ に固定すると，z_1 の関数として $\log z_1z_2$, $\log z_1+\log z_2$ は右半平面で正則で z_1 が正の実数のとき一致するから，右半平面全体で一致する．$z_1=x_1+iy_1$ を右半平面に任意に固定すると，$\log z_1z_2$ と $\log z_1+\log z_2$ は z_2 の関数として $\{z_2; \mathrm{Re}\, z_2>0, \mathrm{Re}\, z_1z_2>0\}=\Delta$ で正則である．Δ は領域で正の実軸を含み，正の実軸上では両者は一致するから，Δ 全体で両者は一致する．

問（p. 47）　境界 ∂D 上で $f(z)=0$ と定義すると，仮定より $f(z)$ は $\overline{D}$ で連続となる．最大値の原理で $|f(z)|$ は最大値を ∂D 上でとるがそれが 0 だから，D で $f(z)\equiv 0$.

問 3 (p. 49) $|z| \leqq r < 1$ とすると，$|z^n/(1-z^n)^2| \leqq r^n/(1-r)^2$ となり，正規収束がいえる．等比級数を項別微分して，$1/(1-z)^2 = \sum_{k=1}^{\infty} kz^{k-1}$ となり，これから，$\sum_{n=1}^{\infty} z^n/(1-z^n)^2 = \sum_{n=1}^{\infty}\sum_{k=1}^{\infty} kz^{kn}$ をうる．これを $\sum_{N=1}^{\infty} b_N z^N$ とくくりなおすと b_N が N の約数の和になることはみやすい．($N=12$ とでもして，ていねいにみてみよ．)

問 1 (p. 52) 定理 2.4.1 による．

問 2 (p. 52) 定理 2.4.2 により $D'=f(D)$ は開集合である．D' の 2 点 w_0, w_1 は，$f(z_0)=w_0, f(z_1)=w_1$ に z_0, z_1 をとり D 内の曲線 C で結び $f(C)$ を考えれば，D' 内の曲線で結べて D' は連結になる．f^{-1} の正則性は前問と補題 1.2.5 による．

第 3 章

問 1 (p. 55) 円周 $|\zeta-a|=r$ の助変数表示は $\zeta=a+re^{it}$ ($0 \leqq t \leqq 2\pi$) である．$d\zeta=ire^{it}dt$ で，$\int_{|\zeta-a|=r}(\zeta-a)^n d\zeta = \int_0^{2\pi} r^n e^{int}\cdot ire^{it}\cdot dt = ir^{n+1}\int_0^{2\pi} e^{i(n+1)t}dt$ となる．$n=-1$ なら，これは $2\pi i$ に等しく，$n \neq -1$ なら 0 である．(注意．$n \geqq 0$ ならコーシーの積分定理から 0 はすぐにわかる．$n=-1$ のときは，コーシーの積分公式から $2\pi i$ がすぐにいえる．ここで新しくやったのは $n \leqq -2$ のときだけといってよい)．

問 2 (p. 55) $f(z)=\sum_{n=-\infty}^{+\infty} d_n(z-a)^n$ が $0<|z-a|<r$ でコンパクト一様，絶対収束とせよ．$0<\rho<r$ にとると，$|z-a|=\rho$ では一様収束だから項別積分してよく，前問の結果を使うと，

$$\int_{|z-a|=\rho}\frac{f(z)}{(z-a)^{k+1}}dz = \sum_{n=-\infty}^{+\infty} d_n \int_{|z-a|=\rho}(z-a)^{n-k-1}dz$$
$$= 2\pi i d_k$$

となる．ゆえに，係数は一意的に定まる．

問 (p. 58) (i) $z=0$ が 2 位の極．$z=1, -1$ が 1 位の極．$z=-1/2$ が 1 位の零点．

（ii）$e^{1/z}=\sum_{n=0}^{\infty}1/(n!z^n)$ より，$z=0$ は真性特異点．ほかに孤立特異点なし．零点もない．

（iii）e^z-1 の零点は $z=2n\pi i$ で，そこで $(e^z-1)'\neq 0$ より 1 位の零点である．ゆえに，$z=2n\pi i$ $(n=\pm 1, \pm 2, \cdots)$ は $z/(e^z-1)$ の 1 位の極になり，$z=0$ は除去可能孤立特異点となる．

（iv）原点は除去可能，$z=n\pi$ $(n=\pm 1, \pm 2, \cdots)$ は 1 位の極．

問（p. 63）（イ）$\int_{\pi}^{2\pi}\frac{d\theta}{a+\cos\theta}=\int_0^{\pi}\frac{d\theta}{a+\cos\theta}$ である．$\frac{1}{2}\int_0^{2\pi}\frac{d\theta}{a+\cos\theta}=\frac{1}{2i}\int_{|z|=1}\frac{2}{z^2+2az+1}dz=\pi\,\mathrm{Res}\left(\frac{2}{(z-\alpha)(z-\beta)},\alpha\right)=\frac{2\pi}{\alpha-\beta}=\frac{\pi}{\sqrt{a^2-1}}$.

（ただし，$\alpha=-a+\sqrt{a^2-1}, \beta=-a-\sqrt{a^2-1}$.）

（ロ）$\int_0^{\pi/2}\frac{dx}{a+\sin^2 x}=\frac{1}{4}\int_0^{2\pi}\frac{dx}{a+\sin^2 x}$

$=\frac{-1}{i}\int_{|z|=1}\frac{z}{z^4-(4a+2)z^2+1}dz=-2\pi\{\mathrm{Res}(f,\alpha)+\mathrm{Res}(f,-\alpha)\}=\frac{-2\pi}{\alpha^2-\beta^2}=\frac{\pi}{2\sqrt{a^2+a}}$.

（ただし，$\alpha=\sqrt{2a+1-2\sqrt{a^2+a}}, \beta=\sqrt{2a+1+2\sqrt{a^2+a}}$）.

（ハ）$\int_0^{\infty}\frac{dx}{1+x^2}=\frac{1}{2}\int_{-\infty}^{\infty}\frac{dx}{(x+i)(x-i)}$

$=\frac{2\pi i}{2}\mathrm{Res}\left(\frac{1}{(z+i)(z-i)},i\right)=\pi i\cdot\frac{1}{2i}=\frac{\pi}{2}$.

（ニ）$\mathrm{Res}\left(\frac{z^2}{(z^2+a^2)^3},ai\right)$

$=\frac{1}{2!}\lim_{z\to ai}\left((z-ai)^3\cdot\frac{z^2}{(z^2+a^2)^3}\right)''=\frac{-i}{16a^3}$,

$\int_0^{\infty}\frac{x^2}{(x^2+a^2)^3}dx$

$=\frac{1}{2}\int_{-\infty}^{\infty}\frac{x^2}{(x^2+a^2)^3}dx=\frac{2\pi i}{2}\mathrm{Res}\left(\frac{z^2}{(z^2+a^2)^3},ai\right)$

$=\pi i\cdot\frac{-i}{16a^3}=\frac{\pi}{16a^3}$.

(ホ) $\displaystyle\int_0^\infty \frac{\cos x}{x^2+a^2}dx=\frac{1}{2}\mathrm{Re}\int_{-\infty}^\infty \frac{e^{ix}}{x^2+a^2}dx$

$\displaystyle=\frac{1}{2}\mathrm{Re}\left\{2\pi i\,\mathrm{Res}\left(\frac{e^{iz}}{z^2+a^2},ai\right)\right\}=\frac{1}{2}\mathrm{Re}\,2\pi i\cdot\frac{e^{-a}}{2ai}=\frac{\pi}{2a}e^{-a}.$

(ヘ) $\displaystyle\int_0^\infty \frac{x\sin x}{x^2+a^2}dx=\frac{1}{2}\mathrm{Im}\int_{-\infty}^\infty \frac{xe^{ix}}{x^2+a^2}dx=\frac{\pi}{2}e^{-a}.$

問 1 (p. 65) gf'/f の孤立特異点は f の零点と極に含まれる. $f(z)=(z-a)^k\varphi(z)$, $\varphi(z)$ は a で正則, $\varphi(a)\neq 0$ とすると, $z=a$ を中心にテイラー展開して $g(z)=g(a)+(z-a)\psi(z)$, $\psi(z)$ は a で正則とかけるから, a の近傍で $g(z)f'(z)/f(z)=kg(a)/(z-a)+$(正則関数) が成立する. ゆえに, gf'/f は $g(a)=0$ なら a で正則となり, $g(a)\neq 0$ なら $\mathrm{Res}(gf'/f,a)=kg(a)$ となる. あとは留数定理.

問 2* (p. 68) C 上 f は 1 対 1 正則だから Γ がジョルダン閉曲線になることは明らか. C の向きは D が進行方向左にくるようにとるが, それで $f(C)=\Gamma$ の向きはきまる. $\alpha\notin\Gamma$ とし, 重複度もこめた α 点 $\{z\in D; f(z)=\alpha\}$ の個数 N_α は, $f(z)$ が正則で極がないことを考えれば, $2\pi iN_\alpha=\int_C\{f'(z)/(f(z)-\alpha)\}dz=\int_\Gamma dw/(w-\alpha)$ である. $\alpha\notin\Delta$ ならコーシーの積分定理から $N_\alpha=0$ をうる. $\alpha\in\Delta$ なら, Γ の向きにより, 留数定理から $N_\alpha=\pm 1$ をうるが, $N_\alpha\geqq 0$ より $N_\alpha=1$ をうる. これで, $\alpha\in\Delta$ なら D 内に α 点はただ 1 つ, $\alpha\notin\overline{\Delta}$ なら α 点は D 内になしがいえた.

問 1 (p. 70) $|z|=1$ のとき, $|z^2+2z-6|\leqq|z|^2+2|z|+6=9<10=|10z^3|$ である. $10z^3$ は 3 位の零点を原点にもち, 結局 $\{|z|<1\}$ 内の零点の個数は 3 個である.

問 2* (p. 70) 方程式を $ze^\lambda-e^z=0$ とかきなおす. $\lambda>1$ より, $|z|=1$ のとき, $|-e^z|=e^{\mathrm{Re}\,z}\leqq e<e^\lambda=|ze^\lambda|$ となる. ze^λ の $\{|z|<1\}$ 内の零点は原点に 1 個だけだから, ルーシェの定理から $ze^{\lambda-z}=1$ は $\{|z|<1\}$ 内に 1 個だけ根をもつ. $\varphi(x)=xe^{\lambda-x}$ とおくと, $\varphi(0)=0$, $\varphi(1)=e^{\lambda-1}>1$ より, 中間値の定理によって, 方程式

$\varphi(x)=1$ は開区間 $(0,1)$ 内に少なくとも 1 個根をもつ.

第 4 章

問*（p. 74） z 平面の円周 $|z-a|=r$ は，両辺を 2 乗し $a=\alpha+i\beta$ とおいて計算すると，$|z|^2-2\alpha\,\mathrm{Re}\,z-2\beta\,\mathrm{Im}\,z-\gamma=0$ とかける（ただし，$\gamma=r^2-\alpha^2-\beta^2$）．逆に，実数 α,β,γ によりこのような式で表されるのは円周である（ただし，$\gamma+\alpha^2+\beta^2>0$ と仮定）．まず，z 平面に円周があるとしよう．その式に $z=(x+yi)/(1-h)$ を代入し，$x^2+y^2+(h-1/2)^2=1/4$，つまり $x^2+y^2=h(1-h)$ に注意すると，$h-2\alpha x-2\beta y-\gamma(1-h)=0$ をうる．これは (x,y,h) 空間の平面の方程式で，z 平面上の円周の立体射影による球面 $\boldsymbol{S}$ への像は，$\boldsymbol{S}$ と平面との交わりとして円周になる．逆に球面 $\boldsymbol{S}$ 上に円周があると，それは $\boldsymbol{S}$ と平面 $\alpha x+\beta y+\gamma h=\delta$（係数は実数）との交わりで，それを立体射影で z 平面に写すと，$\alpha\,\mathrm{Re}\,z+\beta\,\mathrm{Im}\,z+\gamma|z|^2=\delta(1+|z|^2)$ となり，$(\gamma-\delta)|z|^2+\alpha\,\mathrm{Re}\,z+\beta\,\mathrm{Im}\,z-\delta=0$ とかけ，これは $\gamma=\delta$（このとき，$\boldsymbol{S}$ 上のはじめの円周が $(0,0,1)=\mathrm{N}$ を通る）のときは直線，$\gamma\neq\delta$ なら円周になる．

問 3（p. 75） D から f と g の極を引いた残り D' はまた連結である．（D' 内の 2 点を D 内で結び少し修正することにより D' 内の曲線で結べる．）a が f の正則な点なら g の正則点になり，正則関数の一致の定理を用いて D' で $f=g$，ゆえに D で $f=g$ をうる．a が f の極なら g の極にもなり，このときは $1/f, 1/g$ を考えると a はその零点となり，前半より $1/f=1/g$ をうる．

問 4（p. 75） $\mathrm{ord}(f,a)=k$ とは a の近傍で $f(z)=(z-a)^k\cdot\varphi(z)$, φ は a で正則，$\varphi(a)\neq0$ とかけることである．$g(z)$ もこのようにかき，$f+g, fg$ を計算してみよ．

問 1（p. 76） $\{\mathrm{Re}\,w=\alpha\}$ は円周 $|z|=e^\alpha$ に，$\{\mathrm{Im}\,w=\beta\}$ は半直線 $\{\arg z=\beta\}$ に写る．

問 2*（p. 77） $w=f(z)=(z-b)/(z-a)$ は $\boldsymbol{P}=\boldsymbol{C}\cup\{\infty\}$ を $\boldsymbol{P}$

の上へ1対1に写す．$C'=f(C)$は∞と0を結ぶ単純曲線となる．$D=\boldsymbol{P}-C'$は単連結である．なぜなら，閉多角形$\varDelta$をとりその周$\partial\varDelta\subset D$とせよ．もし$\varDelta\not\subset D$なら$\varDelta$の中に$C'$の点があるわけで，$C'$は∞にいたるから$C'$が$\varDelta$の中と外に分断されてしまい$C'$が連結に反する．これで前定理から，$\log w$は$D$で1価に定まる．（単純曲線だから$\boldsymbol{C}-C$は連結になる．これは認めてほしい．$f(\infty)=1$を処理するために$\boldsymbol{P}$で考えた．）

問3（p. 77）　$1^i=e^{-2n\pi}$, $i^i=e^{-(\pi/2+2n\pi)}$, $i^{\sqrt{2}}=\exp(\sqrt{2}(\pi/2+2n\pi)i)$，ただし，$n$は任意の整数．（$i^i$は実数である！）

問4*（p. 79）　$y=\mathrm{Arccos}\,x$とは$x=\cos y, 0\leqq y\leqq\pi$ということ．$-i\,\mathrm{Log}(x+i\sqrt{1-x^2})=-i\log(\cos y+i\sin y)=-i(iy)=y=\mathrm{Arccos}\,x$．$\mathrm{Arcsin}\,x$については略．

問5*（p. 79）　$y=\mathrm{Arctan}\,x$とは$x=\tan y, -\pi/2<y<\pi/2$ということ．このとき，$|(1+ix)/(1-ix)|=1, \arg\{(1+ix)/(1-ix)\}=2y$である．（計算するか，または複素平面に点$1+ix, 1-ix$をかき図から考えよ．）

問6*（p. 79）　(i)　$\cosh z=\left\{\sum_{n=0}^{\infty}z^n/n!+\sum_{n=0}^{\infty}(-z)^n/n!\right\}\Big/2=\sum_{n=0}^{\infty}z^{2n}/(2n)!$.

$$\cos iz=\sum_{n=0}^{\infty}(-1)^n(iz)^{2n}/(2n)!=\sum_{n=0}^{\infty}z^{2n}/(2n!).$$

$\therefore\ \cosh z=\cos iz$．以下略．

問7*（p. 79）　$e^{-t}t^{z-1}=e^{-t}e^{(z-1)\mathrm{Log}\,t}$である．積分の下限0は特異積分だから，$\int_0^{+\infty}=\int_0^1+\int_1^{+\infty}$とわけ，$\lim_{r\to+0}\int_r^1$と$\lim_{R\to+\infty}\int_1^R$がコンパクト一様収束をいう．右半平面の任意のコンパクト集合は$\{m\leqq\mathrm{Re}\,z\leqq M\}$の形の集合に含まれるから，ここで一様収束をいう$(0<m<M)$．$e^t>t^n/n!$に注意し，$t\leqq1, m\leqq\mathrm{Re}\,z$のとき$m-1\leqq n<m$とすると，$|e^{-t}t^{z-1}|\leqq t^{m-1}/e^t<n!\,t^{m-1}/t^n=n!/t^{n-m+1}$，$0\leqq n-m+1<1$となる．ゆえに任意の$\varepsilon>0$に対し$1>r_0>0$を

とり，$r_0>r'>r>0$ ならつねに $\left|\int_r^{r'} e^{-t}t^{z-1}dt\right|<\varepsilon$ となるようにできる．$t\geqq 1, M\geqq \mathrm{Re}\,z$ のときは $n>M$ に自然数 n をとると，$|e^{-t}t^{z-1}|\leqq t^{M-1}/e^t<n!/t^{n-M+1}, n-M+1>1$ となり，$\varepsilon>0$ に対し $R_0>1$ をとり，$R_0<R<R'$ ならつねに $\left|\int_R^{R'} e^{-t}t^{z-1}dt\right|<\varepsilon$ を成立するようにできる．これで一様収束のコーシーの判定法が使え，$\Gamma(z)$ の右半平面での正則性がいえる．

（i）$\Gamma(z+1)$ も $z\Gamma(z)$ も $\{\mathrm{Re}\,z>0\}$ で正則である．z が実数 x のとき，$\Gamma(x+1)$ の定義式を部分積分してすぐに $\Gamma(x+1)=x\Gamma(x)$ をうる．あとは一致の定理を使えばよい．

（ii）$\Gamma(1)=1$ はすぐに計算できる．ゆえに，$\Gamma(z+1)/z$ は $\mathrm{Re}\,z>-1$ で有理形で，極は $z=0$ だけでそこは 1 位の極であることがわかる．(実は，さらに留数が 1 もいえた)．

（iii）(i) と $\Gamma(1)=1$ から明らか．

問 2* (p. 91)　$f:X\to \boldsymbol{P}=\boldsymbol{C}\cup\{\infty\}$ が正則写像とせよ．f は $X-f^{-1}(\infty)$ では $\boldsymbol{C}$ への写像，つまり関数である．$p_0\in X-f^{-1}(\infty)$ に対し，p_0 を含む地図 $U\xrightarrow{\varphi}\Delta$ をとる．$f(p_0)$ を含む地図は $\boldsymbol{C}\xrightarrow{\mathrm{id.}}\boldsymbol{C}$ (id. は恒等写像) である．f が正則写像ということは $\mathrm{id.}\circ f\circ\varphi^{-1}$ が正則関数ということで，これは $f\circ\varphi^{-1}$ が正則関数ということ，これは f を関数とみたとき正則関数になるということである．$f(p_0)=\infty$ のとき，それを含む地図は $(\boldsymbol{C}-\{0\})\cup\{\infty\}\xrightarrow{\psi}\boldsymbol{C}, \psi(z)=1/z, \psi(\infty)=0$ である．f は正則写像だから，$\psi\circ f\circ\varphi^{-1}$ は正則関数で $\varphi(p_0)$ は零点ということになり，$f\circ\varphi^{-1}$ は有理形関数で，$\varphi(p_0)$ は $f\circ\varphi^{-1}$ の極ということがわかる．結局，f は $X-f^{-1}(\infty)$ の各点で正則，$f^{-1}(\infty)$ の各点は極となり，f は X 上の有理形関数になる．逆の，X 上の有理形関数 f が $X\to\boldsymbol{P}$ の正則写像になることを示すのは略．

第 5 章

問 1 (p. 94)　$|a_0z^n+a_1z^{n-1}+\cdots+a_n|\leqq\{|a_0|+(|a_1|/|z|)+\cdots+$

$(|a_n|/|z|^n)\}|z|^n$．任意に $R>0$ をとり，$M=|a_0|+(|a_1|/R)+\cdots+(|a_n|/R^n)$ とおけ．

問 1 (p. 96)　$f(z)=\psi(z)/\varphi(z)$ と既約分数式で表す．z_0 が $f(z)-c=0$ の k 位の零点ということは，z_0 が $\psi(z)-c\varphi(z)=0$ の k 位の零点ということと同値（読者はこれを確かめよ）．

（i）$\deg\psi<\deg\varphi=n$ のとき．$c\neq 0,\infty$ ならば，$f^{-1}(c)$ は n 次方程式 $\psi(z)-c\varphi(z)=0$ の根だから n 個ある．$f^{-1}(\infty)$ は分母 $\varphi(z)$ の零点でこれも n 個ある．無限遠点 $z=\infty$ は $f(z)$ の $n-\deg\varphi$ 位の零点となっており，$\varphi(z)$ の零点とあわせて $f^{-1}(0)$ も n 個になる．

（ii）$\deg\psi=\deg\varphi=n$ のとき．$\psi-c\varphi$ の次数が n より小さくなるような c を c_0 とする．$c\neq c_0$ のとき $f^{-1}(c)$ が n 個になることはみやすい．$f^{-1}(c_0)$ については $f(\infty)=c_0$ となっており，そこでの位数を考慮にいれれば n 個がいえる．$n=\deg\psi>\deg\varphi$ のときとともに，あとは読者にまかす．

問 2 (p. 96)　$f:\boldsymbol{C}\to\boldsymbol{C}$ を 1 対 1 上への正則関数とする．まず ∞ は真性特異点ではありえない．もし真性特異点であるとせよ．任意に z_0 をとり $f(z_0)=w_0$ とする．$z_n\to\infty$ をとり $f(z_n)\to w_0$ とできる（定理 3.2.3 (iii)）．z_0 の近傍 U を $z_n\notin U$ $(n=1,2,\cdots)$ にとれるが，$f(U)$ は w_0 の近傍となり（定理 2.4.2），$f(z')=f(z_n)$ となる $z'\in U$ がみつかる．$z'\neq z_n$, $f(z')=f(z_n)$ でこれは 1 対 1 に反する．これで f は $\boldsymbol{P}$ 上の有理形関数となり，定理 5.2.1 から有理関数となる．前問から，分母，分子はたかだか 1 次式でなければならない．分母が 1 次式なら f は極をもち仮定に反する．これで f は $f(z)=az+b$ の形になることがわかる．

問 3 (p. 96)　有理関数 $f(z)$ の $\boldsymbol{C}$ 内の極は分母の零点だから有限個で，それが全部 $\{|z|<R\}$ に含まれるように $R>0$ をとる．$f(z)$ は $\{|z|\geqq R\}$ で正則である．$\int_{|z|=R}f(z)dz=2\pi i\sum_{a\in\boldsymbol{C}}\mathrm{Res}(f,a)$

となり，∞での留数の定義から $2\pi i \operatorname{Res}(f,\infty)=-\int_{|z|=R} f(z)dz$ である．両者を加えると 0 になる．

問（p. 98）　等比級数に展開すると，

$$\frac{1}{z-n}=-\frac{1}{n}-\frac{z}{n^2}-\frac{z^2}{n^3}-\cdots$$

である．$Q_n(z)$ として何項までとればよいかが問題であるが試行錯誤をしてみる．結局，$|z|<r,\ 2r<n$ とする．

$$\left|\frac{1}{z-n}+\frac{1}{n}+\frac{z}{n^2}\right|=\left|\frac{z^2}{(z-n)n^2}\right|<\frac{r^2}{rn^2}=\frac{r}{n^2}$$

となり，$\sum_{n=1}^{\infty} r/n^2<+\infty$ だから，$f(z)=\sum_{n=1}^{\infty}\left(\frac{1}{z-n}+\frac{1}{n}+\frac{z}{n^2}\right)$ が答である．

問 2*（p. 104）　右辺を $\widehat{K}$ とかく．補題の証明の中で示したように，$f\in\mathcal{O}(D)$ に対し $\sup_{z\in K'}|f(z)|=\sup_{z\in K}|f(z)|$ より $K'\subset\widehat{K}$ がいえる．$\widehat{K}\subset K'$ をいう．否定して $z_0\in\widehat{K},\ z_0\notin K'$ があるとせよ．$z_0\in D-K'$ で，$D-K'$ は開集合だから z_0 を中心とする円 U, U' を $\overline{U}\subset U'\subset D-K'$ にとれる．K' は条件 (a) をみたすから，z_0 を含む $D-K'$ の連結成分 $\varDelta$ は非有界か $\overline{\varDelta}\not\subset D$ である．$\varDelta-\overline{U}$ も U のとり方から連結で，非有界か $\varDelta-\overline{U}\not\subset D$ である．ゆえに，$K'\cup\overline{U}$ も条件 (a) をみたす．$K'\cap\overline{U}=\emptyset$ だから，K' で 0, $\overline{U}$ で 1 とおくと，これは $K'\cup\overline{U}$ での正則関数で，$\mathcal{O}(D)$ の元でいくらでも近似できる．つまり $f\in\mathcal{O}(D)$ で K' では $|f(z)|<1/3$, $\overline{U}$ では $|f(z)-1|<1/3$ というものがある．これは $z_0\in\widehat{K}$ に反する．

問 1（p. 111）　$f(z)$ と同じ零点（位数もこめて）をもつ正則関数を $g(z)$ とし，$h(z)=g(z)/f(z)$ とおく．$h(z)$ は D で正則となる．

問 2*（p. 111）　まず，領域 D の境界というのは複雑で（$z_0\in\partial D$ を中心とする円 U をとったとき $U\cap D$ の連結成分は無限個あるかもしれない）やりにくいから，存在域の定義をいいかえて

おく．領域 D での正則関数 f の存在域が $D \Longleftrightarrow$ 各 $a \in D$ を中心に f をテイラー展開したとき，その整級数の収束半径がちょうど $d(a, D^c)$．（$\Rightarrow$ の証明．否定して，ある $a_0 \in D$ を中心として f をテイラー展開した整級数 φ の収束半径が $r > r_0 = d(a_0, D^c)$ とせよ．$z_0 \in \partial D, |z_0 - a_0| = r_0$ がある．φ は z_0 の近傍 U で正則で，$D \cap U$ のある連結成分上で $f = \varphi$ となっている．$\Leftarrow$ の証明．$z_0 \in \partial D$ に円近傍 U と U で正則な関数 φ があり，$D \cap U$ のある連結成分 Δ で $\varphi = f$ とせよ．Δ の境界上に $U \cap \partial D$ の点 z_0' が必ず存在する．$\{|z - z_0'| < \varepsilon\} \subset U$ に ε をとり，$a \in \Delta$ を $|a - z_0'| < \varepsilon/2$ にとる．f を a を中心としてテイラー展開するとその収束半径は $\varepsilon/2$ をこしてしまう）．

さて，ヒントのように z_j を作る．$\{z_j\}_{j=1,2,\cdots}$ は D 内に集積点をもたない．なぜなら，もし集積点 ζ があると，$\zeta \in K_n^\circ$ となる n がとれるが，$j \geqq n$ なら $z_j \notin K_n$ で矛盾である．ゆえに，定理 5.6.1 より D での正則関数 f で $\{z_j\}_{j=1,2,\cdots}$ を零点とするものがある．まず，$a \in D$ が有理数を座標とする点とする．作り方から a はある a_n で，それは $\{b_1, b_2, \cdots\}$ の中に無限回現れ，したがって無限個の z_j が a を中心とする半径 $d(a, D^c)$ の円の中に現れる．（有限個の z_j はある K_n にはいってしまうから，本当に相異なる無限個である）．したがって，f を a を中心としてテイラー展開するとその収束半径は $d(a, D^c)$ である．（もし大きくなると，収束円内のコンパクト部分集合上に零点が無限個になり矛盾）．次に，$a \in D$ を任意とし，a を中心に f をテイラー展開しその収束半径が $d(a, D^c)$ より大きくなったとせよ．有理数を座標とする D の点の集合 $\{a_n\}$ は D で稠密だから，a のいくらでも近くに a_n がとれ，a_n を中心とするテイラー展開の収束半径が $d(a_n, D^c)$ をこえてしまうことになる．

問 1* （p. 121）　必要：$v - u$ は最大値の原理をみたすから，$\partial \Delta$ で $\leqq 0$ なら Δ で $\leqq 0$．十分：$\overline{\Delta_r(z_0)} \subset D$ のとき，$\partial \Delta_r(z_0)$ に v をお

いてポアソン積分 $P_v(z)$ を作る．仮定より $v(z_0) \leqq P_v(z_0)$ で，$P_v(z_0) = (1/2\pi)\int_0^{2\pi} v(z_0 + re^{i\theta})d\theta$ より結論をうる．

問 2* (p. 122)　円 $\overline{\Delta_R(z_0)} \subset D$ をとる．$0 < r \leqq R$ として，円 $\Delta_r = \Delta_r(z_0)$ でグリーン・ストークスの定理を用い，$\int_{\partial\Delta_r} v_x dy - v_y dx = \iint_{\Delta_r} \Delta v dxdy$ をうる．極座標 $z = z_0 + re^{i\theta}$ に変換すると，$v_x = \cos\theta \cdot v_r - (\sin\theta/r) \cdot v_\theta$, $v_y = \sin\theta \cdot v_r + (\cos\theta/r) \cdot v_\theta$ となり，$\int_0^{2\pi} r(\partial v/\partial r)d\theta = \iint_{\Delta_r} \Delta v dxdy$ をうる．まず，$\Delta v \geqq 0$ と仮定せよ．$0 < r \leqq R$ なら $\int_0^{2\pi}(\partial v/\partial r)d\theta \geqq 0$ をうる．$\therefore\ 0 \leqq \int_0^R \int_0^{2\pi} (\partial v/\partial r)\, d\theta\, dr = \int_0^{2\pi}\left(\int_0^R (\partial v/\partial r)\, dr\right)d\theta = \int_0^{2\pi}(v(z_0 + Re^{i\theta}) - v(z_0))d\theta$ で，$v(z_0) \leqq (1/2\pi)\int_0^{2\pi} v(z_0 + Re^{i\theta})d\theta$ となり，$v(z)$ は劣調和である．もし $\Delta v < 0$ となる点があると，円 $\overline{\Delta_R(z_0)} \subset D$ をそこで $\Delta v < 0$ となるようにとり，同様の議論をすれば，$v(z_0) > (1/2\pi)\int_0^{2\pi} v(z_0 + Re^{i\theta})d\theta$ がえられ，$v(z)$ は劣調和でなくなる．

第 6 章

問 1 (p. 128)　(i) $S \circ (T \circ U)(z) = S(T \circ U(z)) = S(T(U(z)))$, $(S \circ T) \circ U(z) = (S \circ T)(U(z)) = S(T(U(z)))$．(ii) $w = S(z) = (az + b)/(cz + d)$ なら，この式を z についてとき $S^{-1}(w) = (dw - b)/(-cw + a)$．(注意．$ad - bc \neq 0$ を使っている．$ad - bc = 0$ ならどこが困るか考えよ．(iii) (iv) は略．)

問 2 (p. 128)　(i) $(8z + 3)/(5z + 2)$．(ii) $(7z + 4)/(5z + 3)$．(iii) $(2z + 3)/(-z + 1)$．(iv) $(11z - 18)/(7z - 11)$．

問 1 (p. 129)　$(2z - 2i)/(z - 2i)$．

問 2 (p. 129)　定理 6.2.3 から明らか．

問 3 (p. 130)　非調和比の具体的な表示式からわかる．

問 4 (p. 131)　$\{(-7 - 6i)z + 11 + 18i\}/\{(4 - 3i)z - 2 + 9i\}$．

問5 (p. 131)　$(z_1, z_2, z_3, z_4)=(w_1, w_2, w_3, w_4)$.

問1 (p. 137)　$|\bar{a}z-1|^2-|z-a|^2=(1-|a|^2)(1-|z|^2)$ より，$|z|<1 \Longleftrightarrow |S(z)|<1$ がいえる．1次変換は $\boldsymbol{P}$ では1対1上への写像だから結論をうる．

問2 (p. 137)　$|z-\bar{a}|^2-|z-a|^2=4\,\mathrm{Im}\,a\cdot\mathrm{Im}\,z$ であり，$\mathrm{Im}\,z>0 \Longleftrightarrow |T(z)|<1$ をうる．

問3 (p. 137)　$w=(\bar{a}e^{i\theta}z+a)/(e^{i\theta}z+1)$，$(\mathrm{Im}\,a>0, 0\leqq\theta<2\pi)$.

問4 (p. 139)　∞ を a $(\mathrm{Im}\,a>0)$ に写すと，中心2は $\bar{a}$ に写る．1つ求めるのだから，$a=i$ とでもしよう．円周上の点0を実軸上の点，例えば0に写そう．これで，$w=iz/(z-4)$ をうる．これが求めるものであることを確かめるのは容易．

問5 (p. 139)　$w=(z^3-i)/(z^3+i)$.（上半平面を単位円に写す等角写像はほかにもあり，答はこれ1つではない）.

問6 (p. 139)　単位円を上半平面へ写す1次変換で半円を第1象限へ写す．次に，2乗して上半平面へ写し，その次に単位円へ写す（答は一意的ではない）．$\zeta_1=(-iz+i)/(z+1), \zeta_2=\zeta_1{}^2, w=(\zeta_2-i)/(\zeta_2+i)$ を合成して，$w=\{(-1-i)z^2+2(1-i)z+(-1-i)\}/\{(-1+i)z^2+2(1+i)z+(-1+i)\}$ が1つの答．

問7 (p. 139)　まず，2乗すれば前問に帰着する（略）.

問 (p. 142)　$f:H\to\varDelta$ を1対1上への正則関数とする．$f^{-1}(0)=a$ とし，$\zeta=S(z)=(z-a)/(z-\bar{a})$ とおく．シュヴァルツの補題が使えて，$|f\circ S^{-1}(\zeta)|\leqq|\zeta|$，$|S\circ f^{-1}(w)|\leqq|w|$ となり，後者に $w=f\circ S^{-1}(\zeta)$ を代入して $|\zeta|\leqq|f\circ S^{-1}(\zeta)|$ となり，結局 $f\circ S^{-1}(\zeta)=e^{i\theta}\zeta$ がわかる．$\zeta=S(z)$ を代入して，$f(z)=e^{i\theta}S(z)$ となる．

問1 (p. 144)　$ad-bc\neq0$ として，$(az+b)/(cz+d)=z$ をとく．$c\neq0$ なら2次方程式，$c=0, a\neq d$ なら1次方程式で解をもつ．$c=0, a=d$ のときは $ad\neq0$ で，$\sigma(\infty)=\infty$ である．

問2 (p. 144)　$\sigma\in\mathrm{Aut}(\boldsymbol{C})$ は $\sigma(z)=az+b, a\neq0$ とかける（96

頁問 2)．$a \neq 1$ なら $az+b=z$ は解をもつ．

問 3（p. 144）　コンパクト集合 K として例えば $\{|z| \leqq 1\}$ をとろう．$\sigma(z)=z+b$ は b だけ平行移動することだから，$\sigma(K) \cap K = \emptyset \Longleftrightarrow |b|>2$ である．$\sigma_n \in \Gamma$ $(n=1, 2, \cdots)$ なら，$\{\sigma \in \Gamma ; \sigma(K) \cap K \neq \emptyset\}$ は無限集合になってしまう．

第 7 章

問 1*（p. 146）　$f(z)=\sum_{n=0}^{\infty} a_n z^n$ を全平面で正則な関数とする．$z=re^{i\theta}$ とおく．

$$\begin{aligned}\int_0^{2\pi} |f(z)|^2 d\theta &= \int_0^{2\pi} f(re^{i\theta})\overline{f(re^{i\theta})} d\theta \\ &= \int_0^{2\pi} \sum a_n r^n e^{in\theta} \overline{f(re^{i\theta})} d\theta \\ &= \sum_{n=0}^{\infty} a_n r^n \int_0^{2\pi} e^{in\theta} \sum_{m=0}^{\infty} \bar{a}_m r^m e^{-im\theta} d\theta \\ &= \sum_{n=0}^{\infty} \sum_{m=0}^{\infty} a_n \bar{a}_m r^{n+m} \int_0^{2\pi} e^{i(n-m)\theta} d\theta\end{aligned}$$

となる．（一様収束より，$\int$ と $\sum$ は交換してよい．）$n \neq m$ なら積分は 0, $n=m$ なら 2π となり，$\int_0^{2\pi} |f(z)|^2 d\theta = 2\pi \sum_{n=0}^{\infty} |a_n|^2 r^{2n}$ $(z=re^{i\theta})$ をうる．$\iint_{|z|<R} |f(z)|^2 dxdy = 2\pi \int_0^R \sum |a_n|^2 r^{2n} \cdot r dr = \sum(\pi/(n+1))|a_n|^2 R^{2n+2}$ となる．$R \to +\infty$ としてみて，$\iint_{C} |f(z)|^2 dxdy < +\infty$ となるのは $f(z)=0$ だけであることがわかる．

問 2*（p. 146）　$f(z)$ を Δ^* で正則とし，ローラン展開を $\sum_{n=-\infty}^{\infty} a_n z^n$ とかき，$0<\varepsilon<R<1$ として前問と同じ計算をすると，

$$\begin{aligned}\iint_{\varepsilon<|z|<R} |f(z)|^2 dxdy &= 2\pi |a_{-1}|^2 (\log R - \log \varepsilon) \\ &\quad + \sum_{n \neq -1} \frac{\pi}{n+1} |a_n|^2 (R^{2n+2} - \varepsilon^{2n+2})\end{aligned}$$

となる．$\varepsilon\to+0$ として有界であるためには，$n<0$ なら $a_n=0$ でなければならぬ．

問（p. 153） $w_\nu=(z_\nu-i)/(z_\nu+i)$ とすると，$|(w_1+w_2)/(\overline{w}_2w_1-1)|=|(z_1-z_2)/(z_1-\overline{z}_2)|$.

問 1（p. 173） 単位円 Δ の任意の 2 点 a,b をとる．(6.5.1) より $f(a)=0, g(b)=0$ となる $f,g\in\mathrm{Aut}(\Delta)$ がある．$g^{-1}\circ f(a)=b$ で，$g^{-1}\circ f\in\mathrm{Aut}(\Delta)$．ゆえに Δ は等質である．系 7.6.3 より，$\varphi\in\mathrm{Aut}(A_r)$ なら $\varphi(z)=e^{i\theta}z$，または $\varphi(z)=e^{i\theta}r/z$ である．ゆえに，$|\varphi(z)|=|z|$ か $|\varphi(z)||z|=r$ である．$a,b\in A_r$ を，$|a|\neq|b|$, $|ab|\neq r$ にとると，a を b に写す $\mathrm{Aut}(A_r)$ の元はない．

問 2（p. 173） $f:\{0<|z|<1\}\to\{0<|w|<1\}$ を 1 対 1 上への正則関数とする．0 は f の孤立特異点になるが有界だから除去可能になる．$\alpha=f(0)=\lim_{z\to0}f(z)$ より，$0\leqq|\alpha|\leqq1$ であるが最大値の原理から $|\alpha|<1$ である．$\alpha\neq0$ とすると，$0<|z_0|<1$ を $f(z_0)=\alpha$ にとれる．0 の近傍と z_0 の近傍が α の近傍の上へ f により写るから（定理 2.4.2)，0 の近くの z_1 と z_0 の近くの z_1' で $f(z_1)=f(z_1')$ がおこり 1 対 1 に反する．ゆえに $f(0)=0$ となり $f\in\mathrm{Aut}(\Delta)$ がわかる．単位円 Δ の自己同形で 0 を 0 に写すのは $f(z)=e^{i\theta}z$ だけである（(6.5.1) 参照)．$\{0<|z|<1\}$ から 2 点 a,b を $|a|\neq|b|$ にとると，$f(a)\neq b$ である．

問 3*（p. 173） $\varphi(r)$ を $[0,1)$ で C^∞ 級，$\varphi'(r)>0, r\to1$ で $\varphi(r)\to+\infty$, $0\leqq r<\varepsilon$ では $\varphi(r)=r$ という関数とする．($\varphi'(r)$ を付録Ⅳの方法で条件をみたすように作り，積分して $\varphi(r)$ とせよ．) $re^{i\theta}\mapsto\varphi(r)e^{i\theta}$ は単位円から $\mathbf{C}$ への微分位相同形になる．ρ の 1 次関数 $\psi(\rho)$ を $\psi(r)=r', \psi(1)=1$ に作れるが，$\rho e^{i\theta}\mapsto\psi(\rho)e^{i\theta}$ はこのとき $A_r\to A_{r'}$ の微分位相同形になる．

問 4*（p. 174） $\Leftarrow$ の証明．平面領域 D が単連結でないとせよ．閉多角形 F があり，周 ∂F は D にはいるが，F の内部は D

に含まれないようにできる．$A_1=(\boldsymbol{P}-D)\cap(F$ の内部)，$A_2=(\boldsymbol{P}-D)\cap(F$ の外部) とおくと，$\boldsymbol{P}-D$ が連結でないことがわかる．（付録 I の最後を参照．）⇒の証明．$\boldsymbol{P}-D$ が連結でないとし，空でない閉集合 A_1, A_2 があり，$\boldsymbol{P}-D=A_1\cup A_2$, $A_1\cap A_2=\emptyset$ としよう．$A_2\ni\infty$ としてよい．すると A_1 は有界でコンパクトである．A_1, A_2 の最短距離 $d(A_1, A_2)$ を d とすると $d>0$ である．$d/\sqrt{2}>\varepsilon>0$ に ε をとり，1 辺 ε の正方形の碁盤の目で平面をおおう．つまり，$Q_{ij}=\{z\,;\,\varepsilon i\leqq \operatorname{Re} z\leqq \varepsilon(i+1), \varepsilon j\leqq \operatorname{Im} z\leqq \varepsilon(j+1)\}$ とおく．$F=\bigcup\{Q_{ij}\,;\,Q_{ij}\cap A_1\neq\emptyset\}$ とおくと，F の内部に A_1 は含まれる．F の境界は有限個の多角形の周からできており，それらは D に含まれる．これで，周は D 内にあり内部に A_1 ($\subset D^c$) の点を含むものができ，D は単連結でない．（注．平行帯 $\{z\,;\,0<\operatorname{Im} z<1\}=D$ をとれ．D は単連結である．$\boldsymbol{C}-D$ は 2 つの連結成分にわかれ連結でない．$\boldsymbol{P}-D$ は ∞ を含み連結になる．）

問 5 (p. 174)　(i) 1 次変換で $\varDelta_1$ を 0 に，$\varDelta_2$ を ∞ に写す．(ii) 1 次変換で $\varDelta_2\ni\infty$ としてよい．$D\cup\varDelta_1$ は単連結で $\subsetneqq\boldsymbol{C}$ だから，リーマンの写像定理により単位円へ写し，$\varDelta_1$ が 0 に写るようにできる．

問 6 (p. 174)　微分位相同形の証明は前頁問 3 と同様．$f:\boldsymbol{C}-\{0\}\to\{0<|z|<1\}$ (または $\{r<|z|<1\}$) を正則関数とすると，0 は f の除去可能特異点となり，リュービルの定理により定数になってしまう．$g:\{0<|z|<1\}\to\{r<|z|<1\}$ を 1 対 1 上への正則関数とせよ．0 は g の除去可能特異点で，$r\leqq|g(0)|\leqq 1$ となる．g と $1/g$ に最大値の原理を用いて $r<|g(0)|<1$ がわかる．前頁問 2 の証明のようにして，1 対 1 に反することがいえる．

問 7 (p. 174)　$\{0<|z|<1\}$ の解析的自己同形は前頁問 2 により原点を中心とする回転 $z\to e^{i\theta}z$ であることがわかっている．その全体は 2 次実直交行列の全体の作る群と同形である．$\boldsymbol{C}-\{0\}$ の

解析的自己同形を f とせよ．96 頁問 2 と同様にして，0 と ∞ は f の真性特異点でないことがわかり f は有理関数となり，f が 1 次変換になることがいえる．$f(\{0,\infty\})=\{0,\infty\}$ でなければならない．結局，$f(z)=az, f(z)=a/z$ $(a\neq 0)$ が求めるものである．

第 8 章

問 (p. 179)　補題 8.2.2 と 178 頁脚注 2) などからいえる．

問 (p. 196)　補題 8.5.1 より，(ii) は $\Gamma(\alpha\omega_1', \alpha\omega_2')=\Gamma(\omega_1,\omega_2)$ と同値である．ゆえにこのとき，$\alpha^2\wp(\alpha z;\omega_1,\omega_2)=\alpha^2\wp(\alpha z;\alpha\omega_1',\alpha\omega_2')$ で，これは $\wp(z)$ の定義式より $\wp(z;\omega_1',\omega_2')$ に等しい．逆に (i) を仮定すると，両辺の極が一致することにより，$\Gamma(\omega_1/\alpha,\omega_2/\alpha)=\Gamma(\omega_1',\omega_2')$ となり，補題 8.5.1 より (ii) をうる．(ii) $\Longleftrightarrow$ (iii) は読者にまかす．

問 (p. 208)　$\pi=(90\cdot\sum_{n=1}^{\infty}1/n^4)^{1/4}$ である．ためしに電卓で，$(90\cdot\sum_{n=1}^{10}1/n^4)^{1/4}$ を計算すると 3.1413846 で小数 3 位まで π と一致している．問題は π の値を全く知らないとして誤差評価をして π の値を求めることである．$\sum_{n=k+1}^{\infty}1/n^4<\int_k^{\infty}1/x^4dx=1/3k^3$ で，8 桁の電卓で 1 回の割算をすると最低位の項に 1 だけ誤差があるとすると，$90\cdot\sum_{n=1}^{\infty}1/n^4$ の近似値として電卓で $90\cdot\sum_{n=1}^{k}1/n^4$ を計算すると，誤差は $90(k\times10^{-7}+1/3k^3)$ である．4 乗根は電卓で平方根を 2 回とればよく，$(1+x)^{\lambda}=1+\lambda(1+\theta x)^{\lambda-1}x$ $(0<\theta<1)$ から計算すると誤差はもとの誤差の 1/4 になることがわかる．（それに計算誤差が 3×10^{-7} 未満加わる．）計算誤差は誤差計算を各段階で大きめに計算することで無視できる程度である．結局 $(1/4)\times 90\times(1/3k^3)<10^{-3}$ より $k^3>(3/4)\times10^4$ でよく，$k=20$ でよい．$(90\cdot\sum_{n=1}^{20}1/n^4)^{1/4}=3.1415646$．誤差計算をしてみると（計算誤差もいれて）誤差はたしかに 10^{-3} 未満である．

付　録

問＊（p. 234）　$(x, y) \neq (0, 0)$ のとき $f(x, y) = 2xy/\sqrt{x^2+y^2}$, $f(0,0)=0$ とせよ．極座標 $x = r\cos\theta, y = r\sin\theta$ でかくと，$f(x, y) = r\sin 2\theta$ となり，連続関数であることがわかる．定義にもとづいて計算し，$f_x(0,0) = f_y(0,0) = 0$ をうる．$\varepsilon(x,y)/\sqrt{x^2+y^2} = \sin 2\theta$ で，$(x,y)\to(0,0)$ のとき 0 に収束せず，全微分可能でない．

問（p. 242）　(i) $\Rightarrow$ の証明．$\partial A \subset A$ と仮定し，$z_n \in A, z_n \to z$ としよう．z は A の外点ではありえず，z は A の内点か境界点である．$\partial A \subset A$ より，いずれにしても $z \in A$．$\Leftarrow$ の証明．$z \in \partial A$ をとる．境界点の定義より $U_{1/n}(z) \cap A \neq \emptyset$ で，そこから z_n がとれる．$z_n \in A, z_n \to z$ より $z \in A$ である．$\therefore\ \partial A \subset A$．(ii) $\Rightarrow$ の証明．集積点の定義から，$z_n \in (U_{1/n}(a) - \{a\}) \cap A$ がとれる．$z_n \neq a, z_n \in A, z_n \to a$ である．$\Leftarrow$ の証明．a の任意の近傍 $U(a)$ に対し，n を大きくすれば $z_n \in U(a)$ となり，$(U(a) - \{a\}) \cap A \neq \emptyset$．

問 1（p. 253）　（i）$C = C_1 + C_2 + C_3 + C_4$．いずれも $-1 \leqq t \leqq 1$ として，$C_1 : x = -t, y = 1$，$C_2 : x = -1, y = -t$，$C_3 : x = t, y = -1$，$C_4 : x = 1, y = t$．

$$\int_C xydx + (y-x)dy = \int_{-1}^{1}(-t)\cdot 1\cdot(-1)dt + \int_{-1}^{1}(-t+1)(-1)dt + \int_{-1}^{1} t\cdot(-1)\cdot 1dt + \int_{-1}^{1}(t-1)\cdot 1dt = -4.$$

（ii）$-1 \leqq t \leqq 1$ として複素数でかくと，$C_1 : z = -t+i, C_2 : z = -1-ti, C_3 : z = t-i, C_4 : z = 1+ti$ である．

$$\int_C \frac{dz}{z} = \int_{-1}^{1}\frac{-1}{-t+i}dt + \int_{-1}^{1}\frac{-i}{-1-it}dt + \int_{-1}^{1}\frac{1}{t-i}dt + \int_{-1}^{1}\frac{i}{1+it}dt$$

$$= 4\int_{-1}^{1}\frac{1}{t-i}dt = 4\int_{-1}^{1}\frac{t+i}{t^2+1}dt$$

$$= 2\int_{-1}^{1}\frac{2t}{t^2+1}dt + 4i\int_{-1}^{1}\frac{1}{t^2+1}dt = 2\pi i.$$

(iii) $C=C_1+C_2$. $C_1 : z=e^{it}$ $(0\leqq t\leqq \pi)$, $C_2 : z=t$ $(-1\leqq t\leqq 1)$. $\int_C (z^2+z)dz=\int_0^{\pi}(e^{2it}+e^{it})ie^{it}dt+\int_{-1}^{1}(t^2+t)dt=i\left[\frac{e^{3it}}{3i}+\frac{e^{2it}}{2i}\right]_0^{\pi}$ $+2/3=0$.

(iv) $C : z=-2i+3e^{it}$ $(0\leqq t\leqq 2\pi)$. $\int_C \frac{dz}{z+2i}=\int_0^{2\pi}\frac{1}{3e^{it}}\cdot 3ie^{it}dt$ $=2\pi i$.

問 2 (p. 253) (i) C で囲まれた正方形を D とする. $\int_C xydx$ $+(y-x)dy=\iint_D(-1-x)dxdy=\int_{-1}^{1}\left(\int_{-1}^{1}(-1-x)dx\right)dy=-4$.

(iii) 1.2 節を読んだあとなら $\partial(z^2+z)/\partial\bar{z}=0$ は明らかだが, 一応ここでは直接計算しよう. $z^2+z=(x^2-y^2+x)+i(2xy+y)$, $\partial(z^2+z)/\partial x=(2x+1)+2iy$, $\partial(z^2+z)/\partial y=-2y+i(2x+1)$, $\therefore$ $\partial(z^2+z)/\partial x+i\partial(z^2+z)/\partial y=0$ である. C で囲まれた半円を D とすると, $\int_C(z^2+z)dz=2i\iint_D\partial(z^2+z)/\partial\bar{z}\cdot dxdy=0$.

問 (p. 274) (x_0, y_0) を中心とする半径 r の円周を C とすると, C の接線ベクトル $\boldsymbol{t}$ と $\boldsymbol{v}$ とは直交し, C 上では $\boldsymbol{v}\cdot d\boldsymbol{r}=0$ である. 定点として (x_0+1, y_0) をとる. 点 (x, y) をとり, $r=\sqrt{(x-x_0)^2+(y-y_0)^2}$ としたとき, (x_0+1, y_0) から線分 C_1 で (x_0+r, y_0) までいき, 次に (x_0, y_0) を中心とする円周上の (x_0+r, y_0) から (x, y) までの円弧を C_2 とし, $C'=C_1+C_2$ とする. C_1 は $\boldsymbol{r}(t)=(x_0+1+(r-1)t, y_0)$ $(0\leqq t\leqq 1)$ とかける. $\int_{C'}\boldsymbol{v}\cdot d\boldsymbol{r}=\int_{C_1}\boldsymbol{v}\cdot d\boldsymbol{r}$ $=(a/2\pi)\int_0^1\{1+(r-1)t\}(r-1)/\{1+(r-1)t\}^2dt=(a/2\pi)\log r$. (x_0, y_0) を中心とする円周 C に対し, $\int_C {}^*\boldsymbol{v}\cdot d\boldsymbol{r}\neq 0$ なので流れの関数はない.

問 1 (p. 289) $z\in A$ をとめたとき, $\sum|f_n(z)|, \sum|g_n(z)|$ が収束すれば, $|f_n(z)+g_n(z)|\leqq|f_n(z)|+|g_n(z)|$ より $\sum|f_n(z)+g_n(z)|$ も収束する. ゆえに, 絶対収束はいえた. 一様収束は定理 V. 3. 1

を使う．$\left|\sum_{n=p+1}^{q}(f_n(z)+g_n(z))\right| \leqq \left|\sum_{n=p+1}^{q}f_n(z)\right|+\left|\sum_{n=p+1}^{q}g_n(z)\right|$ となり，$\sup_{z\in A}\left|\sum_{n=p+1}^{q}(f_n(z)+g_n(z))\right| \leqq \sup_{z\in A}\left|\sum_{n=p+1}^{q}f_n(z)\right|+\sup_{z\in A}\left|\sum_{n=p+1}^{q}g_n(z)\right|$ である．

問 2 (p. 289)　$\sum_{n=1}^{\infty}f_n=f$ とする．$\sup_{z\in A}\left|\sum_{n=1}^{N}g(z)f_n(z)-g(z)f(z)\right| \leqq K\cdot\sup_{z\in A}\left|\sum_{n=1}^{N}f_n(z)-f(z)\right|\to 0$ $(N\to+\infty)$．

問 1 (p. 296)　例 1 $-i\log z$，例 2 $z^2/2$，例 3 e^z，例 4 $-1/z$，例 5 $(a/2\pi)\log(z-z_0)$．

問 2 (p. 301)　$g(\zeta)=\rho(\zeta)-i\sigma(\zeta)$ とおく．$\partial f/\partial\bar{z}=\dfrac{1}{2}(\mathrm{div}\,\boldsymbol{v}-i\,\mathrm{rot}\,\boldsymbol{v})$ より，$\mathrm{div}\,\boldsymbol{v}=2\rho$, $\mathrm{rot}\,\boldsymbol{v}=2\sigma$ となるベクトル場 $\boldsymbol{v}$ を作る．これは

$$\boldsymbol{v}_1 = \frac{1}{2\pi}\iint_D 2\rho\left(\frac{x-\xi}{r^2}, \frac{y-\eta}{r^2}\right)d\xi d\eta,$$

$$\boldsymbol{v}_2 = \frac{1}{2\pi}\iint_D 2\sigma\left(\frac{x-\xi}{r^2}, \frac{y-\eta}{r^2}\right)d\xi d\eta$$

とおき，$\boldsymbol{v}=\boldsymbol{v}_1+{}^*\boldsymbol{v}_2$ となる．$\boldsymbol{v}=(u,v)$ とおくと，$f(z)=u-iv$ だから

$$\begin{aligned} f(z) &= \frac{1}{\pi}\iint_D\left\{\left(\rho\frac{x-\xi}{r^2}-\sigma\frac{y-\eta}{r^2}\right)-i\left(\rho\frac{y-\eta}{r^2}+\sigma\frac{x-\xi}{r^2}\right)\right\}d\xi d\eta \\ &= \frac{1}{\pi}\iint_D\frac{\rho-i\sigma}{r^2}(\bar{z}-\bar{\zeta})d\xi d\eta \\ &= \frac{1}{\pi}\iint_D\frac{g(\zeta)}{z-\zeta}d\xi d\eta \\ &= -\frac{1}{\pi}\iint_D\frac{g(\zeta)}{\zeta-z}d\xi d\eta \end{aligned}$$

をうる ($r^2=|z-\zeta|^2$ に注意)．

問 3 (p. 302)　各点 z で，$\boldsymbol{v}(z)$ の長さを $|\alpha|$ 倍し，方向を $-\arg\alpha$ だけ回転したベクトル．

問 4（p. 305）　（ii）$\int_{\varphi(C)} F'(w)dw = \int_C F'(\varphi(z))\varphi'(z)dz = \int_C G'(z)dz$ より明らか．

（iii）$G(z)=a\log(z-z_0)+g(z)$, $g(z)$ は z_0 で正則とする．（$a>0$ ならわき出し，$a<0$ なら吸い込み，a が純虚数ならうず糸．）$w_0=\varphi(z_0)$ とすると，φ は等角写像だから φ^{-1} もそうで，φ^{-1} は w_0 の近傍で $z=z_0+c_1(w-w_0)+c_2(w-w_0)^2+\cdots, c_1\neq0$ とかける．$F(w)=G(\varphi^{-1}(w))=a\log\{c_1(w-w_0)+c_2(w-w_0)^2+\cdots\}+g(\varphi^{-1}(w))=a\log(w-w_0)+a\log\{c_1+c_2(w-w_0)+\cdots\}+g(\varphi^{-1}(w))$ $=a\log(w-w_0)+h(w)$, $h(w)$ は w_0 で正則となる．（log の枝は適当にとる．もしその多価性の処理がいやなら，わき出し，吸い込み等を $G'(z)$ の式で定義しておいて，$F'(w)$ をみてもよい）．

2″ 重極のときも同様．

問（p. 313）　（i）$f(z)$ の特異点は $i, 1+(1/2)i, 2$ で，その 3 点を除き $f(z)$ は全平面で正則である．定理 1.5.1，1.5.2 により，${}_tf$ の収束半径は t の一番近くにある特異点までの t からの距離である．つまり，$\min(|t-i|, |t-1-(1/2)i|, |t-2|)$.

（ii）C_3 の上に f の特異点 2 があるから．

（iii）${}_0f$ の収束半径は 1．収束円内に 1 点をとる．例えば 0.9．${}_{0.9}f$ の収束半径は 1/2 より大だから，その収束円内に 1 点をとる．例えば 1.4．${}_{1.4}f$ の収束半径は 0.6．これで $0<a<2$ のとき，${}_0f$ は C_a にそって接続でき，${}_af$ がえられることがわかる．$0<a<2$ のとき，${}_af$ の収束半径は $2-a$ より小さく，a を 2 にいくら近づけても ${}_af$ の収束円内に 2 ははいってこない．

索　引

ア　行

アスコリ・アルツェラ (Ascoli-Arzela) の定理　163
位数 (order) (極の)　56, 88
── (楕円関数の)　179
── (零点の)　56, 88
位相的に同調　85
1次変換 (linear transformation)　127
1の分解 (partition of unity)　277
一様収束 (uniform convergence)　285
一様な流れ　302
一様に近似される　99
一様有界 (uniformly bounded)　167
一様連続　242
1価性定理 (monodromy theorem)　316
一致の定理 (正則関数の)　41
── (調和関数の)　42
── (有理形関数の)　75
ε 近傍 (ε-neighbourhood)　240, 311
うず糸　303, 306
うずなしの場　263
エグゾースチョン (exhaustion)　243
円円対応　131
円環領域　169
円近傍　240
折れ線　245

カ　行

開核　241
開写像 (open mapping)　52
開集合 (open set)　88, 241
解析接続 (analytic continuation)　310
解析的 (analytic)　26
解析的自己同形写像 (analytic automorphism)　91
解析的同形写像 (analytic isomorphism)　91
回転 (rotation, curl)　262
外点　240
回転数 (winding number)　67
重ね合わせの原理　302
カド点　245
加法定理　44, 193, 194
関数行列式　237
関数芽 (germ of function)　310
ガンマ関数　79
擬等角写像 (quasi-conformal mapping)　39
基本周期　177
基本領域 (fundamental domain)　208
逆三角関数　78
境界 (boundary)　241
境界点　240
共役調和関数 (conjugate harmonic function)　40
共役複素数　238
極 (pole)　56, 72

局所座標（local coordinates） 72, 84
局所座標系（local coordinate system） 85
曲線（arc, curve） 245
曲線にそう $f(z)$ の積分 247
曲線にそって解析接続可能 312
虚部（imaginary part） 238
距離（distance）（ユークリッドの） 239
——（ポアンカレの） 168
近傍（neighbourhood） 88, 241
クザン（Cousin）の加法的問題 105
グリーン・ストークス（Green-Stokes）の定理 249, 250
k 位の極 56, 88
k 位の w_0 点 50
k 位の零点 56, 88
k 回連続微分可能 235
ケーベ（Koebe）の一意化定理 142
原始関数 29
格子点（lattice point） 178
勾配場（gradient vector field） 255
コーシー・アダマール（Cauchy-Hadamard）の公式 291
コーシー（Cauchy）の積分公式 29
コーシーの積分定理 29, 33, 317
コーシーの評価式 93
コーシー・リーマン（Cauchy-Riemann）の方程式 18, 24, 269
コホモロジーの消滅（vanishing of cohomology） 105
孤立集合 241
孤立点（isolated point） 240
孤立特異点（isolated singularity） 54, 72
コンパクト（compact） 242
コンパクト一様収束 287, 293
コンパクト一様に発散 163

サ 行

最小値の原理（minimum principle） 116
最大値の原理（maximum principle） 45, 116
GS 条件 250
C^k 級 235
C^k 級に同調 86
自己等角写像 91, 136
指数関数（exponential function） 26, 44
実解析的（real analytic） 43
実部（real part） 238
写像度（degree of mapping） 171
シュヴァルツの補題（Schwarz's Lemma） 139
周期（period） 175
周期平行四辺形 178
集積点（accumulation point） 240
収束（convergence） 241, 292
収束半径 290
主値（principal value） 78
主要部（principal part） 55, 72
循環（circulation） 262
条件収束 284
除去可能孤立特異点（removable isolated singularity） 55
ジョルダン（Jordan）の曲線定理 249
ジョルダン閉曲線 249
真性特異点（essential singularity） 56, 72
真に不連続（properly discontinu-

ous）143
吸い込み 303, 306
スカラー場 255
整関数（entire function）98
正規収束 289
正規族（normal family）163
整級数（power series）290
整級数展開可能 33
正則（holomorphic）26, 88
正則関数芽（germ of holomorphic function）311
正則曲線 245
正則凸（holomorphically convex）104
絶対収束 284, 293
絶対値 238
接平面（tangent plane）234
全微分可能 232
双曲型領域（hyperbolic domain）154
双曲線関数 79
相対コンパクト（relatively compact）162

タ　行

台（support）275
対称 134
代数学の基本定理 69, 94
対数関数（logarithmic function）76
——のリーマン領域 81
楕円関数（elliptic function）177
楕円積分（elliptic integral）228
多様体（manifold）86
単純閉曲線（simple closed curve）249
単連結（simply connected）32, 174, 265, 316
地図（Karte（ドイツ語））84
地図帳（Atlas（ドイツ語））85
中心力の場 272
調和関数（harmonic function）39
つねにもちあげ可能 153
テイラー級数（Taylor series）290
テイラー展開 33
ディリクレ問題（Dirichlet's problem）114
点ごとに収束 285
等角写像（conformal mapping）37, 91
等高線（equipotential line）256
同値（equivalent）（$SL(2, \boldsymbol{Z})$ に関し）197
——（Γ に関し）178
——（Γ_2 に関し）221
同程度連続（equicontinuous）163
トーラス（torus）89, 229
特異部（singular part）55

ナ　行

内点 240
内部 241
流れの関数（stream function）268
2重極 305
2重周期関数 177
2重連結領域 32, 174

ハ　行

発散（divergence）261
バリア（barrier）122
ハルナック（Harnack）の定理 119
判別式（3次方程式の）199
ピカール（Picard）の小定理 159
ピカールの大定理 159

非調和比（cross ratio） 130
ピック（Pick）の定理 150
非同次のコーシー・リーマン偏微分方程式 106
微分記号と積分記号の交換 48
微分形式（differential form） 92
微分係数 22
微分作用素 $\partial/\partial z, \partial/\partial \bar{z}$ 18
非ユークリッド幾何学 147
複素解析的に同調 86
複素速度ポテンシャル 295
複素多様体（complex manifold） 86
複素微分可能 22
不動点なし（fixed point free） 143, 224
部分分数展開 95, 96
普遍被覆面（universal covering surface） 153, 229
フリードリックスの軟化子（Friedrichs' mollifier） 279
フルヴィッツ（Hurwitz）の定理 69
閉曲線（closed curve） 249
平均値の性質（mean value property） 116
閉集合（closed set） 241
閉包（closure） 241
ベルグマン計量（Bergman metric） 146
ベルヌーイ数（Bernoulli number） 207
偏角（argument） 239
偏角の原理（argument principle） 65
偏角の増加量 66
ポアソン積分（Poisson integral） 114
ポアンカレ距離（Poincaré distance） 148
ポアンカレ・クザン（Poincaré-Cousin）の問題 109
ポアンカレ計量（Poincaré metric） 147
保形関数（automorphic function） 143
ポテンシャル（potential） 263
ポテンシャル場 263
ホモトープ（homotope） 314

マ 行

ミッタグ・レフラー（Mittag-Leffler）の定理 97, 108
無限遠点（point at infinity） 71
無限積（infinite product） 292
モジュラー関数（modular function）$J(\tau)$ 197
モジュラー関数 $\lambda(\tau)$ 218
モジュラス（modulus） 169
モンテ・カルロ法 126
モンテル（Montel）の定理 167

ヤ 行

ヤコビ行列式（Jacobian） 237
有界（bounded） 242
ユークリッド距離（Euclid distance） 239
有理関数（rational function） 64, 94
有理形関数（meromorphic function） 64, 74

ラ 行

ラプラシアン（Laplacian） 18
ランダウ（Landau）の記号 20

リーマン（Riemann）球面　74
リーマンの写像定理　112
リーマンの除去可能特異点定理
（局所有限な正則関数の）　57
（局所有限な調和関数の）　125
（2乗可積分な正則関数の）　146
リーマン面（Riemann surface）　86
リーマン領域（Riemann domain）　81
立体射影（stereographic projection）　73
留数（residue）　59, 72
留数の定理（residue theorem）　59
流線（stream line）　268
リュービル（Liouville）の定理　93, 179
流量積分（flux）　259
領域（domain）　243
両正則写像（biholomorphic mapping）　50, 91
ルーシェ（Rouché）の定理　68
ルジャンドル（Legendre）の等式　191
ルンゲ（Runge）の多項式近似　103
ルンゲの定理　102
劣調和関数（subharmonic function）　120
連結（connected）　243
連結成分（connected component）　244
連続（continuous）　19, 88
ローラン級数（Laurent series）　54
ローラン展開　54, 72

ワ　行

ワイエルストラス（Weierstrass）のσ関数　190
ワイエルストラスのζ関数　183
ワイエルストラスの2重級数定理　47
ワイエルストラスのペー関数 $\wp(z)$　184
わき出し　303, 306
わき出しなしの場　263

本書は一九七八年十一月十五日、実教出版から刊行された。

ちくま学芸文庫

複素解析　1変数解析関数

二〇一六年八月十日　第一刷発行
二〇二五年二月五日　第二刷発行

著　者　笠原乾吉（かさはら・けんきち）
発行者　増田健史
発行所　株式会社　筑摩書房
東京都台東区蔵前二—五—三　〒一一一—八七五五
電話番号　〇三—五六八七—二六〇一（代表）
装幀者　安野光雅
印刷所　株式会社精興社
製本所　株式会社積信堂

ISBN978-4-480-09732-3 C0141